U0153065

為什麼你給的溺愛貓不要？

America's Favorite Cat Expert Answers Your Cat Behavior Questions

── 美國最受歡迎貓咪行為專家 ──

從飼育到溝通，讓你秒懂你的貓！

Pam Johnson-Bennett

著──潘・強森班奈特

吳孟穎────譯

方舟文化

佳評推薦

- 我經營的貓社團裡，常有貓奴提問各式各樣的貓咪飼養與行爲問題，現在終於有一本「喵星人的十萬個爲什麼？」問世，眞是貓奴大福音。

——Davis Liao，「FB貓咪也瘋狂俱樂部」社團社長

- 谷柑表示：

這是一本很好的書，可以拉近我們的距離。

當你們懂了貓咪，懂得與我們相愛，就會擁有全世界。

——王谷柑，貓咪詩人

- 超完整專業的貓行爲百科。

有養貓的一定要買，居家常備、時時翻閱，沒養貓的更要買，從此愛上貓，趕快去領養一隻吧！ ——吳毅平，知名攝影師

- 雖然我也不太知道潘媽是誰，但是相較於市面上諸多養貓的書，我想這本書有幾點是蠻不錯的：

1. 整個規劃的分層教育：從年齡到環境，單貓到多貓，還有生活細節的具體選擇。
2. 把人的問題說出來：我的意思是養貓的人的問題。
3. 結合行爲跟心理的點，分析貓咪異常的可能性。

我覺得第二點蠻棒的，很多豢養貓書跟我們談貓的問題，但是第九章潘媽都是談人的問題，副標說得蒼白的實際「人類才是最難相處的物種」。當貓媽媽後，我發現最有問題的通常是我，所以我到現在也在兢兢業業地檢討，希望這本書，可以提供豢養動物「前」的參考書籍，你

要了解生活會有多少改變，也可以提供同居「後」，一些問題的線索。願動物的愛呈現在你眼前的時候，你的心也能坦然的滿溢。

——春花媽，動物溝通師

● 她（指作者），眞的可以，讓奇蹟出現在令人頭痛的貓咪身上。

——美國《寵物人生》雜誌

● 對貓奴們來說，每天都是「喵星日」！若想要強化與寶貝愛貓之間的情誼，千萬不要錯過潘媽的建議。身爲三隻貓咪的專業剷屎官，我的家中充滿開心歡樂的喵喵叫，這一切都要感謝潘媽的智慧和訓練方式。

——羅賓・R・甘瑟特博士，美國人道協會主席兼總裁

● 貓咪就像是家裡的藝術品，只是會無預期地吐在你的筆電上。但我們還是愛死她們了，而說到貓咪，沒有人比潘・強森班奈特還了解貓科動物。如果正拿著這本書，你會超乎預期地更深刻了解貓咪。我的生命中養過七隻貓，我的妻子瑪麗和我正竭盡所能地學習。太感謝妳了，潘！

——約瑟夫・S・朋瑟爾，
美國音樂團體 The Oak Ridge Boys 四十二年的成員

● 我一直是潘媽的粉絲，她有效的建議和對貓咪行爲的獨特觀點幫助了成千上萬隻貓。 ——貝絲・史特恩，美國北海岸動物協會發言人

● 潘的知識和著作對很多貓奴來說眞是一大福音，幫助了無數地貓奴度過難關。若不是她，很多貓咪可能早已流落街頭或被送到動物收容所了。

——梅根波得比恩威廉斯，納什維爾貓咪救助協會創辦人

- 潘．強森班奈特的付出讓我們有能力了解、感謝貓咪的存在，並與之和平共處，締造充滿愛的關係，進而了解貓咪是多麼獨特而奧妙的生物。

——潔恩藍巴提斯，喬治亞 SPCA 執行總監

- 潘．強森班奈特一直是我向飼主們推薦的首選。她的書淺顯易懂，內容又從科學實證的角度探討貓咪行為。這本書對於許多飼主和動物專家們來說是本聖經，任何只要有養貓或是工作中會接觸到貓的人，都應該閱讀此書。」

——羅爾．I．霍，美國動物醫學院行為專家，德州動物醫學行為服務

- 貓咪行為女王！

——史帝夫．戴爾，美國報紙專欄「我的寵物世界」作家

致我的丈夫史考特

以及我親愛的小孩
葛萊西和傑克
你們是我的一切

致我的母親
感謝您給我一生的愛

致謝文

「妳要再寫一本貓咪的書嗎？」

「是的，媽媽。」

「貓咪還有什麼好寫的？」

「還很多。」

「妳什麼時候才要認眞的找份工作？」

每當我媽知道我開始寫書，我們母女倆就會出現上述對話。別誤會，我媽很愛貓，也養了兩隻上了年紀的貓，但在她的觀念中，寫貓咪有關的書並無法獲得專業且穩定的收入。直到我四十幾歲了，她還是希望我哪天可以突然開竅，成為一個鋼琴老師或護理師。我想應該是到我都快要五十歲了，我媽才不再對我洗腦說有些人到我這個年紀還是會重回校園進修。我想她最後終於放棄的原因，是發現原來一手帶大的女兒眞的可以靠寫貓咪的書維生。也或許她發現原來我的固執和執著，其實遺傳自她。然而，每次我們母女倆見面，她還是會塞些錢進我的口袋，以確保我的家人不會因為我選擇了這份工作而餓肚子。

在她過世前，我媽開始出現了阿茲海默症的初期徵兆。她並不知道我在動物行為上面的成就其實不錯，也寫了好幾本書，甚至還出了自己的電視影集。但我很感恩的是，她仍舊記得我是誰，我也很珍惜她出於愛的舉動，仍舊會塞幾塊美金到我手裡。我想在她內心深處，應該知道女兒做得還可以，即使我最後沒有當上音樂老師。我想我一直沒有對媽媽說謝謝妳，感謝妳此生給我的愛，還有遺傳給我的固執，讓我能堅持擇己所愛。

我也要感謝我的丈夫，史考特，讓我每天都充滿了愛。你是我對上天

祈禱的應許，我眞的很感謝上帝讓我受到如此恩寵。我也謝謝葛萊西和傑克每天帶給我的愛和喜悅。能夠成爲你們的母親，是我的榮幸，謝謝你們也以我爲榮，這對我非常重要。感謝 Don Wright Designs 的 Don Wright，能成爲你驚人天賦和眞摯友誼的既得利益者，讓我非常感恩，而我們也一起走過了許多點點滴滴。我也要感謝我的經紀人 Linda Roghaar，謝謝妳這些年來屢次握緊我的手、鼓勵我、用智慧開化、支持我。謝謝夢幻般的編輯 Wendy Wolf，你總是令我驚艷。謝謝你，Bill Talmadge，我的製作人，再多言語無法表達我內心的感謝。在此特別要感謝 Mike Sword 和 Brad Danks，同時也謝謝才華洋溢的 Norris Hall 的繪畫。謝謝 Marilyn Krieger 多年的誠摯友誼。我也想謝謝諸多獸醫關注貓咪的健康和行爲，你們爲這些動物帶來了很不同的人生，尤其是那些多年來被大家視爲次級寵物的動物們。謝謝我在動物關懷獸醫院的好朋友們，你們眞的是一群既專業又充滿熱情的動物專家。特別感謝 Kyle Daniel 醫生，以及特別感謝 Mark Waldrop 醫生和納什維爾貓咪診所在這麼多年前就開啓了貓咪專科診所的先鋒，你們一直都是我的貓咪英雄。感謝 Megan Brodbine 和納什維爾貓咪救助協會無私的付出，你們對於被遺忘的貓咪所投注的關愛令人敬佩。謝謝 Best Friends Animal Society 努力讓每隻動物都有機會被愛，在在提醒我們只要有機會救援，就不要放棄。謝謝 Chris Achord 和 Cat Shoppe 多年來投入於貓咪福祉的愛與付出；幾十年前，是你們提升了貓咪救助的層次和品質。感謝 Natchez Trace 的 Farm，謝謝你們爲當地貓咪飼主的付出，透過夏令營隊教導飼主如何照顧貓咪。我也要大大地感謝自我1982年入行以來的所有客戶們，我一直希望能讓貓咪和所有愛貓人士的生活變得更好。謝謝你們給我這樣的機會，可以參與你們人生的一部分，是我莫大的榮幸。

目錄

第十章　動物一家親 ………… 203

貓狗如何和平共處

第十一章　躲貓貓 ………… 233

說服愛貓出來見人

第十二章　不要這樣 ………… 257

訓練愛貓別再做那些令你很煩的動作

前言

我的辦公室常會收到一堆詢問貓咪行爲問題的電子郵件和電話，令人驚訝的是相同問題總是不斷重複出現。過去三十幾年來，我一直透過貓咪行爲治療、寫書或線上問答幫助大家更了解自己偶爾不太乖的貓咪，但還是有很多人希望我們可以出一本「最佳解答」，所以才有了這本書的誕生。我們把所收到的許多問題整合後，盡我所能地提供最佳解答，希望能幫忙處理貓咪的行爲問題，或在一開始就避免一些行爲問題的發生，甚至改善貓奴和貓咪已建立的關係。

和我剛入行時比起來，許多事情都跟以往不同了。現代人的知識更爲廣博，貓咪飼主們遇到任何問題，只要上網搜尋，即刻就能得到解答。但這些答案都是從哪兒來的呢？由於貓咪行爲治療師的需求日漸增加，因此許多不合格或是訓練不足的人也開始進入這個領域。辦公室常會接到來自焦急的貓咪飼主們令人難過的電話，只因他們聽從了不恰當、不正確，有時候甚至很危險的建議。我知道當你瀏覽最喜歡的網路書店，或是站在書局動物行爲書櫃前，關於貓咪的訓練與行爲矯正有許多的選擇，因此我很榮幸，也很感恩，最後你選擇相信我的行爲治療經驗和訓練方式。

本書也涵蓋了一些資訊，乍看之下可能與寵物行爲無關，例如貓砂盆的設置和維護，但相信我，如果貓砂盆的生活習慣沒有好好養成，接下來很可能會對貓咪的行爲有很大的影響。另外其他相關的議題也是，例如餵食和健康問題。

打從一開始人類將貓咪視爲害蟲終結者至今，人類與貓咪的關係改變甚鉅。對很多人來說，早已將貓咪視爲自己的孩子般疼愛，但就像我們不太了解家中正逢青春期的孩子在想什麼，很多時候我們在提供貓咪所需或試圖理解他們的龜毛之處時，用的卻是錯誤方式。舉例來說，即使在很久

以前貓咪就超越狗狗，成爲最受歡迎的寵物，但去看獸醫的次數與頻率卻大不如狗。有一部分原因是因爲貓咪飼主們並沒有將貓咪的健康問題看得像狗那般嚴重，或是有些飼主會想：「沒關係，貓咪自己會適應。」尤其貓咪本身不太會主動走進提籃，乖乖地被帶去看獸醫。除此之外，即使我們將貓咪當成家人般親密，很多飼主常常忽略自己在與貓咪的關係中所應扮演的角色。我們爲了要保護家具不被愛貓抓傷而剪去貓指甲，卻沒有好好理解，對貓咪來說留指甲在情感上的意義，以及擅自剪指甲會在貓咪身上出現哪些生理影響。有些飼主二十四小時供餐，任愛貓自由選擇吃飯時間，但卻沒有注意到貓咪是否有對等的活動量（然後在貓咪變胖後還百思不得其解）。另外，其實在戶外環境中，貓咪吃飯時也會避開其他野貓，保持一定的空間距離以策安全。但很多貓咪飼主卻會將家中多隻貓咪的餐碗放在一起，爲此貓咪們就得在不安的環境下和其他貓咪共食。對人類來說表示親密關係的用餐聚會，其實並不適用於貓科動物。

許多人認爲養貓比養狗方便，因爲可以飼養在室內且只要貓砂盆便足夠。但這並不表示飼主不需要清理或是可以讓許多貓共用一個貓砂盆。我常發現許多飼主會用單方思考的方式對待貓咪，我們希望生活中有貓咪陪伴，在養貓的過程中卻挑可以接受的部分予以付出，而通常這些部分都是對人類而言相對「方便」的習慣或條件。

我很愛貓咪，相信你也是。但即使我們都有愛，也很可能會對於養貓這件事充滿挫折與疑問。有些人面對這些問題，會聳聳肩，接受貓咪是無法馴服的；但有些人會以處罰的方式企圖改變貓咪的行爲，卻不去理解貓咪這些行爲背後的動機。要成功導正貓咪行爲的關鍵就在於「理解原因」，如果你認爲貓咪不守規矩只是純然地出於不爽、報復、愚蠢或隨機發生，那你就大錯特錯了。理解原因在貓咪行爲訓練中是相當重要的一環，許多被人類視爲不正常或不喜歡的行爲，在貓咪的世界中再正常不過。喵星人非常聰明，重複一些事情或是做出某些舉動，都是因爲這能幫助她們解決某個問題。雖然方式不一定是人類所喜歡或覺得正確的，但對貓咪來說，這些行爲背後一定有原因，貓咪不會無緣無故這麼做。因此我們的任務在於去找出貓咪遇到了什麼問題、貓咪的行爲對他而言代表什麼，最後找出一個符合貓咪需求而你也能接受的替代方案。一旦貓咪飼主們習慣從這樣的角度檢視貓咪的行爲，就能平息家中許多衝突，重新和諧共處。我深深地期盼你能與愛貓建立想要的關係，也希望透過這本書以及同系列其他本書幫助你找到一段美好關係的藍圖。

別等到貓咪的行爲變成問題後才開始訓練和行爲矯正。就像現在推崇的貓咪預防照護一樣，我們也應該利用訓練和行爲矯正，在一開始就預防問題的產生。我們與貓咪互動的每一刻，她們都會有所學習、有所獲得。而她們所習得的內容，究竟是改善還是惡化，取決於我們。

有太多貓咪因爲行爲問題而被送到收容所，原因在於飼主不知道如何導正這些行爲。我到收容所評估時，發現如果當初飼主有吸收更多關於貓咪天性與需求的資訊，許多貓咪其實可以安然地繼續被飼養。即使現在養貓日漸普遍，很多人還是把貓當成很好養的寵物。但好養並不等於「不用管她」！如果是抱著這樣的心態開啓飼主與寵物的關係，當然無法長久。不過值得慶幸的是，人生還有其他選擇。貓咪是很聰慧、具社交性、可訓練、十分親熱多情且可愛的動物。那麼，就讓我們進入貓咪的世界吧！

潘・強森班奈特

第一章

小貓：不可能的任務

從一團超級萌且精力無限的小毛球開始養起

問題：我該怎麼挑選小貓？

潘媽的回答

對許多人來說，貓咪看起來可能都一樣。相較與狗狗，貓咪似乎在體型、形狀和外觀上的差異沒有那麼大。不過事實上，雖然貓咪一般來說體重和大小的差異範圍沒那麼大，但其實每一隻貓都是獨一無二的；而且不僅僅是生理上有所差別，個性上也非常不同。如果你想要在家中從小貓開始養起，那麼最好開始想想什麼樣的貓咪對你家來說比較合適。你可以在

開始挑選時問問自己下列這些問題。

純種或混種？選擇純種或混種背後的原因爲何？如果對品種很在意，包括貓咪大小、毛的長短、毛色、氣質等，那麼或許純種貓會是你想要的。如果對這些並沒特定的堅持，那麼混種貓是很合適的選擇。混種貓的來源比較多，像是中途之家、動物醫院或動物保護協會。

純種貓咪會花你比較多錢，除非是從純種貓咪救難單位收養，或是剛好在中途之家遇到純種的貓咪。然而，流浪動物之家與中途之家有許多待領養的混種貓咪，數量十分龐大。一般來說從這些單位（不管是中途之家或是流浪動物救助協會）領養貓咪的費用相當低廉，甚至完全不需任何費用，而且你還救了貓咪一命。要是全世界的中途之家貓籠都能淨空不是很好嗎？

毛的長短？長毛貓很漂亮，但毛皮需要悉心照料跟維護。多半長毛貓都很容易掉毛，因此需要每天整理、刷毛，有些甚至還要帶去洗澡。

公貓或母貓？除非你對公貓或母貓有個人的偏好，否則貓咪一旦結紮後在飼養上並不會因性別而有差異。

貓齡重要嗎？大部分從成貓身上我們可以輕易地看到已經成形的個性。因此如果你對於貓咪的個性有特定想法，例如想要養一隻活潑的貓、有威嚴的貓、親人的貓，那麼成貓會是比較好的選擇，因爲貓咪的個性已定型。如果你選擇從小貓養起，很有可能會影響貓咪的個性養成，無論是從她的社交活動或是個性引導等等，但這也表示你的責任會更加重大，需要花更多心力照顧。小貓需要監督和訓練，因爲需要花時間慢慢學習如何控制生理上各種能力，對家中各項規矩也完全沒有概念。從小貓養起，一開始會需要頻繁地去看獸醫，因爲需要固定施打預防針與驅蟲藥。另外，從小貓養起也可能要帶她去結紮。如果你是從中途之家或流浪動物之家領養成貓，通常應該已經打過預防針，只要挑選結紮過的貓咪就好。

家中是否有幼齡兒童？在選擇哪種貓咪較合適時，這可能是一個重要的考量因素。有些貓對小朋友比較友善，有些則否，如果是從來沒有接觸過幼童的成貓，可能會比較凶。如果你試圖從中途之家領養成貓，那曾經與幼童接觸過的貓咪會比較合適；如果是領養小貓，可以從小就開始跟幼童接觸，讓貓咪習慣跟幼童相處，但小貓也可能被還不會控制力道的小朋友所傷。

這可能要視你的家庭環境來選擇，包括小朋友的年紀與個性。花點時間慢慢找合適的貓咪，讓家中新來的成員，不管是成貓或小貓，都成爲每一個成員安全又溫馨的成長良伴。

家中是否已經有其他寵物？如果你家裡已經有養貓，希望再養一隻貓，可以從個性互補的角度挑選新成員。如果家中的貓很安靜膽小，你自然不希望新成員也很害羞或不喜歡跟人打交道。但當然也不要太極端。除此之外，也要有心理準備，兩隻貓需要一段時間的磨合才能適應彼此。除非你面對的是獸性很高的小貓，或是曾經受過傷害或不曾與人接觸的貓咪，不然一般來說貓咪會把其他生物（不管是人類、貓咪或狗狗）當成是自己的潛在同類，所以不會尊重其他成員的疆域範圍，這對家中原本飼養的成貓來說相當不舒服。因此循序漸進且安全地引導兩隻貓適應彼此是很重要的，這絕對是你的首要任務。

如果你家中養的是狗狗，那他對貓是否友善呢？過去是否曾追逐附近的貓？仔細想想你的狗會怎麼面對家中的新成員。當然狗狗跟貓咪的安全是最重要的，尤其是大狗跟小貓的組合需要格外小心。不要對狗狗的反應太有信心，即使狗狗沒有惡意，只是想跟小貓玩，悲劇也可能就在那一瞬間發生。

事實就是如此

貓咪一直被誤以爲是獨居動物，但事實上貓咪是善於社交的生物。這個錯誤觀念可能來自野貓通常獨自狩獵，或在疆域上屬於獨行俠。

問題：我是新手貓奴，我即將要領養一隻小貓。我需要為家中的新成員準備哪些東西？

潘媽的回答

以下是養貓所需購買的物品清單，請參考：

- 品質好的貓食
- 乾淨的水源
- 沒有蓋子的貓砂盆（兩側要低一點小貓才好爬入）
- 沒有添加香味的貓砂
- 盛裝用過貓砂的容器
- 食物盆（對小貓來說好食用的大小）
- 水盆（應該要與食物盆分開）
- 垂直貓抓柱（劍麻材質）
- 柔軟的刷毛梳
- 貓咪專用指甲剪
- 小貓自己玩的安全玩具
- 互動玩具（設計上類似釣竿的設計都算）
- 兩側高起的舒適睡床
- 可躲藏的空間（箱子、貓隧道、紙袋或金字塔形的睡床）
- 貓提籃
- 貓咪樹（可攀爬用）
- 貓咪身分認證（晶片、姓名吊牌、項圈）

- 訓練獎賞（亦可用貓食代替）
- 響片（訓練用，非必要）
- 保護小貓安全的工具（出口遮蓋、電線保護罩等）
- 耐心
- 愛心

你同時也會需要足夠的資訊。這本書可以引你入門，但我建議你應該要在貓咪還沒進到家門之前，就花點時間了解貓的天性與訓練貓咪的方法。有很多人以為貓咪是很簡單又不需要悉心照顧的陪伴性動物，卻在養貓遇到行為問題時感到失望。現在的你正要開始一趟很棒的旅程，也開始要締結一段溫馨的關係，為了能夠讓這段關係長長久久，花點時間做功課並不為過吧！

問題：照顧與訓練小貓的第一課。我剛養了一隻小貓，我該如何照顧或是訓練她（注）？

潘媽的回答

這段時期最有趣了，你會開始慢慢了解這團可愛的小毛球。這也是學習曲線高幅度成長的一段時間。以下是可以幫助你更快進入狀況的要點：

你的第一站：動物醫院。你的小貓此生都會需要獸醫的照護，所以從此刻起就要開始熟悉。依照你取得貓咪的來源與其年齡的不同，她可能需要開始接受預防針與驅蟲藥。即使你的小貓在你養她前就已經打過預防針，在帶她回家的幾週內去動物醫院做第一次的檢查還是很重要的。

譯注　在沒有特別指定公貓或母貓的情況下，本書作者一律將貓咪稱作「她」。這樣的設定除了是作者本身對於貓咪的擬人化，同時也是將貓咪視為與人類平等之生物的表現。有鑑於此，譯者為保留原作精神，亦遵照作者的設定將貓咪的代名詞譯為「她」；以及，提到狗狗時亦遵作者原意，譯為「他」。

你的獸醫能給你營養上的建議，教你如何幫小貓剪指甲，也能回答一些新手貓咪飼主的疑惑。這時期建立良好的客戶與獸醫關係很重要，尤其家中新成員剛加入，獸醫若在此時就認識貓咪，往後便會知道哪些是貓咪的正常行爲，對於未來的診斷相當有幫助。

小貓亟需安全感。我能想像現在你一定很興奮地想開始與小貓的新生活，但請千萬記得小貓對你家中的環境是完全陌生的，而且就算你覺得家裡很小，對她來說仍是一個很大的空間。小貓一開始需要調整跟適應的地方很多，所以最好的方式是將她固定養在一個房間內。我通常都會把這當成隔離室的概念。這可以是家中額外空房，或是任何有門可以關起來的空間，這樣小貓就可以先學著適應這個空間，不會被嚇到。

你的小貓正在行爲的學習階段，像是如何使用貓砂盆、抓東西、爬上爬下，也要探索新環境，因此物品擺放應該要以方便爲主。貓咪如果還很小，貓砂盆要放在附近，因爲小貓此時還沒有很好的膀胱控制力。

在隔離室內除了貓砂盆，也要有可以讓小貓抓咬的貓抓板，還有幾處可以躲藏的空間（在她們身邊放一些紙袋或紙箱），以及可以安穩睡覺的區域，當然還要食物和水。請盡量不要讓餵食區太靠近貓砂盆。

小貓也需要玩具。可以在隔離室內放一些獨自玩耍用的玩具，還有她能磨咬的軟質玩具，與用來滾動或拍打的橡膠玩具。當你要與小貓互動時，再將互動性玩具帶進這個空間內，讓她習慣你的領導。要注意別在地上隨便放置會讓小貓受傷的尖銳物品或繩帶。

另外也可以將貓提籃放在隔離室內，讓小貓用它來躲藏。貓提籃內建議放一些柔軟的布料，方便小貓玩累了在裡面打個小盹兒。

貓咪一家親

如果可以的話，小貓應該要跟著母親和同胞手足一起生活，直到十二週大再分離會比較好，這樣對於未來的社交能力比較有幫助。

小貓養在隔離室的時間依每隻貓的年齡、個性、居家環境大小以及家中是否有其他寵物而定。如果小貓是唯一的寵物，且抵達你家二十四小時後看起來滿自在的，就可以陪她去探索家裡，一次一小部分。確認她知道貓砂盆在哪裡，以及隨時都可以回安全的隔離室。如果家中有其他寵物，則帶領她在適應的期間都養在隔離室內（詳見第十章）。

小貓需要貓提籃。即使小貓已經不住在隔離室內了，也請將貓提籃隨時準備好。這會讓她適應提籃的存在，之後可以慢慢進行外出提籃的訓練，讓她對於身處當中與旅行不會太敏感或恐懼。讓貓咪適應提籃的訓練應越早開始越好。

小貓也需要自己的貓砂盆。由於你的小貓還在初始的學習階段，貓砂盆應該要放置在方便又容易找到的地方。貓砂盆的兩側要比較低，或至少要有一邊比較低，這樣小貓才好進出。隨著小貓長大，要換成較大的貓砂盆，慢慢移到固定的地方。

你的小貓可能還不記得貓砂盆的位置或是有尿意時來不及走到貓砂盆內，因此請不要讓她得耗費力氣跑過整個房間才有辦法尿尿。先把好的習慣訓練完成再移動貓砂盆的位置。另外，在她可能想排泄的時間固定帶她去貓砂盆，像午睡後、吃飽飯後、玩耍後都是會想上廁所的時候。第四章會介紹更多關於貓砂盆訓練的細節。

食物與水的供給。一開始就要提供合適的食物和水。她需要符合身體大小的餵食盆，讓她能輕鬆進食不亂灑，且應該食用成長配方貓糧。

小貓一天要吃好幾餐，頻率和份量請獸醫依其年紀、體重與健康狀況給予建議。

提供貓抓板。讓你的小貓一開始就練習使用上層鋪有劍麻材質的貓抓

板。此時小貓的爪子應該是隨時都顯露在外的，但隨著她逐漸成長，她會學著在平時收斂爪子。

貓咪樹。小貓通常都很喜歡攀爬，攀爬也是成長過程中必須習得的重要技能。她會藉此學習對力道、平衡以及速度的掌控。因此在家中放置貓咪樹可以讓小貓有機會練習上述能力。除此之外，小貓也會有地方攀爬，不會拿你的窗簾或書櫃開刀。

刷毛和剪指甲的適應。除非你希望在小貓長大後，每次都要跟她大戰一番才能靠近她的指甲，或每次看到梳子就咬你一口，否則請從小貓時期就開始訓練。小貓還小的時候就要讓她逐漸適應，每天請用軟毛刷替她刷毛幾次，每次一到兩分鐘，輕柔地觸碰她的耳朵和嘴巴，讓她覺得被觸碰是舒服的，之後如果需要清潔牙齒、耳朵或是餵藥都會比較容易。

另外，固定一段時間就爲小貓剪指甲也是必要的，只需要將指甲尖端剪去即可。如果你從小貓還小的時候就開始這麼做且持續進行，成貓後比較不會抗拒（或至少不會有很大的反抗行爲）。你可能需要現場看獸醫做一次，這樣才能學習用最正確的方式替愛貓剪指甲，獸醫可以示範剪多少指甲才不會超過，因爲貓咪的指甲裡層也有血管分布。

貓咪很怕吵

貓咪的聽力非常敏感，小貓可能會因爲太大聲的聲響或音樂感到壓迫或驚嚇。你能替電視買到很好的音響設備，但對貓來說並不是如此。

開始訓練吧。如果你希望貓咪適應良好且家教不錯，那麼就要花些心力投入適當且富人性的訓練，現在請開始訓練並持續下去，並確保家中每位成員都有共識，這樣小貓才不會接受混亂的訊息。在小貓成長過程中即開始訓練對未來好處多多。小貓的體力無限，隨時都在奔跑，常常溜到人腳底下，看她們這樣活力充沛的表現當然很有趣，但同時訓練也很重要。

小貓需要有適當的體力宣洩出口，因此在小時候需要被教導，將這樣的活力與體力宣洩在玩具或特別設計的貓用器材，而非人類身上，更不能對具有危險性的家用物品或家中成員的私人物品宣洩精力。愛玩的小貓如果沒有被好好引導並提供體力宣洩管道，飼養起來會令主人十分頭疼。

問題：如何預防居家環境遭小貓破壞？

潘媽的回答

你的小貓會將家中所有東西都視為可以拿來玩的玩具，也會很想往上爬高，因此窗簾和書櫃對她來說都是潛在體能訓練場。小貓常常會因為想擠進狹小的隙縫而卡住，有時候會是人完全想不到的地方。花點時間為家中每個空間做好防貓保護吧。幾乎每個房間都有你想像不到但很危險的東西，因此一定要從小貓的角度思考這件事情。舉例來說，如果你有張躺椅，小貓可能躲進到裡面而你不曉得，在移動椅子的時候夾到小貓。

洗衣機和烘衣機似乎很難搆得到，但這些小毛球能輕易地靠自己找到爬進去的方式。小貓也可能躲在髒衣服堆裡，在你不注意時就不小心跟著髒衣服被丟進洗衣機內。因此在洗衣服的時候一定要一件一件丟進洗衣機，在啓動前應先確認，並在洗衣機清空後、關上蓋子前再檢查一次。

下列是給新手貓奴的幾個貓咪安全保護要點：

- 確保所有窗戶都已上鎖
- 將所有藥品放在密封的盒子裡或抽屜內
- 不要將線、緞帶、橡皮筋或其他可能被小貓吞進去的東西隨處亂丟
- 清潔劑應該要放在貓咪無法觸碰到的櫃子裡
- 垃圾桶要蓋上蓋子或放在櫃子裡
- 把紙袋當成玩具給貓咪玩之前請將提帶剪掉
- 別讓小貓習慣玩塑膠袋

■ 確保電線都有收好，沒有隨意垂落

■ 無法收起來的易碎物品應該用魔術黏土將其黏得牢固

■ 每次洗衣服前都要檢查洗衣機與烘衣機內槽

■ 髒衣服要一件件放入洗衣機，因爲小貓可能會跑到衣服堆裡睡覺，不要整團丟進去

■ 關上衣櫃或抽屜前都要再次檢查，確認小貓沒有躲在裡面

■ 窗簾帶和遮光罩繩子都應該要收妥，不要任其隨意垂落

■ 請確保小貓無法接觸到室內盆栽（大部分對貓來說都有毒）

■ 縫紉與編織籃在使用過後應該要收好，同時檢查是否有掉在地上的針線

■ 別放著蠟燭燃燒，讓小貓有機會靠近

■ 確保壁爐有安全遮罩

■ 壁爐的安全遮罩隨時都要蓋上，因爲小貓喜歡在灰燼裡打滾

■ 扔箱子或盒子之前都要仔細檢查，小貓可能會躲在裡面

■ 出門前要巡視一下小貓在哪裡，以確保她沒有不小心把自己關進衣櫥或抽屜裡

■ 冰箱後面的空間應該擋住，小貓才不會卡在裡面

■ 不要在抽屜裡放樟腦丸之類的東西，它對貓有毒

■ 收起躺椅的腳踏板前，請先確認小貓沒有躲在下面

■ 培養上完廁所闔上馬桶蓋的習慣

尖尖的小事實

小貓要到四周大後才會開始收斂指甲，在那之前都是張牙舞爪的狀態。

這只是一些需要特別注意的小貓防範列舉，你應該依家中環境現況自行調整，量身訂做屬於你的注意事項。這些預防措施看似麻煩，但小貓會逐漸長大變成貓，許多危險的行爲在她長大後就不需要特別防範。如果你有小孩，就會知道保護強褓中的小嬰兒與學步期幼童安全只是一段過度期，並不需要永遠如此。提到保護寶寶，有很多保護小貓的器材與工具在百貨公司嬰兒部門或嬰兒用品店都可以找得到，像是電線的防護罩、抽屜櫥櫃鎖和捲筒衛生紙遮蓋等等。這些都可以用來保護好奇的小貓。

問題：我最近去了流浪動物中途之家領養小貓時，看到兩隻小貓感情很好。請問領養兩隻貓會比較好嗎？

潘媽的回答

有很多支持你應該考慮一次帶兩隻小貓回家的理由，比方說養兩隻貓其實比養一隻還要簡單且更有利……對你或貓咪而言都是。

這些年來我做過許多顧問服務，發現有很多人一開始先領養一隻貓，過幾年後卻發現他們其實想養第二隻貓。因爲成貓有地域性，因此在第二隻貓的適應上需要注意很多細節，也需要極大的耐心。在這些案例中，有許多飼主其實原先有考慮過一次領養兩隻貓，但擔心這樣太辛苦。但事實上，第二隻貓並不會增加額外工作，而貓咪彼此陪伴的好處很多，可以豐富貓咪們和你的生活。所以可以的話，建議一開始就領養兩隻小貓，這樣比幾年後再另外領養第二隻貓容易許多。

養兩隻貓的好處：

- 你得到的愛是兩倍
- 感情也是兩倍好
- 看兩隻貓玩耍很療癒
- 你在忙或上班時兩隻貓可以彼此陪伴
- 多養一隻貓其實並不會增加太多成本

一起作伴。小貓還在學習階段，她們從母貓那邊學習、從環境也從彼

此身上學習。貓與貓之間的互動與玩耍時光會幫助彼此建立社交技能，此技能在往後的貓生中相當重要。她們學會如何溝通並解讀彼此的訊息、玩耍時抓咬的力道、如何分享地域等。如果小貓剛好同胎，那麼她們可以說是打從娘胎就認識，對於這樣的分享與互動已經很熟悉了。也就是在你要領養她們之前，兩隻貓就已經玩在一起，這是個多麼棒的開始！

小貓被領養或救援的時候母貓可能已經不在身邊了，被救援的小貓通常年紀都還很小，不適合與手足分開。如果你領養兩隻小貓的話，就能繼續建立原本跟母貓與手足一起成長的社交互動，也能替彼此建立安全感與舒適感。

互相學習。如果你曾經跟小貓玩過，就知道她們隨時都在動，對什麼都很好奇。幼貓階段對於學習和發展各種能力是很重要的時刻。小貓跳躍時，其實是在學習測量距離。小貓在狹小的空間中移動，其實正在學著平衡。看起來像是在玩耍或好奇心發作的行爲，對小貓來說都是重要的機會教育。因此小貓在行走、遊戲、攀爬、打滾、伸爪子、擺姿勢的時候，都在無形中學習新知。由於小貓也靠觀察來學習，因此同時養兩隻貓能夠幫助她們互相學習，從貓砂盆的使用到哪裡可以安全地跳來跳去等都是。而較活潑的小貓也可以讓害羞的手足變得外向。

豐富此生。我常需要花很多時間跟客戶們說明周遭環境如何影響貓咪的生活習性，因此提供一個鼓勵她們玩耍、探索且安全的環境相當重要。對小貓來說，在玩耍的時候有個伴可以說是豐富生活最棒的方式。事實就是，你需要工作，有時也需要離家一陣子，而小貓可能因此感到孤單甚至害怕。許多人都有錯誤的既定印象，以爲貓天生就是獨居動物，不需要陪伴，但她們其實有完整的社交結構，在夥伴的陪伴下的確獲益良多且能快樂的成長茁壯。

兩隻小貓彼此陪伴不但可以幫助彼此，還能預防未來可能發生的行爲問題，像是因無聊或分離焦慮而產生的問題，而且兩隻從小一起長大的貓咪之間所締結的情誼，也是獨一無二且堅不可摧的。

那多出來的成本與照顧怎麼辦？一開始的預防針完成後，接下來的動物醫院費用就可大幅減少。直到貓咪結紮前，一年可能只需要去獸醫那邊做些例行檢查，甚至有些情況下貓咪早已結紮。許多獸醫診所也提供多寵物優惠，因此看診前請先做好功課，甚至在領養的時候就可選擇已經完成全部或部分預防針施打的小貓。

對幼貓來說，她們長大之前都只需要一個貓抓板，之後才需要再增加第二或第三個。貓抓板的費用並不高，如果你的手很巧，甚至可以自行製作。至於貓食，即使貓咪正在發育，在貓食上的花費也遠低於領養小狗所需要的狗食費用。依照品種的不同，大型狗的食量有時眞的很驚人，但以貓來說，即使是最大隻的品種，也不太可能吃垮你，因此增添第二隻貓並不會讓你從此流落街頭。

至於玩具和器具，最大的開銷可能是貓咪樹，我強烈建議家裡應該放置一個。無論是養一隻或兩隻貓，都是必要的開銷。如果你對貓咪夠熟悉，就會知道空紙箱其實是貓咪的最愛。我的小孩利用寬膠帶和紙箱做出了一個貓公寓，他們在紙箱上切割洞口，成爲貓咪最愛的遊樂設施，既簡單又實惠。

一切比你想像中簡單。每當有人希望我提供養貓的意見時，都以爲我會建議挑選的品種、性別或是個性，但事實上，我對於養貓的建議其實是鼓勵大家敞開心胸一次養兩隻小貓，相信我，你不會後悔的！

問題：要怎麼教導小貓接受被飼養這件事？我養了一隻小貓，希望她長大之後會讓我拍拍跟撫摸她。請問有什麼小訣竅嗎？

潘媽的回答

千萬別等，現在就開始拍拍跟摸摸的訓練。許多飼主對於提供貓咪安全的環境很在行，也很會教導貓咪該去哪裡吃飯跟上廁所，但卻忘了也要訓練貓咪接受人類撫摸。現在看著你健康、活潑又好動的小貓，可能很難想像有一天會需要投藥或接受治療（無論是口服或注射藥劑），如果沒有從小讓她習慣耳朵被檢查，或是接受人類手指在嘴巴附近活動，那麼很有可能第一次餵她吃藥時會很慘。如果貓咪不習慣這樣的接觸，那光是去動物醫院的過程就會讓你們倆大戰一番！

開始習慣觸摸。這是需要計畫的，讓貓咪循序漸進地接受你的觸摸，甚至享受特定部位的撫摸。許多貓咪不喜歡貓掌被碰到，協助小貓習慣敏感部位被觸摸的第一步，就是撫摸那個部位一、兩次之後就給她獎勵。

如果貓咪不喜歡耳朵被掀開檢查，輕撫她的後腦或胸前，然後給她一點獎勵的餅乾或是平常吃的乾糧。重複這樣的撫摸，從後腦慢慢往前移動直到能碰到她的耳朵。另外一個方法就是讓小貓一邊舔湯匙上的食物，一邊輕觸她的耳朵。

很快你就會發現貓咪哪些部位喜歡被觸碰，先摸一摸那個部位，然後再去摸靠近耳朵的地方，接著給她一塊餅乾作獎勵。另外一耳也是如此。一開始輕碰耳朵就好，之後慢慢延長手停留在耳朵的時間。每次的觸摸訓練時間不要太長，盡量讓它是個愉快的經驗。正確的操作之下，你的小貓就會知道每次被觸摸後都會得到獎勵、被摸的時間不會太長，很輕柔也很安全。這裡最重要的就是觸摸敏感部位時要見好就收，確保那是個愉快的經驗。如果摸得太久，小貓有可能會覺得不舒服而開始掙扎。

做個溫柔的老師。還沒成貓之前也是訓練小貓清潔牙齒與剪指甲的好時機，越早讓小貓有這樣的經驗，往後越輕鬆。如果幼貓時期沒有進行剪指甲的訓練，那麼長大之後要剪指甲可能會是苦差事。相信你一定不希望每個月要剪指甲都得跑一趟動物醫院，因此把握現在的時間好好開始訓練吧。

越早開始越好。除了盡早開始，也記得要溫柔以待。一次只要往前邁進一點點，每次都見好就收。如此重複執行，就可以讓小貓長大之後對於清潔牙齒、清潔耳朵、剪指甲、剃毛、除蚤或任何需要被觸摸的動作都處之泰然。

問題：印象中我小時候養過的貓只要遇到一點改變就會很驚恐。要怎麼訓練小貓面對生活中出現的變化？

潘媽的回答

一次次慢慢地讓你的小貓去感受視覺、聽覺和嗅覺上的體驗，尤其是未來她會遇到的情境。在幼貓時期如果有接觸到這些外來刺激與新事物，成貓後對這些感官體驗會比較自在。

每個人都希望家裡有客人來時，自己的貓是很友善且自在的，想增加這種狀況發生機率，就得在幼貓時期讓她接觸不同的人。

透過循序漸進的累積協助你的小貓適應。旅行最容易讓貓因為改變而感到不舒服。小貓或許還願意讓你把她放到提籃內帶著走，但成貓可能會抵抗。提籃應放在隨處可見的地方，裡面可以鋪上毛巾變成舒適的窩藏處。每隔一段時間就把小貓放進提籃內，帶著她在家裡走幾圈，然後開車帶她出去晃晃。越早讓小貓習慣乘車，成貓後遇到要搭車的情況，她的不

安感會越小。

說到搭車，也可以帶著小貓去動物醫院走走，讓她習慣那裡的環境、聲音還有氣味。每隔一段時間進行拜訪是爲了訓練小貓的社交，讓動物醫院的員工抱著她或撫摸她，這也會讓她在往後面對這樣的情境時不會感到陌生不適。除此之外，如果她習慣去動物醫院時聽到狗叫或是聞到那裡的氣味，長大後接觸到這些感官刺激也比較不會害怕。

一輩子受用無窮。幼貓階段可說是無憂無慮又快活，但同時也是開始學習並吸收經驗的時候。你花越多時間循序漸進地帶著小貓接觸新事物，她長大之後就越容易接受各種新事物，如此一來就可以減輕大家面對改變時所承受的壓力。

問題：要如何教小貓在跟我玩的時候不要咬我？

潘媽的回答

要教導小貓玩耍時不要有暴力行爲的第一步與最重要的一步，就是不要讓她把你的手指當成玩具。不管貓咪年紀多小、她咬你是否會痛，這不是你希望她接收到的訊息。咬人是絕對不能被允許或鼓勵的。

因此從一開始就要準備適當的玩具，讓小貓在玩的時候可以咬。在互動玩耍的時候，要用類似釣魚竿的玩具。這樣你的手和她的牙齒之間就會有個安全距離。如此一來，你的小貓可以盡情的參與，也不用擔心會不小心跨越那條線。

在使用其他較小型的玩具時，像是小老鼠，請確保是由你丟出去讓小貓追逐。不要在手中搖晃小老鼠，製造不小心咬到你手指或往上撲抓時弄傷你的機會。和貓咪玩耍時，千萬不要給她混亂的訊息，因爲小貓在玩耍時學到的經驗，會在她記憶中留一輩子。

貓咪咬人該如何處理。如果她在跟你玩的時候不小心咬到你，請馬上停止玩耍，並靜止不動。她會想要跟你有互動（因爲她知道獵物會動），因此如果你靜止不動，她就無法得到想要的結果。如果她咬了你的手不放開，要靜止不動，然後，不要把手拿開，把手輕輕地往小貓的方向推過去。這會讓小貓困惑，此時她就會鬆開嘴巴。

當你的小貓咬人的時候，一定要完全停止所有動作且不予理會。你可以在小貓恢復到輕鬆且受控的狀態後再重新開始，這樣你所傳遞的訊息就是，咬人等於遊戲結束。一旦她鬆開你的手，一定要把手拿開，遠得讓她清楚明白一旦有咬人的行爲出現，你便不會跟她有任何互動。

教好，教滿

沒有母貓的小貓通常都是用奶瓶餵奶，因此玩耍時可能會比較暴力，因爲她們在哺乳時期沒有從母貓和手足那邊獲得足夠的互動學習。因此教育的責任落在飼主頭上。

不能做的事。小貓咬人的時候，請不要打她、把她推走、對她噴水或吼她。雖然這些行爲都會讓她馬上鬆口，但可能留下無法抹滅的負面影響，小貓可能很快就學會怕你。如果你施行體罰，會讓她進入自我保護狀態，下次她可能會咬得更大力。相信你一定不希望小貓因爲害怕而避免與你有任何互動，當然也不希望她以爲這樣粗暴的行爲是最好的溝通方式。

第二章

基礎訓練營

你和愛貓的基本訓練

問題：帶貓咪回家的第一晚應該要做哪些事？

潘媽的回答

　　在新成員來到你家之前就做好安全準備會比較方便。如果你之前從來沒有跟貓咪同住在一個屋簷下，你將會對於貓咪可以用來藏匿的地方感到不可置信，更別說她會極盡所能地擠進那些你想不到的空間內。其實可將貓咪的安全規範與保護看作保護嬰幼兒，只不過這名「嬰幼兒」有超能力，一躍可以跳到身高的七倍，擠進幾乎不可能的空間，牙齒還可以咬爛

電線，這些超能力可能是新手飼主過去想都沒想過的。

她需要自己的空間。即使你爲新加入的貓咪提供舒適又充滿愛的環境，她可能還沒準備好照單全收。如果貓咪第一天來到家中，你就把她放在客廳中央，貓咪會很恐懼，若你又住在比小公寓大的空間更是如此。如果你這麼做，她很可能會馬上找地方躲起來。因此，記得要準備好隔離室（通常是家中多餘的房間，或是任何一個可以關上門的房間）讓貓咪有時間慢慢適應。

補給與藏匿之處。貓咪的隔離室內應該要有貓砂盆、貓抓板、水、食物和玩具。除了這些基本的準備之外，也可以爲貓咪準備藏匿之處，或是能隱身行走的路徑。如果你只是把貓咪放在房間內，沒有準備任何藏匿處或暗道，她可能受到驚嚇就往床底下鑽。比較好的方式是做個隧道形狀的暗道，讓她可以安心地從藏匿處走向食物盆或貓砂盆而不感到恐懼。你可以直接購買市售的貓咪隧道，或是利用紙袋和紙箱自己做。若想增添舒適度並讓貓咪開始熟悉環境，也可以加裝插電 Feliway 費洛蒙信息素擴散劑。這種仿貓咪臉頰費洛蒙素的產品可以讓貓咪增加對環境的熟悉感與自在感。Feliway 之類的產品在一般寵物用品店都有販售，也可以上網或透過動物醫院購買。

讓貓咪慢慢適應環境。貓咪的來源與焦慮程度會影響適應時間的長短。如果她不進食也不上廁所，甚至滴水不沾，這些都是正常的。這時可以倒一點貓飼料，然後給她一點隱私。剛開始貓咪可能會在獨處時才進食。如果她第一天什麼都不想吃也沒關係，只要持續提供分量較少的餐點和乾淨的飲水。不要一次放太多食物，這樣才能好好觀察貓咪是否有吃。到了第二天，她應該已經餓了，這時候貓咪可能會開始吃，如果沒有詢問獸醫，你不會希望貓咪再餓一天，而獸醫會依照貓咪過去病史和目前狀況提供合適的建議。

調整燈光營造氣氛

調整隔離室的燈光，讓室內不要太明亮，這樣新來貓咪才不會覺得暴露在環境當中。建議可以將燈光調暗，或是只用夜燈也可以，這招對害怕的小貓特別管用。

貓咪先動作，你再動作。互動方面請依隨貓咪的節奏進行。當然，這時會很想馬上摸摸她、抱抱她，或是和可愛的她互動。但這跟貓咪的背景與目前適應程度有關，她或許還沒準備好讓你靠近。你可以用逗貓棒這類玩具開始營造輕鬆而隨興的互動，用遊戲的方式減輕她的不安。

循序漸進地把家中其他成員介紹給貓咪認識。這時家中每個人應該都很想認識新來的貓咪，但她可能還沒準備好被這麼多陌生面孔擠在隔離室內圍繞著。請一次介紹一位成員。如果貓咪躲起來或是看似還沒準備好，請退出隔離室讓她繼續與新環境培養安全感。之後還有很多時間可以慢慢讓貓咪認識家中成員。

讓她自行探索。當你的貓開始覺得自在，繞著她的空間到處逛，且當你走進隔離室時她不再躲開，那就可以讓她探索隔離室以外的空間。如果你家坪數很大，那麼請不要一開始就讓她在每個房間閒晃，這會讓她覺得恐怖。讓她慢慢探索，一次一個區域。這樣她探索完一個空間後可以安心地回到隔離室。

如何介紹家中其他寵物給貓咪認識。如果家中還有其他寵物，介紹他們認識彼此時，一定要細心而有耐心。如果是貓咪認識貓咪，那可能會有點棘手。此時需要用循序漸進的方式讓她們熟悉彼此且留下正面的印象，

要讓貓咪們有些時間慢慢喜歡上彼此。請記得原本的家貓會覺得地盤被其他貓咪入侵，而新來的貓咪會覺得自己被直接丟到前線面對敵人。要如何讓兩隻貓熟悉彼此請參照第十章。

如果家中寵物是狗狗，要小心安全。在你確定他們能平安無事地相處之前，請不要讓貓咪和狗狗獨處。

信任的建立與訓練。訓練越早開始越好。新來的貓咪隨時都在學習，學習的內容取決於你傳遞的訊息。請堅定持續且充滿人性地訓練。提供貓咪需要的一切，用積極鼓勵但不勉強的方式，維持同樣態度，並堅定地傳達訊息，每次貓咪做對時都讓她知道。或許你是因爲衝動才決定要養貓，但提供貓咪健康與快樂的成長環境卻衝動不得，需要長時間的投入和關注。你也可以藉著這段時間了解貓咪在生理、情緒和心理上的各式需求。

問題：訓練貓咪的過程應注意哪些錯誤？我們準備要領養生平第一隻貓了，我們應該要注意哪些事情？

潘媽的回答

看到朋友的錯誤也讓你有學習的機會。很多時候想養寵物的衝動是在瞬間發生，但事實上很多飼主根本還沒做好與寵物共度餘生的準備。下面是一些我常看到的錯誤觀念：

領養到不適合的貓。許多寵物的領養只是衝動行事，結果就是一發生問題，被領養的動物又再度被丟回收容所。因此不論你們打算領養或是購買貓咪，請確定她適合你的家庭狀況，而你的居家環境對貓咪來說是安全、安穩且健康的。

以爲養貓很輕鬆。每次聽到有人說因爲沒時間養狗所以才領養貓，都會讓我很難過。很多時候人類養貓只有在自己方便時才和貓有互動，貓咪常常得獨處。如果貓與主人的關係沒有照預期的方向走，飼主就會失望。如果希望貓咪與你的互動良好，那首先你要願意花時間經營關係。寵物不是在你想有伴的時候才理會，不想麻煩的時候就不管的生物。她們需要你提供的互動，包括玩耍、陪伴和分享，這個責任遠大於提供飼料和水。

不帶貓去看獸醫。貓咪是美國最多人養的寵物，但一般來說卻是狗狗比較常看獸醫。許多人不帶貓咪去看獸醫，或以爲貓咪不用受到獸醫專業的照護。請不要以爲貓咪足不出戶就不需要打預防針或是健康檢查，她還是需要定時去動物醫院回診。

不幫貓咪結紮。除非你是住在地底，不然到處都有流浪動物，而流浪動物之家根本不夠住，每天都有流浪貓狗因爲沒有安全的居住環境而死亡。即使貓狗過度繁殖的問題沒讓你太擔心，也請記得：發情的公貓會到處灑尿留下記號，而發情中的母貓也會想盡辦法逃家去接近這些公貓。不管公貓或母貓，如果沒有結紮，罹患某些癌症的可能性會提高。

隨意讓貓咪在戶外遊蕩。是否要讓貓咪自由地在戶外遊蕩一直以來都備受爭議。我個人的意見是貓咪在室內比較安全，且飼主可以模擬戶外情景，提供貓咪需要的娛樂性、豐富度和趣味，同時確保貓咪的安全。讓貓咪在鄰里之間遊蕩，除了會讓她暴露在疾病、受傷、打架、中毒、毆打、病蟲害的危險之外，更要擔心她可能會走失、被偷或被車撞。

不去註冊。如果你的貓咪沒有註冊，那麼走失被找回的機率微乎其微。一般來說比較普遍的貓咪識別方式，是在頸圈上加掛身分吊牌，但還是植入晶片最安全。貓咪掛頸圈有爬樹時被勒到的風險，雖然有些安全頸圈能讓貓咪在這種情況下掙脫，但這樣一來身分識別吊牌的作用不大，貓咪一旦掙脫頸圈，就無法識別身分了。如果你有讓愛貓掛頸圈，請確認貓

咪在緊急情況下有辦法掙脫，但同時也替貓咪植入晶片以防萬一。

不想花時間訓練貓咪。如果你過去曾經跟貓咪生活在一起，可能會對她們百般掙扎不想去看獸醫的情景印象深刻，甚至還曾被抓傷或咬傷。若是這樣，我想你應該會同意一開始就訓練貓咪習慣看獸醫非常重要。花點時間讓貓咪習慣外出提籃、推車，習慣被抱。除此之外，花點時間訓練貓咪明白生活環境裡哪些事情可以做，哪些不能也很重要。例如她是否可以跳到廚房的吧台上？沙發呢？如果不能，那麼一開始就要好好訓練，讓她知道什麼地方可以去，哪些是禁區。如果你不訓練，卻在她做錯事的時候處罰，這樣對貓咪實在是太不公平了。從一開始就以持續、適當且不強迫的方式教導貓咪。

觀察肢體語言

觀察愛貓的身體語言與其所傳遞的訊息，如此一來可以加深彼此的情感和互動，也可以避免產生誤解。

久久才清一次貓砂盆。相信你也不喜歡用到骯髒的馬桶，對吧，你的愛貓也是如此。致電到我辦公室的諮詢內容中，最常出現的是貓咪不用貓砂盆。有很多時候是因爲飼主或家人沒有保持貓砂盆的清潔。請確保愛貓的貓砂盆尺寸正確且裡面的貓砂是貓咪最喜歡的。貓砂盆的地點也很重要，應該以貓咪的方便爲主。最重要的是確保貓砂盆清潔。

除去指甲。別把家具看得比貓咪的身心健康還重要。除去指甲對貓來說就像被截肢多次一樣。貓咪的指甲是生理和心理健康狀態的一項指標。如果你願意花時間了解這樣的感官直覺所爲何來，以及留指甲對貓咪的好處，那你就會意識到除去指甲對貓咪而言是多麼沒有人性的行爲。只要好好訓練，貓咪可以乖乖不抓沙發。因此訓練才是王道，千萬不要爲了解決家中沙發被抓破的問題就把貓咪送進開刀房。

買了不適合的貓抓板。如果你從寵物用品店買的是可愛、柔軟又覆蓋一層軟毛料的貓抓板，那你很快就會發現貓抓板沒用，因爲貓咪還是選擇抓家具。要用劍麻，貓咪才能磨爪！

在貓咪行爲改變時忽略生理病痛的可能性。貓咪是仰賴慣性的生物。行爲改變，就表示有什麼潛在健康因素困擾著她，或是有什麼事情已經到了壓力的臨界點。因此要將這樣的行爲改變視爲紅燈警訊，這表示有什麼地方出問題了。

沒做好準備面對貓咪生命階段的改變。不管是搬新家、飼主懷孕、有新寵物加入或是家裡在裝潢等，對貓來說這些改變都會讓她慌亂，突然陷入不熟悉的情境中。這時候請多花時間安撫貓咪，讓她適應這些改變。

愛處罰。貓咪不會無緣無故就作怪，如果你覺得貓咪做了某些事情是故意要挑釁你，那你就錯了。處罰不但不人道，而且會引發反效果。

環境枯燥單調。貓咪是天生的狩獵者，她需要持續的刺激還有探索新事物的機會，行爲問題也可能是源自環境無聊。你的愛貓需要互動性的遊戲時間、自行玩耍的時間、可以磨爪子的地方、可以躲起來打盹的地方，還有可以爬高和跳躍的空間，以及跟你相處的時間。

問題：為了要讓腦袋瓜兒保持靈活不變笨，我沒事會做些報紙上的填字樂或是學習新的語言。那貓呢？我該如何讓貓的思考更為敏捷？

潘媽的回答

是的，當然有！你的愛貓腦袋可一點都不遜色，而且需要時時接受挑戰、刺激、練習才能維持良好的心理健康狀態。這裡有十個可以讓貓咪動腦的方法：

1. **跟你的貓咪玩**。每天都要有彼此互動的玩耍時間，可以移動玩具讓她去追，這樣能讓貓咪天生的捕獵功能繼續發展。
2. **讓餵食時間變得有趣**。別只是把食物一股腦兒往貓的食盆裡倒，可以的話換成益智餵食器，讓貓咪練習動動腦才吃得到食物。這樣的餵食方式不但可以讓貓咪覺得有趣不無聊，同時也可以強化心智。
3. **躲貓貓時間**。可以把讓貓咪自行玩耍的玩具（像是老鼠絨毛娃娃或是球），放在家中各角落讓她自行「搜尋」。
4. **響片訓練**。這個訓練方式可以協助糾正行爲問題，但就算當作訓練用途，響片也是個有趣的玩具，可以訓練貓咪的心智。關於響片的部分後面還會有詳細解說。
5. **自製的居家敏捷訓練**。可以先從比較基礎的開始，例如讓貓咪走過紙袋做的隧道，然後開始在通道中加入障礙物來訓練。這個練習有效地結合了心智與體能的訓練，對貓咪而言好玩又有趣。
6. **預防孤單**。對於某些貓來說，另一隻貓的陪伴可以幫忙終結孤單，尤其是家中的人類夥伴長期不在家時。另一隻貓咪會讓她們有很多玩耍的時間，也可以強化心智。但不是每隻貓都喜歡這樣的陪伴，有些貓比較喜歡自己是家裡獨一無二的生物。飼主需要好好觀察貓咪的反應，把陪伴與互動效益發揮到極致。跟貓咪同住一個屋簷下並非只是提供食物、貓砂盆還有居住空間，也請花心思在人類和寵物的互動。花些時間陪伴寵物吧。

7. **讓貓咪有正常的社交**。請從小開始，讓貓咪適應環境的變化，接受家裡會有訪客並享受與他們相處的時光。
8. **將壓力降到最小**。貓咪遇到壓力是很難「放下」的生物。因此請留意那些可能會讓貓咪感到緊迫或壓力的事物。

當貓咪的好玩伴

不論你今天下班有多麼累，請記得你的貓可是在家癡癡地等了你一天，可以的話花點時間陪她玩玩吧。

9. **留意行爲問題**。如果你的貓出現行爲問題，越早處理越好，這樣她可以將心思花在正確的事情上，你也能停止爲此感到的壓力與不適。
10. **維持貓咪的健康狀態**。幫助你的貓咪保持活力，請依照年齡和體能狀況餵食合適的分量。要固定到動物醫院檢查，任何潛在的病痛都要及早治療。

凡事不嫌早，也永遠不嫌晚。如果你養的是小貓，那麼現在就開始心智方面的訓練，在成長過程中持續下去。如果你的貓咪已經是老貓，也請讓她的腦袋保持靈活，以減緩因爲年齡而出現的老化症狀，幫助她提升生活品質。

問題：我是否需要使用噴水瓶來處罰貓咪？

潘媽的回答

越來越多養貓的家庭會拿噴水瓶當作阻止貓咪跳上桌子或吧台的工具，也有很多人會用這個方法制止貓咪抓家具。噴水瓶原是用來遏止貓咪

對同類或是人類過於粗暴的行爲。但越來越多飼主卻把噴水瓶當成好用的武器，只要貓咪沒有按照指令行事，便馬上抓來就噴。

以噴水瓶目前熱賣的程度，你可能會以爲這個方式很有效。但事實上它並不能停止貓咪的行爲。噴水瓶的使用還會引發下列三件事：

- 它會讓貓咪挫折
- 它會讓貓咪怕你
- 它會讓貓咪開始趁你不在場的時候偷偷進行那些行爲

處罰毫無用處。重要的是你必須知道，不管貓咪的行爲在你眼裡有多不討喜，對貓咪來說背後一定有原因。你的愛貓抓沙發或是跳到吧台上並不是爲了故意惹你生氣。動物出現特定行爲的背後一定有這麼做的功能和意義。許多貓咪飼主受不了的行爲例如抓沙發，對貓咪來說是很天然正常的需求，她需要抓抓磨磨。當你爲了不讓貓咪抓沙發而對她噴水，或許可以暫時遏阻，但貓咪天生就有磨爪的需求。如果每次貓咪做出符合天性的正常行爲都被嚇阻，她有可能會私底下繼續做。當你因爲貓咪做出你不喜歡的行爲而處罰她，只是暫時阻止而已。

與其用逼迫、處罰的方式訓練貓咪，不如試試看以下這個方法：

使用符合貓咪性情的訓練方式。找出貓咪爲什麼會開始特定行爲，接著才能提供比較好的選擇。如果你的貓會抓家具，有可能是因爲沒有貓抓板，或是買了不合適的貓抓板；如果你的貓會攻擊其他寵物，可能需要做一些行爲矯正協助她們正向地和彼此相處。如果你在貓咪對另外一隻貓有反應的時候拿噴水瓶噴她，對她們建立和諧關係一點幫助也沒有。

提早開始規劃

想清楚你不希望貓咪做的事以及有哪些替代方案。當她做出你期望的行爲時鼓勵她，遠比專注在貓咪犯錯上要來得有效益多了。

訓練的時候，彼此的信任感是關鍵。你的愛貓需要建立對你的信任，這樣才有辦法建立良好的關係。你一定不希望貓咪看到你的時候就嚇得奪門而出。

問題：我要怎麼做才能讓我的貓不要一直喵喵叫？

潘媽的回答

我不太了解你的情況，但有一些通則可以參考。某些品種如暹羅貓天生嗓門比較大。如果你的貓咪品種剛好喜歡針對所有日常活動提供意見，那麼你只好學著接受；更進一步地說，如果這是貓咪最近才發生的行爲，而你的貓年紀也大了，請帶去給獸醫檢查。有些老貓有重聽情況，隨著年齡老化不自覺地提高音量。當然，你會想確認貓咪不是因爲不舒服而喵喵叫。

訓練貓咪不要吵。這是有可能的嗎？其實方法非常簡單，但需要耐心。等貓咪開始叫的時候，什麼事都別做，也不要有反應。貓咪一停止後馬上給予獎賞，一開始只要安靜下來就給獎賞，即使安靜的時間很短也一樣，接著慢慢等安靜的時間延長再給予獎勵。不要一次把標準設太高，因爲要確認貓咪想繼續得到獎賞並參與訓練。不久後貓咪就會發現安靜的時候比喵喵叫時容易獲得獎賞。我也發現這個訓練如果搭配響片會很容易；一旦貓咪安靜不吵我就按下響片，然後馬上給予獎勵，響片訓練可以很有效地讓貓咪知道你喜歡的行爲是什麼。在這章後面會有響片的詳細介紹。

喵星文解密

貓咪飼主都很厲害，可以聽出每一聲喵叫背後的意思。我們很快就會分辨出哪些喵叫是「肚子餓了」，哪些是「我要出去」，哪些又是「我需要你的關注」。

要有耐心和毅力，持續進行。如果你的貓習慣了只要不停地喵喵叫就可以達到目的，那麼你就要更有耐心來進行訓練。但別忘了你所面對的動物相當聰明，因此很快就能學會哪些行爲可以得到獎賞，哪些行爲什麼都沒有。持續進行相當重要，在訓練過程中，千萬不要有時耐心等待貓咪變安靜，有時卻忍不住對她大吼，這樣貓咪會因爲訊息混亂而感到困惑，同時參與的人也會備感挫折。

問題：我們一家人為了訓練貓咪搞得雞飛狗跳。她有時候會聽，有時候我行我素。為什麼在訓練的時候我的貓都不聽？

潘媽的回答

有時候貓咪會因爲我們無形中的驅使而持續一些不好的行爲。當然我們不是故意的，但對貓咪來說，她所收到的訊號可能是：「繼續這些行爲」。這個問題其實相當常見，即使是很有經驗的貓咪飼主也可能無法持續地給予同樣的訊息。

你所傳遞的訊息。回想一下，你是不是曾因爲貓咪不停地叫就給她點心、餵食她或關注她？可能當時你正在廚房的吧台或正坐在電腦桌前，貓咪不斷地喵喵叫，希望得到你的關注。於是她在叫的時候你就拍拍她試圖安撫，或甚至把她抱起來放在大腿上，摟著她。那麼這樣貓咪得到的訊息會是什麼呢？只要她不斷地喵喵叫，就能達到目的。即使是對她大吼要她閉嘴，都可能被視爲一種關注，進而鼓勵她繼續。

你可能在床上睡覺，而貓咪卻在清晨時分踏上你的胸膛，你是否會拍拍貓咪要她安靜，或是跟她講講話？或許你會直接起床，在她的碗裡放一點食物好讓你可以多睡一會兒？同樣的，這樣貓咪接收到的訊息就是她所做的行爲會爲自己帶來獎賞。

重點是不要給出混亂的訊息。與其在貓咪做不良行爲時給予關注——像是吼叫或是處罰——不如完全不予理會，只有在她做對時給予獎勵。這樣對貓咪來說，訊息就是清楚的，她也會知道哪些行爲能帶來好結果。

幫助你的貓做對的事。只獎勵正確行爲的好處之一，就是能讓貓咪行爲端正。如果貓咪在你走進廚房準備晚餐的時候對你喵喵叫，或是當你坐在電腦桌前要工作時也發出聲音，可能是她開始感到無聊，或表示你給她的互動遊戲時間不太夠。在你開始忙碌之前，可以跟她短暫地玩個遊戲，像是益智餵食器或是其他種類的益智玩具。如此一來，就可以在她還沒做出不良行爲前，搶先一步讓她投入遊戲中。你可能聽過人家說要糾正貓咪的行爲，就要模仿母貓彈她的鼻子，千萬不要相信這樣的說法。這是個糟糕且危險的建議。如果你這麼做，只會讓貓咪視你爲威脅。她可能會開始怕你，或是誘發更暴力的回應。這麼做同時也可能傷到貓咪。母貓用來糾正小貓行爲的動作只有在貓科動物之間才能實踐，還有其他人類無法使用的溝通方式也是。

接下來請花點時間檢視一下你與貓咪的互動，看看是否曾不經意地傳遞矛盾的訊息。請記得：

- 只獎勵正確行爲
- 不要給出混淆的訊息
- 讓貓咪遠離錯誤的行爲

家中其他成員一定要同一個鼻孔出氣。家中成員不同調是訓練貓咪時

常見的問題。可能家裡某人會讓貓咪做某事，但另一個卻不同意，可憐的貓咪就這樣卡在中間無所適從。這樣的情況在貓咪餐桌討食、跑到吧台上、睡在飼主床上、直接從水龍頭喝水、玩不是玩具的東西（例如像是原子筆和髮飾等）時很常見。家裡總會有人心腸比較軟而捨不得對貓咪說「不」，但貓咪卻可能因爲做同樣的行爲，而被另一個家人處罰。請與家人討論出大家要共同遵守的規則，才不會讓貓咪左右爲難。

問題：貓咪也可以用響片（CLICKER）訓練嗎？

潘媽的回答

提到響片訓練，你可能會想到狗狗。或許你曾在你家附近的寵物用品店看到店員拿響片訓練小狗。

爲什麼要用響片？它可以幫助你的貓咪感覺一切在掌握中，不會覺得自己被逼到角落。當你的貓咪覺得她對環境有一定的掌握，就會比較放鬆，減少將負面行爲變成習性的可能。她也會意識到只要做出正確的行爲，就會得到獎賞；而主人不喜歡的行爲，什麼都沒有。貓咪很聰明，很快就會發現主人喜歡的行爲比較有利。

響片是個相當有效的工具，讓你可以跟貓咪溝通。你可以按下響片然後給予獎賞，這樣一來，主人喜歡的行爲會很明顯地被區分出來。響片訓練也可以遠距離進行，如果你沒辦法太靠近你的貓，還是可以訓練。

你的工具。響片是個小巧的響板設計，會發出如蟋蟀般的鳴聲，是環境中相當獨特的聲音，因此當貓咪聽到的時候，她就會知道自己做了一件符合主人期望的事情。這個響片可以在貓咪做出你希望的行爲的當下「標記」出那個行爲。因爲貓咪可以用食物引誘、獎賞，所以如果你按下響片的同時馬上給予點心獎勵，那麼貓咪就會知道，聽到響片的聲音，接著就會有獎賞。

一般寵物用品店都有賣響片，網路上也買得到。

如果你的貓比較膽小，會怕響片的聲音，你也可以把響片放在口袋裡，這樣聲音會比較小，或是用壓按原子筆的聲音替代。

響片的選擇

我比較喜歡用按鈕式的響片來訓練貓咪，比立方體的響片合適。立方體的聲音太大。

除此之外你還需要獎賞。找到合適的獎賞很重要，這樣才能激勵貓咪為了得到獎賞去做你希望她做的事。只要是貓咪覺得好吃的食物都可以是獎賞。然而，每隻貓都是獨立的個體，你的小貓也可能比較喜歡不是食物的獎賞，例如撫摸、拍拍、口頭稱讚、跟你玩耍、玩具等等，這就要靠你自行發覺了。獎賞一定要隨時準備好，不管是食物還是玩具，請隨身攜帶獎賞，這樣就可以馬上讓貓咪知道她做對了並給予獎勵。

開始訓練。首先你要讓貓咪習慣將響片的聲音跟食物獎勵作連結，這樣響片才能發揮功用。一旦你按下響片就要提供食物，確保貓咪看著你再重複動作，這個動作會讓貓咪把你和獎賞的提供者作連結。重複這樣的動作大概十分鐘左右，只要貓咪很感興趣就可以繼續，前幾次不要花太長的時間。如果你的貓表現得不是很感興趣，可能是肚子不餓或是獎賞的餅乾、食物她不喜歡。

用食物獎賞。當你選擇食物當獎賞的時候，記得計算貓咪一天的食量，這樣才能從中扣除獎賞的部分。不要把獎賞變成額外的進食，不然很快地你會在貓咪身上看到這些重量。你可以用給寶寶進食的塑膠湯匙挖一點貓罐頭，或是利用壓舌板也可以。如果你使用的是乾飼料，請精確計算

每日分量，別把手伸進去飼料袋內一把抓，這樣很容易不小心餵食過量。如果使用寵物點心，請剝成小塊，這樣可以多操作幾次。

給點心要有所節制

點心的分量不能超過貓咪一天總進食量的百分之十。

標的訓練

第一階段。一旦你的愛貓將響片和食物獎賞連結之後，就可以開始訓練她學習正確的行爲。首先讓貓咪的鼻子去觸碰一個標的——這個訓練稱爲「標的訓練」。你可以選擇筷子或吸管當作標的，傳統的目標棒或是鉛筆末端的橡皮擦都可以。我喜歡用鉛筆末端的橡皮擦，因爲質地柔軟，很像另一隻貓的鼻子。

請一手拿標的，一手拿響片和獎賞。獎賞要放在垂手可得的地方，這樣才能馬上給獎賞。接下來手握標的，放置在離地八吋左右（大約是貓咪鼻子高度），距離貓咪鼻子大概兩吋。當你的貓用鼻子去聞標的或是用鼻子碰到標的，馬上按下響片並給予獎賞。請在她做對動作的瞬間按下響片，不要提早也不要延遲。響片會讓貓咪知道這是你希望的動作，所以如果沒有立即按下響片，那麼貓咪就搞不清楚哪個動作是你想要的。一旦你按下響片並給予獎賞後，請將標的藏到背後或是馬上移開。

繼續重複這動作，直到貓咪碰到標的十次左右，在這過程中請確保貓咪都有專注地看著你，在每一次操作期間她都有注意你的舉動。這樣也會讓貓咪將這個訓練的經驗與你產生連結。你就是她的獎賞來源，不管獎賞是食物、梳毛、撫摸或是她最愛的玩具。

大約進行到第六或第七次時，你就可以試著將標的拿遠一點，讓貓咪必須從原地往前一兩步才碰得到標的。把距離漸漸拉大，這樣就可以訓練貓咪前往指定的地方。貓咪的鼻子一碰到標的物就請按下響片並給獎賞。

用手抓、用身體碰、用舌頭舔或是去咬標的都不算。一致性的操作很重要，可以清楚地讓貓咪知道這個行為就是你要的，而且是由你來決定，不是貓咪說了算。

在不同距離操作成功十次後，就可以加上口語指令。口語指令很重要，因為這是告訴貓咪，做到你指定的行為就能獲得獎賞。這個行為你要怎麼稱呼都可以，但指令需要簡單好記，因為是你時常要複習的動作。「觸摸」就是個不錯的指令。在設計口語指令的時候，請記得這個指令應該要跟行為有關，並且可以用一、兩個字就說完。

第二階段。一旦你的貓學會標的訓練，就可以用這個方式指引她前往其他區域。例如兩隻貓打鬧或是家裡許多寵物打成一團時，你若希望貓咪前往特定的地方，像是床舖、站板或地墊等地方冷靜一下，那麼標的訓練就可以派上用場。

要訓練貓咪去特定地點，請在附近放個床墊、絨毛墊或任何墊子。我在訓練客戶的貓咪時常會利用柔軟的餐墊，只要貓咪用鼻子去聞或是碰到餐墊，立刻按下響片並給予獎賞。接著把餐墊拿起來再放下，重複上述動作，一旦貓咪鼻子碰到餐墊就按下響片給獎賞。如果貓咪對餐墊不感興趣，那需要逗弄一下；先將標的拿到墊子上方，只要貓咪把一隻腳放到墊子上，馬上按下響片並給獎勵。記得將獎勵丟離墊子，讓貓咪重啓動作。

一段時間後，就不要再用標的，讓貓咪注意到主人想要的行為是站上墊子而不是追著標的。如果貓咪沒搞懂，那麼請多用幾次標的再拿開。你的目標是儘快減少使用標的。

當貓咪成功將一隻腳掌放到墊子上，等兩隻腳掌都放好再按下響片，獎賞她。記得要等到她兩隻腳掌確實都在墊子上再按，然後接著再等到她放上三隻腳掌……然後四隻。很快地貓咪就會知道要全身站到墊子上才有獎賞。記得每次都要把獎賞拋到墊子之外，然後把墊子拿起來再放下，重新訓練。

當你的貓完全明瞭要做什麼，並確實地實行，就可以加上口語指令「回墊子上」。加上口語指令後，就可以用「回墊子上」的指令來使她從打鬧中冷靜。同時貓咪也會將墊子與安全劃上等號。與其說是打鬧的中場休息時間，不如說是一個令她安心的地方。這點很重要，因爲任何響片訓練都不應該被當作處罰。如果你把貓叫到墊子上之後卻是處罰，那麼就前功盡棄了，因爲貓咪會反抗，而且會出現其他行爲問題。

請確保墊子的地點是貓咪喜歡的，也是她會感到安全的地方。當她在墊子上時，不用擔心被其他貓狗威脅或家中成員打擾。貓咪對墊子的印象必須正面。這個行爲對家中養多隻貓的環境相當有幫助，因爲這樣可以訓練每隻貓各自回到自己的墊子上。「回墊子上」也能用來讓貓冷靜，尤其是家中有訪客或你覺得貓咪太興奮的時候。

當你進行「回墊子上」的訓練時，記得讓每一回合的訓練富含趣味且別拖太長。如果貓咪開始出現無聊反應，有點分心、疲累，或感覺她想玩而不想訓練，那就結束訓練回合。響片和標的訓練應該要有正面效果且拉近你和貓咪的關係。

養多隻貓時進行的響片訓練

用響片訓練許多隻貓，一點也不用擔心，不需要買不同聲音的響片。只需轉向要訓練的貓咪，取得她的注意力，其他貓便會知道你的焦點在誰身上。

這一切只是個開始。響片訓練應用層面很廣，可以用來教導貓整套行爲，同時也可以導正行爲，或是鼓勵貓咪做你希望看到的行爲。舉例來說，當兩隻貓針鋒相對時，我會在看到値得被鼓勵或沒有攻擊性的行爲時按下響片並給予獎賞，譬如其中一隻貓不再瞪著對方時，或是當有一隻貓走進房內，另一隻貓並沒有衝上去攻擊時。響片訓練可以在瞬間讓貓集中注意力。

問題：我要如何訓練我的貓接受剪指甲？每個月要幫貓咪剪指甲的時候，光是要把她按住不動就搞得我筋疲力盡。

潘媽的回答

你的貓可能已經將這樣的過程與自由受限、不舒服、恐懼或甚至痛苦劃上等號。如果你曾經用浴巾把貓包住、請家人按住她的四肢、從後頸抓住她，或曾因爲她亂動而處罰她，那麼這些都有可能加深她對剪指甲的反抗。如果這次經驗不好，未來只要剪指甲就一定會進入痛苦模式。然而，剪指甲其實可以輕鬆進行。當然，剪指甲不會是貓咪最喜歡的活動，但也不應該如此歇斯底里，更不需要讓貓咪嘶嘶叫、低吼、咬人或抓人。只要正確施行，應該是快速、簡單且甚至愉快的經驗。

建立信任。你需要花點時間慢慢來，先建立信任感。建立信任感時，甚至不需要拿出指甲剪或試圖剪指甲。此階段的主要目標就是告訴你的貓，被摸腳掌是件好事。

絲滑般的碰觸。當你的貓放鬆甚至有點想睡時，就是訓練的好時機。準備好獎賞，輕輕觸碰她的腳掌，然後獎勵她。如果她過去被摸到腳掌的經驗不太好，那你每次觸摸的時間不要太久，輕輕撫摸一下就好。

慢慢地摸她、給獎賞，直到你摸每隻腳掌她都不反抗。接著將腳掌抬起來握在手中一下下。握腳掌的時候不要太大力或用力擠壓，只要輕輕地把腳掌握在手心默數三秒。不管貓咪讓你握多久，都要給她獎賞。

接著請握住腳掌，輕輕下壓露出指甲。這個步驟要非常輕柔，並確保每隻腳掌都有做到。

上述的練習請每天進行數次，直到你覺得貓咪對於腳掌被觸摸且下壓露出指甲這個動作十分自在，別忘了每個動作結束後都要給貓咪獎賞。

選擇正確的指甲剪。請爲貓咪購買專門設計的指甲剪，不要用狗狗的，那太大了；更不要用人類的指甲剪，它會讓貓咪的指甲裂傷。貓咪的指甲剪比較小也比較細，請選擇符合貓咪指甲尺寸的指甲剪。

不要剪到指甲根部。貓咪的指甲根部有血管經過，如果指甲顏色較淡，你應該會看到粉紅色的部分，那就是指甲肉根，指甲肉根裡面有神經也有血管。如果你剪到肉根，貓咪會痛會流血，之後就會害怕剪指甲。請把指甲尖端剪掉就好，不要剪到彎曲的部分。如果貓咪的指甲顏色較淡，比較容易看到肉根，如果指甲顏色較深，那就要更小心。寧願剪少一點，也不要剪到肉根，如果你不確定要剪多少，請讓你的獸醫或是動物醫院員工教你。

如果不小心剪到肉根開始流血，請用棉花棒止血。剪指甲的時候最好將棉花棒備著以防萬一，但希望你永遠都不會用到。

剪指甲。如果你的貓過去有不好的剪指甲經驗，那麼你剪一、兩根指甲就好。最好就是在貓咪沒發覺的情況下剪完指甲。只要這個經驗是快速又正面的，下一次剪指甲時她就會比較放鬆。

選擇在貓咪放鬆的時候剪指甲，譬如剛吃飽。一手拿指甲剪，一手將貓咪的腳掌握在手中。輕輕地往下壓露出指甲，然後快速但小心地剪下去。如果她反抗，便不要繼續。如果她看起來還算鎮定，就繼續剪。結尾一定要是正面而愉快的，建議剪幾根之後可稍微暫停，之後再繼續，這樣比最後以掙扎收尾來得好。

請記得你上次是剪了哪隻腳掌，這樣下回就可以繼續剪上次還沒處理的。最好不要再把貓腳掌翻起來察看到底剪過指甲了沒。

問題：我想要幫貓咪刷牙，但我怕靠近她的嘴巴。我要如何讓貓咪願意讓我幫她刷牙？

潘媽的回答

基本上不要總想一次就刷到每一顆牙，這樣對人、對貓來說都會比較輕鬆簡單。對貓來說，很多事情是要慢慢來的，不太可能在第一次施行就成功達陣。記得循序漸進，維持正面印象。手拿著牙刷和牙膏靠近貓咪，恐怕她的反應不會太好。

準備動作。先讓你的貓咪習慣被主人觸碰嘴巴。當她心情不錯且正跟你撒嬌、享受你的拍拍或摸摸時，你可以順勢摸摸貓咪的頭還有嘴巴兩側，然後給她獎賞；接著把手指放在她的嘴唇上來回滑動，再進階到輕輕地搓揉牙齒。你很可能要經歷好幾個步驟才能來到這一步，千萬別沮喪，要慢慢來。

牙刷的種類。開始爲貓咪刷牙時，你會發現有很多牙刷可選擇。附近的寵物店可能有手指牙刷、寵物牙刷，還有牙齒清潔布。請選擇你認爲最適合你家貓咪的產品。當然也可以都試試看再決定。你也可以選擇使用口腔清潔噴劑，不過這是下下之策，在你無法幫貓咪刷牙的情況下使用。關於口腔清潔噴劑的問題請向你的獸醫諮詢。

如果寵物用品店的商品看起來都不適合，你也可以用給寶寶的牙刷，因爲比較小、刷毛柔軟且容易掌握。你甚至可以剪一小塊褲襪或紗布繞在手指上幫貓咪刷牙。只要注意不要傷到貓咪的牙齦。

牙膏的種類。請選擇替寵物特製的牙膏，不要用人類牙膏，因爲貓的舌頭、喉嚨和胃都有可能灼傷。寵物專用的牙膏通常會有雞肉、牛肉和其他貓咪喜愛的口味。

刷牙要快速又有趣。或許刷牙和有趣搭不上邊，但如果你設法讓整個過程快速且輕鬆，就可以在貓咪受不了前結束。

理想的情況下應該天天幫貓咪刷牙，但我知道事實上很多人沒有辦法這麼做，但至少一週刷兩、三次，甚至一週一次都比沒有好。

問題：我應該如何幫貓咪投藥？

潘媽的回答

要對不愛吃藥的貓咪投藥通常是飼主的夢魘。這裡有幾個方法可以讓過程比較容易。

了解你有哪些選項。如果從過往經驗你知道噴藥水的方式比用針筒餵藥容易，那麼可以主動詢問獸醫是否可以用液體投藥。一旦知道你的貓咪比較喜歡哪種方式，就可以降低投藥的壓力，也可以添加風味到藥水中，像是雞肉、鮪魚或牛肉。許多獸醫都會提供，如果沒有，也可以詢問藥局。請詢問獸醫他所開的處方是否能添加不同口味，口味較佳的藥水通常會讓貓咪比較願意吃，這樣就可以不用投藥丸。

有些藥可以透過後製處理，被皮膚緩慢吸收。這類的藥品能滴在貓咪耳朵上，利用反覆搓揉的動作從皮膚吸收。可以請獸醫提供這類藥劑。

使用透皮性藥物要注意的是，如果家中有很多隻貓，貓咪在玩耍時相互磨蹭的動作會使藥物跑到沒有投藥需求的貓咪身上，而讓需要投藥的貓咪劑量不足。透皮性藥物也不適合家中有小孩的貓咪使用，因為小朋友也可能在撫摸貓咪時碰到藥劑。

投藥入門。不要把藥丸磨碎放在食物裡，尤其有外膜的藥物可能很苦。這種設計是為了要讓藥物能順利抵達腸道而不被胃酸破壞，藥的苦味可能會讓貓咪拒絕進食或只吃一點點，這樣投藥量也會不夠。

也不要嘗試把整顆藥丸藏在食物裡面，你很快就會發現整碗飼料吃完了，那顆藥丸還是好端端的在那裡。

而且有些藥劑不適合跟食物一起餵，如果你的貓總是把碗裡的東西吃光光，請先詢問獸醫，該處方是否適合跟食物一起餵給貓咪。

如果你的貓咪喜歡吃零食點心，有個叫做 Pill Pocket 的產品可以用來投藥。這款點心有個小口袋，能讓飼主將藥丸放在裡面，再封起來。這個產品十分可口，可以先餵給貓咪一塊沒有放藥丸的點心，然後再給她藏了藥丸的那塊。你可以在網路或實體商店找到這款產品。

有些貓能接受被可口食品包覆的藥丸，例如包覆在化毛膏、起司、肉品口味的嬰兒食品或優格裡面。你也可以嘗試在鳳尾魚醬裡面塞藥丸。先讓貓咪吃一點沒有包藥丸的起司或魚醬，接著再用上述這些黏稠的膠狀物包覆藥丸後投藥。一旦貓咪把藥丸吞下去，再給她一塊沒有包藥的點心或嬰兒食品。如果你是使用嬰兒食品的話，請確保成分不含洋蔥粉，因爲洋蔥對貓有毒。

另外還有個投藥的方式，適合不喜歡把手指放進貓咪嘴巴的飼主使用——投藥槍。這是個塑膠針筒狀的工具，末端先扣住藥丸，你拉下柱塞就會鬆開藥丸。

投藥技巧。有很多方法可以投藥。首先要將貓咪放在桌子或吧台上，用手掌覆蓋在貓咪頭上，輕輕地抬起她的臉；接著將拇指和中指放在貓咪兩側犬齒，用一點力氣打開她的嘴巴。接著再用另一隻手的拇指與食指捏著藥丸，用拿著藥丸那隻手的中指將貓咪的下顎打開，然後輕輕地將藥丸放在舌根處但不要放太後面。鬆開貓咪的嘴巴，讓她可以吞下藥丸，但要抓著貓咪別讓她跑掉，等你確定她把藥丸吞下之後才能讓她自由活動。不要箝制住貓咪的嘴巴或迫使其閉上。可以輕輕由上往下摸她的喉嚨，這樣也可以幫助藥丸更快吞下。

一旦貓咪吞完藥，可以給她一些水，這樣藥丸才不會卡在食道。如果貓咪不想喝水，可以提供一些低鈉含量的雞湯。

另一個投藥的姿勢如下：跪在地上或是坐在地上，雙腳打開呈V字型，把貓放在雙腿中間讓她背對著你，這樣可以防止貓咪扭動逃走。此時可以用上述的投藥技巧投藥。V字型坐姿對喜歡扭來扭去的貓咪很有用，只是記得穿牛仔褲或長褲才不會被貓咪爪子抓傷腿。

熟能生巧。你能爲自己和愛貓做的，就是訓練她嘴巴被摸或掌控的時候不會不舒服。如果從幼貓階段就讓她接受你的手指在嘴巴附近活動、用手張開她的嘴、觸碰她的牙齒，那麼往後需要投藥時你就會輕鬆許多。不管你的貓咪現在有多麼健康，生命中一定有需要投藥的時候，好好訓練她習慣這些步驟。

如果所面對的是成貓，不太喜歡嘴巴被觸碰，那麼就可以用響片訓練的方式讓她學著接受這樣的身體接觸。

別用堵的

千萬不要因爲貓咪會去上廁所而在貓砂盆堵她強迫餵藥，這樣未來她會抗拒到貓砂盆上廁所。

請獸醫協助。如果你對投藥還不是很有把握，也可以請教獸醫。或是動物醫院有經驗的職員也可以引導你，通常在投藥的過程中，你越放鬆，貓咪也越不緊張。

問題：替貓結紮是否有什麼行為上的原因或考量？我試圖從行為上的好處說服我先生貓咪要結紮，但想到的理由很少。

潘媽的回答

如同你已經注意到的，寵物數量問題的確越來越嚴重，每天都有動物被迫得安樂死，因爲中途之家和收容所的空間不夠。健康的動物也不得不安樂死，因爲有太多人對自己的行爲不負責任。但寵物數量過多並不是幫貓咪結紮唯一的理由。除此之外還有健康的因素以及行爲上的影響。

如果不幫公貓結紮會怎樣？如果妳先生覺得發情的公貓只要關在屋內就不會有事，那他就大錯特錯了，這隻貓可能會因爲賀爾蒙的影響從此充滿不適和挫敗。發情中的貓會想盡辦法出去徘徊，擴張領土、找尋伴侶且攻擊競爭對手，因此會到處噴尿占地盤。如果被關在家裡，那麼同樣的行爲公貓只會發洩在家中其他的貓身上，或是自以爲是伴侶的人類身上（如果家裡只有一隻貓的話）。噴尿行爲當然會毀損家具和物品，這種情況可謂雙輸。請不要以爲把貓鎖在室內，發情的時候就不會跟流浪貓一樣到處沾腥。貓咪很可能會逃家，可能會想盡辦法從家裡溜出去，尤其貓咪此時已經完全被賀爾蒙掌控，找到機會就會逃出家門播種。

一旦出了家門，就可能爲了跟其他公貓爭奪地盤或母貓而受傷甚至死亡。發情中的公貓通常會去自己住家附近以外的環境播種，你的貓可能因此闖入其他公貓的領域不自知，兩貓因此對打，或許對方體型更大或更兇殘，結果可能以悲劇收場。

即使貓咪打完後沒有生命危險，也可能會有其他更糟的後果。貓的犬齒非常尖銳，如果你的貓被咬了，傷口癒合後細菌還留在裡面，會出現膿包。一旦發炎貓咪便疼痛不堪，而獸醫在處理的時候必須割開膿包讓裡面的膿流出，因此傷口需要敞開一段時間不能縫合。這個痛苦的過程只要有

結紮就應該可以避免。

除此之外，發情中的公貓很可能因爲跟野貓打架或交配，增加感染與生病的可能性，且未結紮的公貓老了後比較容易罹癌。在公貓年輕時進行結紮手術，可降低睪丸癌以及攝護腺相關疾病的風險。

如果母貓沒有結紮會怎樣？沒被飼養的母貓一生都不斷被捲入地盤之爭、不斷交配。貓科動物的交配過程並不浪漫唯美，是在暴力且相當高壓的情況下完成，同時也會讓母貓感染或散播病毒。對於年紀還小的母貓來說，太早懷孕也可能在生產過程中發生危險。

沒有結紮的母貓若被關在家裡會整天喵喵叫、試圖逃家，而且跟公貓一樣的會受到賀爾蒙的影響無法控制自己。對成貓來說，沒有結紮會很辛苦，對家中其他成員來說也同樣不舒服。跟發情中的母貓生活在一起是場惡夢。同時她也會引來家裡附近未結紮的公貓，飼主可能會常常發現家門口被灑了貓尿，或是後院出現不停扭打的公貓，這是因爲他們（注）知道你家裡有隻發情中的母貓。

而發情的循環對貓來說也很傷身，除此之外，沒有結紮的母貓比較容易罹患乳腺癌、卵巢癌和子宮癌。

請做個負責任的主人。基本上爲貓結紮是主人的責任，沒有任何理由推辭。現在的結紮手術費用都相當低廉，可以找附近動物醫院施行。

有些飼主因爲有小朋友，所以想讓孩子歷經貓咪生產的美妙過程，但與其這樣，不如教導孩子怎樣才是負責任的飼主。告訴孩子如何照顧貓咪、負責任，也要對動物溫柔、關懷，這些對他們的人生來說才是比較有意義的教育，而不是讓孩子看母貓一口氣生六隻小貓，但最後這些小貓都被送去收容所、被養在戶外或一隻隻死亡。

譯注　這裡用「他」是因爲單指發情的公貓。

手術是安全的。結紮手術是風險相對比較低的手術。公貓的結紮手術是通過陰囊中的切口將睪丸切除，因此不需要縫合線。術後只需要確保傷口乾淨不潮濕即可，貓咪隔天就可以回家了。

至於母貓的結紮手術則是通過腹部切口去除子宮、輸卵管和卵巢。手術十天後即可將腹部的縫合線拆掉。

請跟獸醫討論結紮的流程。獸醫可以回答關於結紮流程的問題或擔憂，包括麻醉的風險與術後的照護等等，讓飼主放心。

第三章

社群媒體

貓咪如何跟我們和同類溝通

問題：貓發出呼嚕聲的時候表示她很開心嗎？

潘媽的回答

貓咪的呼嚕聲可以說是天底下最迷人的聲音了。我們聽到時總會忍不住發出會心一笑，認爲這代表貓咪的世界一切美好。這溫和又舒服的聲響就是這樣迷惑著人類。事實上，關於呼嚕的一些事實可能會令你驚訝。如果你跟許多人一樣，以爲貓咪只有在開心時會呼嚕，那可就錯了。

呼嚕是如何發出的。貓咪在生理上如何發出呼嚕聲響，許多年來一直是個謎。有一派說法是這個聲響是胸腔血流震盪的聲音。現在許多專家則相信這聲響是透過膈肌從喉嚨與神經振盪器組合產生的結果。腦中的神經振盪器先傳送出訊號到喉肌後開始震動。震動的頻率可控制有多少空氣通過喉嚨，貓咪在吸氣與吐氣時就發出呼嚕呼嚕的聲音。有些情況下這樣的呼嚕呼嚕聲很小，用手可能摸得到震動，但耳朵未必能聽見聲音。有些貓的呼嚕呼嚕聲很大，即使在隔壁房間都能聽到這台引擎在震動。

開始的時候。母貓在生產時會發出呼嚕聲，可能是用來安慰自己或是控制疼痛。內啡肽是一種通過與身體的鴉片受體結合來緩解疼痛的化合物。貓咪發出呼嚕聲同時也會釋放出內啡肽，因此可以協助控制疼痛。

一旦小貓出生，母貓所發出的呼嚕聲對小貓是否存活影響巨大。小貓出生時聽不見也看不到，但可以感受到震動。母貓發出呼嚕聲的震動可讓小貓知道母貓在哪裡，以方便哺乳和取暖，因爲幼貓幼小的身軀還無法自行控溫。

小貓兩天大小就會開始呼嚕了，這也是她們與母貓和同胞兄弟姊妹溝通的開始。當她們靠近、尋找母貓乳頭時，就會開始所謂的踏奶。小貓們會用腳掌踏壓母貓乳頭以增加奶水流量，這時候她們也會很自然地發出呼嚕聲。而踏奶時的踩踏動作與呼嚕聲會持續到成貓，你可能有注意過家裡的成貓在踏到柔軟的東西時會發出呼嚕聲（例如你的肚子）。

幼貓時期靠在母貓身上取暖、感到安全且餓了隨時都可以喝奶的感受，解釋了貓咪發出呼嚕聲時的開心情緒。

然而發出呼嚕聲不只限於想到母貓時的好心情。貓咪的呼嚕聲其實可用來溝通不同的情緒。人類最熟悉的莫過於貓咪打呼嚕時所展現的開心情緒，但其實還有許多原因也可能促使貓咪發出呼嚕呼嚕聲響。

呼嚕呼嚕與微笑

貓咪的呼嚕呼嚕聲常被比喻爲人類的微笑。而人們會因爲種種原因而微笑。有些人開心的時候會微笑，但也可能在緊張、不確定，或甚至想令對方感到自在的時候露出微笑。貓咪打呼嚕其實也是一樣的。

貓咪開心的時候可能會打呼嚕，但有時候也會這樣安撫自己。貓咪也可能在發現自己無路可逃時，發出呼嚕聲試圖安撫或緩和對方的敵意。她們也可能在緊張、生病、疼痛或甚至瀕臨死亡的時候發出呼嚕響。這其實很合理，因爲這跟內啡肽的分泌有關。許多貓都知道如何利用呼嚕聲來達成目的，英國蘇塞克斯大學（University of Sussex）研究指出，貓咪會發展一種特殊的呼嚕聲，用來達成乞求的目的。這類的呼嚕聲音頻有點像是人類嬰兒時期所發出的哭聲，貓咪會學著把呼嚕聲的音頻調高，提醒人類該餵食了。很聰明，對吧？

貓咪也會透過呼嚕來得到療癒的效果。呼嚕聲的音頻震動大約是在25–150 赫茲，也就是一般物理治療所使用的頻率，甚至可以促進骨頭癒合。因此貓咪在休息時打呼嚕也可能是一種物理治療行爲，增強骨骼；研究指出落在 25-150 赫茲的物理治療頻率與骨質密度有正向關係。所以即使貓咪在打盹、休息，都可藉機強壯骨頭，爲下一次捕捉獵物作準備。

呼嚕對人類的好處是什麼？貓咪呼嚕時人類也深受其益，就算只是輕輕觸摸貓咪的背，也可以讓人類血壓降低，釋放壓力。貓咪的呼嚕聲會讓人類放鬆，因爲我們很直覺地會把呼嚕聲和滿足感作連結。當你撫摸一隻發出呼嚕聲的貓咪，你和貓都會同時從這樣的交流中獲得安慰的力量。

那大隻的貓科動物呢？以獅子來說，他們會獅吼，卻不會發出呼嚕聲；然而也有貓科動物不會吼，像是豹或山貓，但他們會呼嚕。貓科動物中會呼嚕的，通常喉嚨都有一根硬舌骨，而不會發出呼嚕聲的貓科動物有

更具彈性的舌骨。舌骨的彈性讓動物們可以發出吼叫，但無法打呼嚕。

然而打呼嚕並不是貓科動物的專屬行爲。有些動物也會像貓咪一樣發出呼嚕聲，例如狸貓。你曾經靠近狸貓聽其打呼嚕嗎？大概沒有。但如果要我選，我寧願聽貓咪呼嚕。

問題：貓咪們如何利用氣味互相溝通？

潘媽的回答

氣味可以說是貓的通訊錄，靠氣味來判斷環境周遭是否有其他同類，因此氣味是很重要的溝通工具。人類善用言語溝通，因此可能不那麼重視氣味可提供的資訊，但相信我，貓咪對氣味可敏銳了。貓咪所留下的氣味可提供的資訊足以做成一本貓咪百科全書。

貓咪的氣味腺體。貓咪身體各個部位都有氣味腺體，例如腳掌那塊肉墊、口腔兩側和尾巴根部。另外在肛門兩側也有兩條腺體，會釋放出氣味強烈的液體。貓咪在受到驚嚇時可能會從腺體中釋放液體。在看獸醫時，貓咪如果受到驚嚇，也可能會留下氣味。

氣味腺體釋放的其實是費洛蒙，也就是一種提供諸多線索的化學物質。在戶外，氣味所傳遞的訊息很關鍵，因爲貓咪可以在還沒見到面前，先藉著氣味判斷另一隻貓的狀況。對長期在戶外生活的貓咪來說，氣味的判斷攸關性命。若能藉由氣味判斷減少直接接觸的風險，生存機率也會大幅提升。

當然，尿液的氣味也是判斷的關鍵。只要有跟貓咪同住過，或者鄰居的貓曾踩過你家花園，就一定聞過貓尿味。如果貓尿的來源是一隻還沒結紮的公貓，那麼騷味會更重。

貓咪如何利用氣味。氣味可以用來判斷另一隻貓是否爲同類、判斷地域性、提升友好關係、宣告性成熟、了解環境中陌生的貓、自我安撫，與其他貓締結關係或威嚇別隻貓。

臉部附近的腺體所釋放的氣味通常代表友善且威脅性較低。此部位發出的氣味通常用來標示地盤內熟悉的事物，或是藉此伸出友誼的手，像是互磨臉頰。相信你一定看過貓咪用臉頰去磨蹭環境中的物體。這個動作對貓咪來說具有安撫作用，也反應出貓咪對這些物體是熟悉且安心的。

抓磨時貓咪手掌上的腺體就派上用場了，同時也在物體上留下自己的氣味印記。也就是說，貓咪是常常需要刷存在感的動物！貓咪身體後段發出的費洛蒙，例如尿尿時留下的氣味，則相對較具威脅性。基本上只要跟費洛蒙相關就不會太平靜，貓咪在緊張或是反應激烈時才會到處亂噴尿。

貓咪需要對生活環境中所遺留下來的氣味進行判斷，所以嗅覺必須很敏銳，才能藉由其他貓咪的費洛蒙氣味來解讀訊息。

環境中的物體。除了一起生活的貓咪和家庭成員，貓咪也會在周遭環境的物體上留下自己的氣味印記。貓咪常見的臉頰磨蹭，把臉靠在椅腳、門邊等任何可以觸碰到的東西上磨蹭，就是在做記號。

一般來說貓咪只會用臉頰進行這個動作，但如果她覺得被威脅或是環境增加了不尋常的人事物，她有可能會在異物上噴尿。

多事鼻

貓咪有二億個氣味接收器，人類只有五百個。

亂尿尿傳遞的訊息。貓咪用臉頰或身體側面磨蹭所留下的氣味，人類察覺不到。貓咪能敏銳地嗅出前一隻貓所遺留下來的氣味，但人類的鼻子卻聞不出來。但如果貓咪留下記印的方式是亂尿尿的話，就沒這麼幸運了。人類的鼻子很快能判斷出貓尿味，當貓咪到處亂尿，世界就開始不太寧靜了。用尿液做記號的方式表示貓咪處於緊張中，有可能備感威脅，或

需要自我安撫才需要製造熟悉的氣味。家貓如果看到外面的野貓，可能會在窗戶邊灑尿。她也可能在家中出現新成員時因爲不安而噴尿。導致貓咪噴尿的原因有很多，飼主一定要花心思理解原因，這樣才能針對原因進行處理，讓貓咪重新找回安全感。

貓咪的獨特器官。貓咪的嘴巴頂端有個獨特的器官，稱之爲傑可布森的器官（Jacobson's organ）或梨鼻器官（vomeronasal organ），裡面有許多延伸至貓咪嘴巴和鼻子的導管。這個特別的器官主要功能爲分析化學物質。它可以用來分析其他貓咪的費洛蒙（氣味的化學物質），尤其是尿液中遺留下的費洛蒙。

問題：生活在一起的貓咪會產生群體氣味嗎？

潘媽的回答

多貓環境的和諧與否取決於貓咪是否感到安全舒適，如果是，她們就會集體創造出富有地域性的共同氣味。如果家中有很多隻貓，你一定常常看到她們彼此磨蹭臉頰，甚至一起靠過來磨蹭你。這除了表示她們很喜歡你之外，也表示她們正在創造共同的溝通氣味。這樣的氣味可以透過貓咪彼此舔舔、頭部相牴、身體或尾巴磨蹭等方式產生。這樣的互動行爲會產生共同的氣味，加強彼此的友好關係。如果貓咪對彼此不是很友善，有了這樣的集體氣味，會幫助她們維持和平的關係。

團體識別在貓咪的社會結構中是很重要的一環。熟悉的地域性氣味可以讓貓咪們很快地辨別出對方是同一國的，還是入侵者。這也可以用來辨識物體的地域性。

領頭貓

在團體中，第一隻開始磨蹭的貓咪通常擁有較高的社會地位。

團體氣味的威脅。如果你曾經帶家中的一隻貓去看獸醫，其他貓咪都留在家裡，那麼你可能會發現那一隻貓咪回家後，其他貓對她不太友善。這是因為從動物醫院回來的貓咪身上有著不一樣的氣味，而這對其他貓咪造成威脅。即使貓咪看得到彼此，仍會因為貓咪身上氣味不同而對回來的那隻貓不友善或心生恐懼。這個情況要到貓咪們有機會磨蹭在一起才會消除等，家中共同的氣味沾上去看獸醫的那隻貓，其他貓咪才會放鬆。

請不要強迫貓咪接受氣味。有些貓咪飼主聽從不當的建議，誤以為利用氣味就能夠將一隻初來乍到的貓咪和平地介紹給家裡其他貓咪成員們，或是利用氣味來解決多隻貓的衝突環境。曾有客戶告訴我，有人說過可以把貓咪的氣味混在一起，例如用同一隻梳子梳毛，或是把貓咪用過的毛巾拿去包覆在另外一隻身上。其實這對貓咪來說相當不舒服，甚至很危險。當你把一隻貓的氣味強迫蓋在另一隻貓身上，表示你不准那隻貓咪不接受這隻貓。在面對貓咪的時候，很重要也是很基本的觀念就是提供選擇。如果貓咪覺得她無法拒絕另一隻貓的氣味，就有可能產生攻擊性，如此一來在介紹新貓的過程便會頻頻受到阻礙。請配合貓咪的步調，如果刻意強迫她們接受彼此，貓咪的抗拒恐怕會帶來反效果。

如果你曾到百貨公司買香水，會發現店員是將香水噴在一張紙上而非你的皮膚。如果你在試香水時，不小心在手腕上噴了不喜歡的氣味，是不是整天都要帶著這個氣味？我就發生過一次這樣的事，記得當時我恨不得能趕快去浴室把這討人厭的氣味洗掉。但即使我已經用水沖洗，那難聞的香水味還是殘留著。

問題：初次見面該如何接近一隻貓？

潘媽的回答

當有這樣的機會與貓咪初次面對面，很多人可能會覺得只要走上前

去，彎下腰，然後充滿愛地撫摸貓咪的毛就可以了。如果這隻貓跟你很熟且喜歡你，這麼做應該沒問題。但如果是一隻跟你不熟的貓咪，她也不想跟你有互動，就可能會用爪子抓你或是逃走。

從貓咪的角度來看。貓咪是具有地域性的動物，大多靠氣味來判斷接近自己的人或動物是否熟悉、友善或具有潛在威脅。如果你直接魯莽地走向一隻不熟的貓，試圖用人類的方式打招呼，這種突如其來的動作會讓貓咪來不及進行氣味判斷。就人類來說，我們習慣以視覺來判斷接近我們的人是否是熟人。但貓咪靠的不是視覺，而是嗅覺。

如果不給她一點時間進行嗅覺判斷，她可能會覺得自己被逼到角落。這種壓迫感加上不斷靠近的人類，可能產生威脅，讓貓咪覺得最好出手攻擊或是趕快逃跑。從貓咪的角度來看，安全比失禮更重要。因此，當你想跟貓咪打招呼的時候，千萬不要一開始就讓她進入出爪攻擊或落荒而逃的局面。

惡性循環。如果大家都是用這樣的方式接近貓咪，很快的，貓咪就會決定先發制人地攻擊或乾脆躲著不出來。這時候貓咪飼主也可能更積極地想讓貓咪知道接近的人其實是很友善的，便強迫貓咪跟他互動。即使最後沒有人受傷，對貓咪來說依然相當不舒服，且對主人和貓咪的信任感建立大有影響。

與貓相處的適當方式。和貓咪的初次見面其實很簡單，只要伸出食指即可。當你走進貓咪所在的空間裡，請不要馬上走向她，先慢慢蹲低或坐下，讓你們倆的高度差不多，然後伸出你的食指。別直指她的臉或是像玩具一樣動來動去，這樣貓咪會以為你希望她咬你手指。請將你的食指放在與貓咪鼻子齊高的地方。

當貓咪們接近彼此的時候，會先用鼻子互聞氣味，確認彼此是否熟悉，也會在此時進行氣味判定。你伸出的食指若高度正確，對貓咪來說就像是另一隻貓的鼻子。當你把食指停留在空氣中不再往前進，便能讓貓咪自己決定是否要靠近。一旦把這樣的選擇權交予貓咪，馬上就會降低她的戒心。如果貓咪決定要接近，就會往前嗅一嗅你的手指。

如果她希望有進一步互動，則會將她的臉頰或是頭部往你的手指上磨蹭。如果她往前靠攏，其實就表示她已經準備好進行更多互動。此時如果貓咪的肢體語言狀態放鬆，那麼就可以伸手撫摸。如果貓咪嗅了嗅你的手指，卻仍舊十分僵硬或往後退，那就表示她還沒準備好跟你有進一步接觸……至少不是此時此刻。

柔和的眼神交流。在動物的世界中，直視對方眼睛具有挑釁意味，宣告著不惜與對方起衝突的警告。如果你想要跟貓咪做朋友，但貓咪對你的意圖還不清楚時，記得保持溫柔且友善的眼神。盡量避免直視貓咪的眼睛，你可以試著讓目光更為迷濛、溫柔，之後轉到其他方向。如果貓咪感到不太舒服，就不要主動跟貓咪有眼神接觸。

肢體語言。觀察貓咪的肢體語言。她是否逐漸接近，還是慢慢從你身邊溜開？或是呈現中立狀態？貓咪有可能高舉著尾巴漸漸靠近，甚至尾巴尾端還有倒鉤，且鉤鉤還時不時晃個一兩下，這表示貓咪想拉近跟你的距離。另一種情況是貓咪悄悄地拉開跟你的距離，這表示貓咪對你的接近感到不太舒服，她可能會全身蜷縮，把四肢縮在身體下面，尾巴環繞著身體。她也可能直接走開，到適當的安全距離觀察你。而所謂中立的姿態，則是指貓咪不把你當作威脅，但也沒有打算跟你有再進一步的互動。此時貓咪可能會緩慢地眨動眼睛，讓你知道她是放鬆的，也喜歡目前的狀態，請不要試圖改變。貓咪也可能不看你看向別處。

熟能生巧。不管前面幾次貓咪是否買帳，請持續使用食指當作假貓咪

鼻子。持續地讓貓咪有空間可以決定是否要跟你互動，讓她知道你不是威脅，且你知道喵星人的江湖之道，這樣貓咪才有可能敞開心防接納你。

當個好學生。貓咪會使用多種溝通形式（氣味、肢體語言、聲音、觸摸和視覺），然而人類卻很依賴言語。因此我們很容易誤解貓咪試圖引導我們拉近或減少距離的表達方式。我們常常忽略了其實人類本身的肢體語言也可能會傳遞訊息，或是讓貓咪有所誤解。

問題：我的貓這樣叫是什麼意思？

潘媽的回答

貓咪會試圖用許多方式跟人類溝通，但通常人類先注意到的都是叫聲。貓叫其實有很多意思，因此有時很難正確解讀。然而許多貓咪飼主仍舊能很快地理解愛貓喵喵叫的意思，能辨別不同的貓叫所表示的意涵，不管是討食物、想玩或是想吸引主人注意，或是告訴主人她們完成了一項成功的狩獵，或暗示自己想獨處。

貓咪喵喵叫主要是跟人類溝通。事實上，在貓與貓之間，成貓很少用貓叫聲彼此溝通。小貓比較會對彼此喵喵叫，以表達需求或問題。小貓主要也是對母貓發出叫聲。

成貓之後，貓與貓之間的貓叫聲通常只在情況緊張或有激烈打鬥的時候才會出現，像是吼叫、哭叫或發出嘶嘶聲，這是因為光用肢體語言已經不足以壓制對方，所以會有發出聲音的溝通方式。

所以其實貓叫聲主要是針對人類而發出，很有可能是因為這麼做比較有效。貓咪是很聰明的動物，如果她發現喵喵叫能得到想要的結果，那麼接下來每次都會靠同樣的方法達陣。除此之外，因為人類靠言語溝通，相對於貓咪其他溝通方式，我們對於貓咪的叫聲比較有反應。這也是為什麼人類常會因爲誤判了貓咪的肢體語言而被抓或被咬。

有些貓咪比較愛叫也比較會叫，甚至有些品種的喵叫聲可謂藝術。愛發聲的貓咪可以把一天發生的大小事都用叫聲表達出來。

溝通高手

貓咪可謂溝通高手，她們會用各種方式溝通，包括氣味、聽覺、視覺、觸覺和聲線。

當喵喵叫變得煩人。因爲人類有時候對於貓叫聲反應比較快，因而間接地鼓勵貓咪繼續這麼做。如果貓咪喵喵叫而我們知道她想要什麼，通常會馬上滿足需求，可能是要討摸摸或是跟她玩，也有可能是提供食物。即使我們不馬上滿足她，也會因爲有所反應而讓貓咪更愛叫。如果你的貓咪一直叫而你爲此感到厭煩，你很有可能會叫貓咪不要叫了，或是撫摸她要她安靜。也就是你對於貓咪叫喚的動作，所給予的反應其實會加強她這麼做來吸引你的注意。

應留意的貓叫聲。如果貓叫的次數變得頻繁，有可能是貓咪生理上有問題。有些罹患老化相關疾病的貓咪會在晚上又暗又安靜時發出貓叫或哀嚎。如果你的貓開始在晚上叫喚，應該要帶她去看獸醫。

如果你的貓是因爲無聊而在晚上亂叫，有可能是因爲環境太安靜且沒人醒著陪她玩，那麼請記得在睡覺前陪她好好玩一下，接著給一點食物當獎勵。你也可以利用益智餵食器和其他玩具讓她在你睡覺時有事做。

如果你的貓很會叫，晚上又太活躍，讓大家都無法入眠，那麼可以把室內的燈關暗。在你跟貓咪遊戲之後也給了食物當獎勵，把燈關暗便可暗示她要靜下來了。

問題：為什麼我摸我的貓的時候，她會把屁股翹起來？

潘媽的回答

是的，這是很常見的「翹屁股」姿勢，貓咪會放低前腳、把背隆起。這個姿勢表示友好，邀請你繼續拍她或幫她搔癢。

也就是說你打到點了。雖然翹屁股對人類來說很奇怪，但對貓咪來說這是很正面的反應，也表示你做對了。一般情況下，貓咪喜歡被搔癢的點在尾巴根部，不是所有貓咪都喜歡被摸脊椎或是尾巴，但如果你的貓喜歡，你一定看過翹屁股的動作。

未結紮的貓咪會出現的行爲。未結紮的母貓若出現翹屁股的動作則有其他意涵，這個前凸的動作表示母貓已準備好可以交配。然而，若仔細看，這個動作和一般翹屁股的動作比起來，尾巴會在不同位置。若是母貓前凸，會把尾巴放在一側，方便公貓入侵。母貓此時也可能用後腳踩踏。

如果未結紮的母貓出現這樣的前凸動作，表示她正在發情，請確保她待在室內。發情中的母貓會很明顯的變得敏感且愛叫，只要這段期間有摸到她，她都會出現前凸的動作。

你可能會注意到窗外有一、兩隻貓在附近閒晃。他們是未結紮的公貓，知道附近有交配的機會。這時請特別留意不要讓母貓外出，在這波發情期告一段落後，請盡快和獸醫聯繫安排結紮事宜。

問題：當我的貓把頭靠在我身上磨蹭的時候是什麼意思？是把我當成所有物在我身上做記號嗎？

潘媽的回答

有時候貓咪的動作只是輕輕頂一下，有時候那力道彷彿是要把你的骨頭撞碎，對嗎？有時候貓咪也可能只是用下巴、額頭或是臉頰輕輕地在你的臉上磨蹭。就算力道不是很大，你也可能因此滿嘴都是貓毛。但無論如何這些都是友善示好的動作。

頭頂。這個動作被很多貓奴稱爲「頂頭功」，事實上是用頭頂人的意思。貓咪的氣味腺體分布在身體各部位，方便貓咪用來將氣味留在物體上作記號（這裡說的物體就是你）。頭頂是爲了顯示友好，表示貓咪想跟你作朋友。當你的貓咪出現頭頂動作時，其實是要將她的味道留在你身上，表示將你收至麾下。貓咪和貓咪間互相頭頂則發生在早已熟識的貓咪之間。一般來說貓咪會對其他貓、狗和人類做頭頂動作。對物品留下印記則比較常用嘴唇磨蹭。

寵寵我、幫我搔癢，關注我。頭頂也被用來吸引飼主注意力。如果你的貓先低下頭，頂了頂之後又把頭轉向另一邊，表示希望你幫她的頸部或頭部抓癢，或是希望你像平常那樣撫摸她。過往的經驗讓貓咪知道每當她做出這個行爲，你的反應就是拍拍她，或是幫她抓癢。貓咪是很聰明的！

如果貓咪把她的臉靠近你的臉，表示貓咪很相信你。對我來說，雖然會沾得一嘴貓毛，但還是很享受與貓咪難得的親密時刻。

氣味的溝通其實很複雜。許多人會認爲被貓咪用頭頂就表示她正在做記號，或是宣示地域主權。其實氣味的溝通比想像中還要複雜許多。當你的貓對著你做出頭頂動作，其實是用喵星人的方式給你一個愛的擁抱。

問題：我的貓咪柔伊是一隻貼心又很友善的貓咪，為什麼她坐著的時候臉不會朝向我？

潘媽的回答

這樣的行爲在貓咪界其實是有禮貌的方式。當兩隻貓遇見彼此時，會透過聞鼻子來互動。嗅了一陣子後，最後其中一隻貓就會轉過身，露出屁股讓對方嗅肛門。是的，在人類的世界這聽起來很噁心，但在動物界，這是氣味集中的地方，也表示露出肛門的這一方願意讓對方知道更多自身相關的訊息。

我該怎麼做？對貓咪來說，如果將屁股對著你，表示願意讓你聞肛門，這可是把你當成自己人才有的禮貌！不過放心，這並不是指你眞的要照辦。其實你只需要在她做出這種舉動時，輕撫她的背脊就可以了。

問題：為什麼貓咪會發出嘶嘶聲？

潘媽的回答

即使你的貓咪是全地球最可愛貼心的小動物，只要她覺得備受威脅或是需要傳遞警訊給某人，就會發出嘶嘶聲。嘶嘶聲對我們而言可能有點好笑，但在喵星這一點都不好笑。如果貓咪發出嘶嘶聲，表示正處於充滿威脅的環境。

貓咪如何發出嘶嘶聲。當貓咪將空氣快速擠出捲曲的舌頭，就會發出嘶嘶聲響。如果你的臉靠得夠近，就可以感覺到空氣從貓咪口中擠出來的力道，但說眞的，這時候還是不要太靠近得好。貓咪會把嘴唇往後，耳朵則會往兩側展開攤平。一般來說她應該也會拱起背部，全身毛髮豎立（這反應稱爲立毛）。此時貓咪的尾巴應該也會膨脹到平時的三倍大。

爲什麼貓咪會發出嘶嘶聲。簡單來說，嘶嘶聲是種警告。由於貓咪想要盡量避免肢體衝突，因此會利用身體姿勢、氣味記號或聲音來嚇阻。貓咪發出嘶嘶聲時，就是利用聲音給予對方警告。嘶嘶聲所代表的是防衛性的發聲，也是貓咪對於環境中威脅到她或令她害怕的來源所做出的直接反應。嘶嘶聲表示如果你不後退，接下來會有更激進的行爲。

許多行爲專家都認爲貓咪會發出嘶嘶聲，是爲了逼退敵人而模仿蛇的聲音。這樣的仿聲行爲在動物界十分普遍，尤其是面對生死威脅的時候。有些動物會學習狩獵者的聲音或外貌，藉此嚇退敵人。貓咪則是利用嘶嘶聲提出警告。母貓可能在其他貓咪或是人類太靠近小貓時發出嘶嘶聲，若家裡出現陌生人，貓咪也可能會發出嘶嘶聲。另外一個會聽到嘶嘶聲的地方就是動物醫院的診療台，或當你試圖要爲生病的貓咪投藥而她不喜歡的話，貓咪可能會對你發出嘶嘶聲。

請不要忽略這樣的警告。貓咪發出嘶嘶聲就表示她已經發出警告，請不要忽視。如果貓咪發現嘶嘶聲沒用，接著可能會出手抓人或張口咬人。那麼，貓咪發出嘶嘶聲時該如何應對呢？

- 請給她一點時間讓她冷靜下來
- 除非你需要跟她互動，否則請給她逃生通道讓她離開
- 如果需要在此時跟貓咪互動，請先讓她習慣你的氣味再觸碰她
- 請不要因爲嘶嘶聲而處罰她
- 請留意是什麼讓貓咪覺得備受威脅
- 如果需要將貓咪抱起，請用毛巾蓋住，這樣她會覺得有地方可躲

問題：我聽說如果貓咪對你緩慢地眨眼睛，是貓咪親吻你的方式。這是真的嗎？什麼是貓之吻（CAT KISS）？

潘媽的回答

貓咪的眼睛其實很有戲，可以從中讀出很多訊息，也可以告訴你此時她在想什麼。至於緩慢眨眼究竟算不算貓咪親吻，恐怕眾說紛紜。但我和許多相同領域的專家們都相信，在適當環境下，貓咪會這麼做表示她很平靜、放鬆，也感到開心。

因此在評估貓咪緩慢眨眼動作時，也不能忽略周遭環境，仔細看看貓咪的眼睛望向何處。舉例來說，貓咪之間持久而直接凝視的動作，可能是爲了威嚇對方。若眼睛瞇起、耳朵向外翻平，絕對不是愛的象徵。

貓咪緩慢地眨眼睛是很柔和的動作，可能是對人類或是家中其他寵物表示友好與愛意的方式。但如果是在戶外或是多貓的環境下，則有可能是要藉此告訴其他成員，一切都好、很平靜，貓咪本身不具威脅性。貓咪出現這樣的動作也可能是希望讓你覺得她沒有威脅。

如果你留意貓咪如何運用眼睛來傳遞訊息，你就會開始發現一般的眨眼、帶著警惕的瞇眼、半閉、放鬆和慢慢眨眼之間細微的不同。另外也可以觀察貓咪的臉是否放鬆。如果是的話貓咪的鬍鬚會掛在臉部肌肉的兩側，不會看到臉上肌肉緊繃。也請留意貓咪全身的肢體語言，以及貓咪在環境出現變化時的立即反應，這樣就會越來越明瞭貓咪想傳遞的訊息。

用貓咪的方式回吻貓咪。當你的貓咪給你一個緩慢的眨眼，你也可以緩慢地眨眼回應她。甚至也可以把這招用在不熟的貓咪身上，但前提當然是你有正確讀懂她們的肢體語言，不要把凝視當成貓咪在示好。只要你懂得貓咪的語言與表達，你就會發現越來越多貓咪喜歡對你眨眼睛。

問題：為什麼我的貓會伸出爪子勾我？有時候真的很痛！

潘媽的回答

貓咪踏踏（Kneading）是許多貓咪都有的習慣，而飼主們也覺得這樣的動作親密又有趣。但如果貓咪的指甲沒有適當修剪，就會覺得有點痛，如同你所經歷到的。

這是怎麼一回事？踏踏是貓咪從還在哺乳期時遺留下來的習性，幼貓會伸出爪子，把手掌放在母貓身上（也就是俗稱的哺乳踏踏）以刺激乳腺和乳汁分泌。即使是小貓長大成貓，繼續保有踏踏的習慣是很正常的。

因此當貓咪接觸到柔軟的東西時，例如床墊、毛毯或是人類的大腿，都有可能出現踏踏的反應。踩在柔軟物體上時，貓咪可能因此重溫在母貓身上的溫馨時光而不自覺地做出踩踏的動作。

踏踏時貓咪的表情。貓咪在踏踏時常常會將眼睛半閉，露出夢幻般的表情。許多貓咪也會在踏踏的同時發出呼嚕聲。甚至有些貓咪還會流口水。

貓咪開心或是滿足時，會用不同的方式表達，而踏踏是其中之一。只要記得定期幫貓咪剪指甲，那麼踏踏的行爲將是貓咪和飼主都很享受的溫馨時刻。

問題：為什麼每當我講電話的時候，我的貓就會想吸引我的注意？

潘媽的回答

對家貓來說，她們很愛在主人開始講電話時喵喵叫，或是爬到飼主腿上。貓咪是不是在跟電話爭寵？你可能會這麼猜測，但其實貓咪會這麼做

跟智商有關。

當你在講電話時，貓咪會聽到你的聲音。在許多情況下，可能房間裡只有你跟貓，貓咪或許以爲你在跟她講話，因爲她沒有看到或聽到電話另一頭的人。

強化此行爲。動物會繼續重複被鼓勵的行爲，因爲有利可圖。或許你沒有注意到，但當你在講電話的同時，其實也會加強貓咪的行爲。如果貓咪來找你，你可能一邊講電話一邊撫摸她或用任何方式表達你注意到她的存在。或許她跳到你的腿上，你就會下意識地開始撫摸她。貓咪很快會學到，只要你開始講電話，就是取得關注的絕佳機會。

如果你的貓特別喜歡在你講電話時煩你，那你有可能會丟玩具讓她追，或甚至幫她添飼料讓她有事做。如果是這樣，聰明的貓咪就會知道這招很有效，當然會不斷重複。貓咪無時無刻都在學習，因此要小心你強化的行爲。

問題：很多人都說狗狗比較親近人，貓是否會跟狗一樣親人？

潘媽的回答

如果你是去問不喜歡貓的人，或是對貓不太了解的人，他們可能會告訴你貓咪不親人，讚揚狗狗比較親人，而把貓咪形容得很孤僻或很龜毛。我想最大的問題其實是拿貓狗來比較。對你來說這麼比較或許很蠢，但還是有很多人需要被教育：貓咪跟狗狗不同。物種和物種之間，並沒有優劣之分，因爲本身就是很不一樣的個體。所以當然在與對人親近這件事情上的表現會有所不同。

貓咪都是獨立的個體，因此貓咪對人表示親近的方法有很多種，只有某些行爲可以稱得上是貓咪通用來表達愛的方式：

頭頂。這個動作是當貓咪會把頭向你頂，不管是用力靠著或是用頭磨蹭你的頭，甚至是你伸出來的拳頭——因為她把那想像成貓的頭。貓咪可能會跳到你的懷裡，然後用頭靠著你的下巴、鼻子或額頭撒嬌。貓咪的臉上有氣味腺體，因此貓咪彼此之間也會用頭頂的方式來沾染彼此的氣味。這動作並不只是交換氣味，同時也是一種友善且充滿愛的打招呼方式。

磨蹭臉頰。貓咪在她們嘴唇的側邊也有氣味腺體，因此可能會用這個部位磨蹭人類、另一隻貓或一個物體。貓咪嘴唇邊和頭部發出的費洛蒙氣味代表友善、喜歡和親切的意思。貓咪在感覺舒適的時候，就會出現磨蹭人或是物體的行為。

踏踏。這個行為源自幼貓時期，一邊踏踏一邊找奶喝的習慣，藉此刺激母貓的乳汁分泌。許多成貓長大後還保有這樣的習慣，觸碰到柔軟的東西或是感到滿足時就會踏踏。

打呼嚕。打呼嚕比較複雜，因為貓咪在開心的時候、滿足和放鬆的時候會發出呼嚕聲。但害怕、生病或是受傷時也會發出這樣的聲音。科學理論相信貓咪這麼做是為了要加深現有的滿足感，亦有可能在緊張時藉此來安撫自己與潛在敵人。

互相理毛。如果貓咪感情好的話會幫對方理毛，這是愛的表現，也會讓氣味在彼此之間流竄。這在戶外環境中相當重要，因為氣味就是一個團體的代表。理毛也可以抒解壓力，更是接納新夥伴的方式，因此互相理毛對貓咪來說是協助彼此穩定下來的方式。當你的貓開始出現替你「理毛」的動作，就是她喜歡你，想把自己的氣味跟你的混在一起。

緩慢眨眼。這在貓咪行為中很常見，通常貓咪放鬆且感到自在的時候，就會對你緩慢地眨眼睛。我把這稱為貓咪親吻。

展現出脆弱部位的姿勢。當貓咪伸懶腰然後放鬆地舒展四肢，表示她覺得在你身邊很舒服自在。貓咪不自在的時候，會把四肢藏到身體下面，再用尾巴包住自己。把四肢和尾巴舒服地攤開來，表示她在你身邊覺得很安心。

如果貓咪沒有受到限制，就會整隻攤開來曬肚子。這是完全信任與放鬆的表現，因爲那是貓咪最脆弱的部分。這個動作和貓咪在打架時露出肚子不太一樣，在那種情況下，是爲了要嚇阻其他的貓，才會脹大肚子。如果繼續處於那樣的環境下，貓咪緊接著就會露出武器（牙齒和爪子）。該如何分辨？請記得把周遭環境氛圍也列入考慮，才有辦法正確判斷。

上揚倒鉤的尾巴。觀察貓咪的尾巴就可以推知情緒。若尾巴舉得很高，尾端還有點小倒鉤，那表示貓咪很開心也很滿足。通常此時貓咪看到你，還會甩一下尾巴。

和你的肢體接觸。你可能是盤腿坐著，貓咪就跑來坐在你身邊，或是當你躺在床上的時候就跟著躺在你身上。或當你在打電腦時，貓咪就把身體靠在你的手臂上。這些行爲都表示貓咪想要跟你有更近距離的肢體接觸，也是貓咪給你的無聲讚美。

發出叫聲。貓咪會發出各種叫聲，進行許多對話，光是喵喵叫就可能代表很多意思。但有些貓咪在看到飼主的時候，會發出比較不一樣的聲音，這就是主人專屬的叫聲，也是貓咪打招呼的方式。

問題：為什麼我的貓米卡老是喜歡坐在我女兒的回家作業上？我女兒每次都要把米卡往旁邊推才有辦法唸書。

潘媽的回答

貓咪的感覺很敏銳，會很快地注意到家中成員誰是被關注的焦點。米卡一旦看到你女兒盯著紙或課本——也就是把注意力集中在那個物體上，米卡就會想，如果她坐到那上面，就會成爲你女兒的關注焦點。

因此這個行爲本身並沒有什麼神祕之處，其實就是貓咪在告訴你們「請關注我」。當貓咪這麼做，便會得到渴望的關注，這是爲什麼她會一直重複。未來如果想避免這樣的情況，請多花點時間跟貓咪進行互動遊戲，一天玩個幾次。在寫功課之前，你女兒也可以利用益智餵食器讓貓咪有事情做。

問題：貓咪是不是會用鬍鬚彼此溝通？

潘媽的回答

鬍鬚被認爲是貓咪的觸鬚或觸覺頭髮，不但多功能且相當敏銳。貓的鬍鬚一般來說比貓毛還粗，是所謂的觸覺受器。鬍鬚的根部比一般毛髮更深，末端有很多神經元。

鬍鬚導航。貓咪的鬍鬚很敏感，可以感覺到空氣中的氣流改變，因此貓咪能在黑暗裡行走。你的貓使用鬍鬚的方式，很像我們人類伸出手臂跟手指頭接觸物體。藉由空氣氣流的改變來判定是否出現變化，可以避免貓咪一頭撞上物體。貓咪偵測氣流的能力也讓她們能在狩獵時，藉由獵物移動所產生的氣流改變捕捉到獵物。

要擠身而過還是輕鬆通過？嘴邊的觸鬚也讓貓咪可以判斷是否能擠過狹窄的空間。因爲貓咪的觸鬚一般來說跟身體寬度一樣，因此如果貓咪的觸鬚通過狹窄的空間沒被折凹，那麼身體就可以通過。當貓咪探頭探腦時，她不只在觀察周遭環境，同時也利用觸鬚確認自己能否通過。但不幸的是，如果貓咪體重過重，觸鬚判斷法可能就沒用了。

在貓咪口鼻兩邊各有四排觸鬚，上兩排觸鬚和下兩排可分開移動。

保護眼睛。眼睛上面的觸鬚在貓咪通過草皮或樹叢的時候發生作用。這些觸鬚可以保護貓咪，提醒她們立即閉眼，才不會被突起的樹枝戳到眼睛。這個位置的觸鬚在與其他動物（包括人類）接觸的時候也會發生作用。如果碰到這些觸鬚，貓咪就會眨眼。

協助狩獵。手腕上的觸鬚位於貓咪手腕內側，在狩獵時相當方便。當貓咪把獵物玩弄於掌間時，手腕內側的觸鬚可以幫助貓咪感覺獵物的移動。由於貓咪近看視力不佳，因此腕內的觸鬚也可以協助貓咪判斷獵物的姿勢，準確地判斷何時是致命一咬的時機。

觸鬚的敏感度。貓咪的觸鬚很重要，如果被剪短或是被咬斷，對貓咪而言是相當慘忍且痛苦的事。

不要包抄我

貓咪在吃東西或喝水的時候，不喜歡觸鬚被擠壓。因此如果餵食器的尺寸不對，貓咪就會把手伸進食器裡面把食物撈出來或舔著吃。因此請確認貓咪的餵食器不要太小或太窄。

情緒指標。貓咪的觸鬚也反應她的情緒。當觸鬚輕鬆掛在臉頰兩側，表示貓咪很放鬆。但她受到驚嚇或是準備要攻擊的時候，臉側的觸鬚會貼近臉頰以避免觸鬚受到傷害。狩獵時若貓咪感到警覺，臉側的觸鬚會往前傾，協助偵測獵物。當然要判斷貓咪的情緒，不應該只用單一狀況辨別，應該同時將貓咪的肢體語言還有當時貓咪所處的環境納入考慮。偶爾觸鬚會掉落，如果在地毯上發現貓咪的觸鬚請不要太驚訝，觸鬚是會長回來的。

問題：貓咪會用尾巴互相溝通嗎？

潘媽的回答

貓咪的尾巴的確是溝通的工具，貓會用尾巴進行有效且迅速的溝通，讓你和夥伴們知道她心裡在想什麼。以下是一些尾巴溝通的信號判讀：

- 當貓咪覺得很自信的時候，走路時會將尾巴直立。若經過高聳的草叢，貓咪想讓其他夥伴知道她在那裡，也會把尾巴高舉，讓別人看到她的存在。
- 高舉的尾巴若看起來像是個問號，通常表示貓咪很友善，或是想跟你玩。
- 在跟你打招呼的時候，貓咪可能會把尾巴高舉，且故意用末端甩個幾下，那就是貓咪跟你說：「歡迎回家」。
- 放鬆的時候尾巴會與身體平行放著。
- 當貓咪把尾巴前後擺盪，表示她有點不耐煩。但如果她一邊在看窗外的小鳥，也可能因為興奮而前後搖擺尾巴。
- 尾巴在地上甩出聲響可能表示貓咪感到不耐煩。
- 高聳且不斷抽動的尾巴可能表示貓咪意識到有什麼好事即將發生，例如要吃飯了，或是有點心。
- 貓咪亂灑尿時，通常會一邊抽動尾巴。
- 走路的時候如果尾巴放得很低，那表示正害怕或是有所遲疑。在某些情況下也可能表示貓咪充滿戒心。
- 貓咪如果膨脹尾巴的毛，呈現俗稱的「萬聖節貓咪」形狀，則可能是一種防禦的表現，要搭配環境才能判斷，不過通常是當貓咪很驚訝或是被嚇到才會把尾巴脹大。
- 尾巴緊緊地包住身體或是藏在身體下，通常表示貓咪很害怕，不希望有人打擾。

問題：為什麼我的貓總是喋喋不休，會邊抖動邊嗚叫？

潘媽的回答

關於貓咪抖動和嗚叫有諸多理論，有些專家認為這是貓咪在抒發挫折的情緒，因為她們沒有辦法捕捉獵物，尤其看到窗外的小鳥或松鼠時，就

會發出這樣的聲音。有些專家則認爲碎碎念的聲音其實是反射動作，是在模仿咬到獵物頸項的那一刻。另外有個理論是說這是貓咪在發現小鳥時，爲了不讓自己興奮過度而產生的抑制行爲。也有人說這樣的抖動聲響是在模仿獵物發出的聲音。所以你可以從上述諸多理論中選一個來解釋貓咪的行爲。貓咪就是如此神祕的動物，會留下一些謎團給人類，抖動跟鳴叫便屬其中。

從貓咪發出的聲響了解她。如果你的貓坐在窗邊，看到小鳥時發出抖動聲和鳴叫，那麼可以利用她此時興奮的心情跟她進行互動式的遊戲。這樣一來，她就可以把興奮的心情轉移到玩樂上面，還可以補償想抓獵物的情緒。如果她因爲小鳥在窗外而她被關在屋內，那麼遊戲的過程就可以舒緩這樣的挫折感，讓她感到滿足。

問題：為什麼我的貓有時候會露出很醜的臉？看起來好像她聞到什麼噁心的臭味一樣。

潘媽的回答

貓咪有個很特別的器官稱爲賈可伯森器官（Jacobson's organ）或犁鼻器官（vomeronasal organ）。此器官位於貓咪口腔上方，在口腔到鼻腔中間有個閥門。這也是一個氣味分析器，主要用來分析其他貓咪的費洛蒙，尤其是在尿液裡的費洛蒙。

運作方式。首先氣味會經由口腔蒐集，然後貓咪的舌頭會將這些氣味往上送到犁鼻器官上。這個時候貓咪的表情看起來像是做鬼臉，其實就是在進行這個動作。她的上唇會往上捲曲，嘴巴會半開。這樣的表情就是所謂的「跳蚤反應」。

犁鼻器官的功能。雖然所有貓咪都有這個器官且會在聞到特殊氣味時，使用它來進一步分析氣味，但通常未結紮的公貓比較會有這樣的表情出現，因爲她們對發情母貓尿液裡的費洛蒙氣味異常敏感。

問題：為什麼我的貓會舔我的頭髮？她在幫我梳毛嗎？

潘媽的回答

我猜下列是很典型的情境：你在床上呼呼大睡，忽然有個異樣的感覺讓你醒過來。接著你摸了摸自己的頭，感覺到一小撮頭髮濕濕的。這時候你再往上一看，發現貓咪的臉龐就在上方，她看了你一下，然後就回去繼續原本在做的事情——舔你的頭髮。從頭髮濕黏的程度，你猜想貓咪應該已經舔滿久了，是嗎？

社交行爲。梳毛是貓咪之間彼此很常見的認同行爲。我們常會看見兩隻貓互舔彼此的頭跟頸部。我還看過被舔的一方閉上眼，露出夢幻般的享受表情。有些貓咪會跟家中特定成員締交獨特情誼，此時她們也很可能會舔對方毛髮，而因爲頭頂上的髮量比較多，因此飼主很有可能是被舔頭。

喜歡的氣味或味道。特定洗髮精、髮型產品或是髮膠好像對某些貓咪特別有吸引力。有些貓咪舔飼主頭髮的原因是因爲喜歡某個味道。

該如何停止這樣的行爲。請記得不要用任何方式鼓勵貓咪做那些你不喜歡的行爲。如果你在她舔你頭髮時拍她、撫摸她或跟她說話，那麼貓咪得到的訊息就是你很歡迎她繼續這麼做。

貓咪舔你的時候如果你在床上，可以將枕頭拿到你和貓咪之間，如果你坐在椅子上而貓咪從後面過來舔你，請迅速站起來並移開，讓貓咪知道每當她出現這樣的行爲，她就會失去你的陪伴。

如果你不知道是那個髮妝用品的味道吸引了貓咪，請換成無味的產品或是貓咪比較不喜歡的氣味。

一般來說貓咪不喜歡柑橘的味道，建議可嘗試用含有柑橘香味的洗髮精或髮膠。你可以滴幾滴以柑橘氣味為基底的精油在洗髮精或潤髮乳裡面，也可以滴幾滴在載體油如椰子油中，塗抹在耳後和頸部，添加載體之後比較沒有那麼刺激，但請小心，塗抹柑橘類為基底的精華油在身上，很可能會讓你對陽光敏感。

如果你的貓每天舔你頭髮的時間滿固定的（例如是當你在床上或是當你坐在沙發上看電視時），那麼就給她一點事情忙，像是在你準備窩進床上或沙發上時給她益智餵食器。

問題：為什麼貓咪睡那麼多？

潘媽的回答

貓咪給人的印象就是很慵懶，但這其實不是很正確的說法。有些人會覺得貓咪很懶，主要是常看到貓咪白天都在睡覺；她們生命中睡覺的時間大概占了三分之二。貓很懶沒錯，對於不喜歡貓或沒養過貓的人來說，他們可能會覺得貓咪沒做什麼事，大部分時間都仰賴人類伺候。但如果你花點時間觀察貓咪睡覺的方式，就可能全然改觀，你甚至可能因此開始崇拜貓咪的生理機能。

為狩獵而儲備的體力。貓咪不像其他動物需要靠大量的穀類或草維生，貓咪天生就是靠狩獵得到食物。肉食性動物的食物來源並不會自然生長在草原上，一切都要靠自己狩獵。一旦發現獵物，貓咪就會進入狩獵模式，小心翼翼地接近獵物，準備好隨時撲殺。貓咪的狩獵方式主要是伏擊，在撲上去的瞬間雖然短暫，但需要瞬間爆發力。貓咪不會囤糧，因此食物來源必須新鮮。這表示她們隨時需要狩獵。

狩獵就需要體力。除此之外，由於體型的關係，貓咪既是狩獵者，亦有成爲獵物的風險，這樣的食物鏈角色讓她們的體力需求比一般動物來得高。因此，貓咪爲了要確保自己隨時都處於準備好的狀態，不管狩獵的需求有多高都有體力應付，便會利用睡眠來補充和儲存體力，以面對接下來的狩獵活動。貓咪一天可能睡十二到十六小時。

睜一隻眼睡。好的，其實這是個誤解，貓咪並不會睜一隻眼睡，但睡眠可能很淺。因爲她正在「邊睡邊等」獵物出現，因此就會睜一隻眼假寐，一旦需要就會撲上去。因此你會發現貓咪的睡眠很容易被打斷，隨時都在一個馬上就能清醒過來的狀態。淺眠其實也讓貓咪可以即時反應，不管是需要狩獵，還是保護自己不被其他大型動物吃掉。貓咪當然也會熟睡，但就是一次大約十到十五分鐘的短暫循環。

當貓咪進入淺眠狀態，你會發現她的耳朵動來動去，甚至有些還會跟著聲音來源轉動。此時她眼睛可能沒有真的閉上，有時候只是半瞇著眼。

睡姿也會依體溫而有所不同，當貓咪覺得冷，她們會蜷縮著睡覺。如果覺得熱，就會伸展身體。

貓咪的夜間活動。對很多飼主來說，貓咪的睡眠循環很奇怪。白天都在睡覺，晚上就起來「發貓瘋」，要不是在牆上跳來跳去，把東西打翻，就是清晨四點大家熟睡時踩主人的臉。這主要是因爲貓咪天生就是所謂的拂曉獵人，自然在清晨或黃昏比較活躍。在戶外的時候，她們的獵物也大多在這段時間起起來活動，因此貓咪的生理時鐘就會在白天睡覺補眠，清晨時分或黃昏時一躍而起。

即使貓咪被飼養後已經不需要擔心下一餐，但還是保有這樣的天生睡眠模式。不過貓咪的適應力很強，許多貓咪會跟著人類的習性而改成白天比較活躍。

萬一貓咪喜歡在深夜貓來瘋怎麼辦？如果你的貓咪總是讓你深夜必須起床處理，那麼請在白天提供更多的探索、狩獵（捕捉玩具）遊戲，讓她消耗體力。除此之外也可以在白天增加互動遊戲時間，記得在睡前來個盛大遊戲時間，給她一點食物當作獎勵。不過食物不應該影響每日給貓咪的分量，只是白天餵少一點，把那些量移到遊戲完之後當作獎賞。在她活動完後塡飽肚子，就會讓貓咪比較願意睡覺。

貓咪會做夢嗎？貓咪睡覺時也會歷經快速眼動睡眠期（Rapid eye movement），跟人類一樣，而貓咪也是在那段時間做夢。這時候你可能會發現貓咪的觸鬚或是手掌微微抖動，就是在做夢。那貓咪都夢些什麼呢？貓咪當然不會說，但我猜老鼠跟小鳥應該占了不少比重。

睡眠模式的改變。如果你發現貓咪的睡眠模式有所改變，請一定要諮詢獸醫。如果你的貓活動力很高但卻睡得不多，那有可能出現一些生理疾病。舉例來說，罹患甲狀腺功能亢進症的貓咪會分泌太多甲狀腺體而加速循環，讓貓咪睡眠時間大大減少。年紀大的貓咪的感官功能若開始下降，或因爲年紀大而逐漸喪失一些行爲能力，也可能因此睡眠時間增長且睡得更熟。貓咪若有聽覺問題會容易被驚醒，因此要特別留意放輕腳步聲。

第四章

尿尿和便便的清理

營造貓砂盆內的正能量

問題：我的貓是否會直覺地知道如何使用砂盆？還是貓咪天生知道怎麼用？

潘媽的回答

除非你養的是剛搶救來的孤兒小貓且還在奶瓶階段，不然應該不需要教這顆小毛球如何排泄。但你還是需要架設一個可以讓她方便的地方，可以輕鬆進出不受限制，同時也要教導小貓什麼時候要排泄。有些小貓很快就知道該怎麼使用類似貓砂盆的工具，有些小貓則需要一些引導。別以為

所有小貓都天生會使用貓砂盆或知道要去哪裡尿尿和便便，有些可能需要你耐心引導至正確的方向。

專為小貓量身打造的貓砂盆。小貓成長的過程中會很需要有足夠活動空間的貓砂盆。但以現在來說，讓她排泄的貓砂盆只需要跟小貓差不多大小。這個貓砂盆的尺寸應該要讓小貓可以輕鬆進出。盆子太高小貓可能爬不進去，尤其是膀胱裝滿尿液的情況下更難。請記得小貓控制尿意的能力沒有成貓好，因此需要尿尿時通常都是憋不住了。

請選擇四邊高度較低的貓砂盆，這樣不只讓小貓方便進出，小貓看得到貓砂的話，也可以提醒她該上廁所。看到貓砂本身也會提醒她這裡可以挖掘、便溺，再蓋起排泄物。

隨著小貓長大，你還可以將這個貓砂盆放進大一點的貓砂盆內，讓她習慣新的貓砂盆。

貓砂盆的基本常識

請不要替幼貓選擇有上蓋的貓砂盆或是電子自動貓砂清潔機。貓砂盆應放在方便、安全、簡單且安靜又不容易錯過的地方。

貓砂的選擇。市場上有許多種類型的貓砂，但總體來說，最適合小貓的貓砂還是好剷的類型，類似沙子的質地。這樣的貓砂比較適合小貓的手掌肉墊，也讓她在挖掘、掩埋的時候比較舒服。小貓站在傳統的黏土貓砂上，可能會因為那些鋒利的稜角，或是太大的顆粒而不舒服，這對還在練習使用貓砂、建立排泄習慣的小貓來說，恐怕不太適合。

要不要清洗。對成貓來說，你會聽到我不斷強調要隨時保持貓砂盆的清潔，這對貓咪很重要。但對小貓來說，可以放置一點（請注意只有一點）她的尿液或成形的便便在裡面。這樣能提醒小貓這就是尿尿和便便的地方。如果你發現箱子外面出現成形的便便，別把它拿去廁所沖掉，請將便便放回貓砂盆，這樣貓咪聞到味道，就會提醒她便便該便在貓砂盆裡。

貓砂盆置放的位子。貓砂盆的位子要讓小貓可以輕易找到。別期待你的貓咪會知道要走過長廊或走下樓梯才能找到貓砂盆。

將你的小貓活動範圍限縮在家中一角，這樣她就可以輕易地找到貓砂盆。一旦她開始在家中其他區域活動，就在其他地方另外再加一個臨時貓砂盆。

這些貓砂盆應該要放在開放的空間，明顯地彷彿上方就有個箭頭指著它。這並不是說要放在房間正中央，而是應該要放在安靜的地方，不會有人在那邊走來走去，貓咪上廁所時才不會被打擾而分心。放置的地點應該要安全且安心，讓小貓不用擔心家中的狗狗會湊過來，或是小朋友會突然經過嚇到她。

溫和地提醒小貓。一般來說貓咪會在午睡後、遊戲後和進食後上廁所。你的小貓大概也會遵循這樣的模式，但有時小貓排泄的次數會比成貓還多。因此常常要帶小貓到貓砂盆附近，讓她知道便便的時間到了。

什麼時候該介入指導。如果你的小貓還沒有養成挖掘、排泄、遮蓋這三個動作的習慣，或是很小就離開母貓所以沒有學到這些，那麼你就得協助她完成。當你帶小貓來到貓砂盆時，用手指挖一挖貓砂，這麼做的動作和聲音會引導她模仿。如果她會在裡面便溺但卻不用貓砂蓋起來，一樣用手指蓋一些起來，讓她看到你這麼做，表示這也是流程的一部分。千萬別抓著她的手掌跟著做，或是強迫她去便便，這樣只會讓小貓想抽身離開，之後可能會抗拒使用貓砂盆。只要讓她看到你用手指進行這些步驟即可。

千萬別因為便溺在貓砂盆外而處罰小貓。你的小貓還在學習階段，因

此可能不會每次都便便在貓砂盆裡。千萬不要爲此處罰她，與其處罰，不如用手指示範她該怎麼做，下次她就會跟著學。有可能是她正在玩耍，貓砂盆離得太遠，而你沒有適時帶她回到貓砂盆上廁所。也可能是貓砂盆對她來說太難進去了。或是家裡有人抱著小貓讓她想上廁所時來不及走到貓砂盆？有時候小貓沒有乖乖在貓砂盆內上廁所，並不完全是她的錯。任何懲罰只會讓貓咪怕你（在建立關係時這絕對是你不希望的），或開始抗拒使用貓砂盆。

問題：我不知道該怎麼架設貓咪的貓砂盆。寵物用品店裡琳瑯滿目，請問砂盆的設置需要哪些東西？

潘媽的回答

在挑選貓砂盆的時候，你弄得越複雜，貓咪就越不喜歡使用。當然，市面上有些貓砂盆什麼功能都有，只差沒幫你把用過的貓砂拿去回收。但你爲這些貓砂盆付出的代價也不低（這裡說的代價不是指金錢）。

我承認剷貓屎不是一件令人愉悅的事情，因此許多飼主們會開始假裝家中的貓砂盆不存在，盡可能把貓砂盆放得越遠越好，搞得貓咪需要衛星定位才能找得到。事實就是，如果你跟貓咪一起生活，她就需要有地方大小便。因此，貓砂盆應該要有以下要素：

1. 適當的尺寸與類型
2. 方便的地點讓貓咪便溺
3. 隨時保持乾淨。

飼主想偷懶或走捷徑，就會在之後貓咪抗拒使用貓砂盆時自討苦吃。

我們辦公室最常接到的電話都是飼主打來控訴貓咪跟貓砂盆過不去的。許多問題都源自於飼主們沒有遵循上述三點選擇貓砂盆。我也去過無數客戶的家，發現貓砂盆被放在陰冷的地下室或是藏在櫥櫃裡。我也看過好幾天都沒清掃的貓砂盆，可憐的貓咪們得要踩過自己的排泄物才能找到乾淨的地方便便。換作是你，會想在很久都沒沖水的馬桶便便嗎？

貓砂盆的尺寸和類型。我建議使用簡單、開放性的貓砂盆。有蓋的貓砂盆會讓空氣不流通，因此貓砂要過很久才會乾。蓋子也會讓貓咪卻步，因為這表示只有一個出入口。如果你家養了許多隻貓，請不要用有蓋的貓砂盆，這會讓貓咪上廁所時緊張不安。

貓砂盆的大小應該要讓貓咪可以多上幾次廁所都還不至於踩到自己的排泄物或濕軟的貓砂。若貓咪的體型比較巨大，要求她縮進狹小的貓砂盆裡上廁所真的很不人道。

電子和自動貓砂清潔機基本上聲音都太大了（會嚇到貓咪），而且貓咪站立的面板也不是很舒服。有的自動貓砂清潔機還多了軟墊，某些貓會抗拒這樣的觸感。我也發現有些高科技貓砂盆設計得太小，整個貓砂盆的體積可能很大，但實際讓貓咪方便的區域卻太小。

貓砂盆的清潔。每天至少要剷貓屎剷兩次，每次只需要幾秒鐘。而整個貓砂盆的清潔與裡裡外外的刷洗，則每隔一陣子就要固定進行一次。如果你用的是可用鏟子剷起的貓砂，那麼每個月至少要清潔貓砂盆一至兩次。如果你用的不是可剷的貓砂，那麼就需要更頻繁的清潔。

貓鼻子是很靈的

要決定貓砂種類時，請不要選擇有香氣的貓砂品牌，因為貓鼻子很敏感。她們在使用貓砂時鼻子也會很貼近貓砂。

地點、地點、地點。沒有人會把貓砂盆放在起居室正中央，但請確保你選擇的地點對貓咪而言是方便的。如果你家有兩層樓，每層都應該要放貓砂盆。在多貓家庭環境中，貓砂盆應該放在不同地方，讓貓咪不需要經

過彼此的地盤去上廁所。

貓砂盆也不應該太靠近餵食區。人類也不會想在浴室吃東西，對吧，因此貓咪也不想在食物附近上廁所。這對貓咪來說是很基本的生存法則，就嬌貴的室內貓也會被迫遵循。

對於生理上有些限制的貓咪來說，可能不方便上下樓，因此別把貓砂盆放在地下室或很難到達的地方。如果你有養小貓，要把貓砂盆放在不會錯過的位置。小貓的膀胱控制能力還不好，請不要讓她們想上廁所時還得到處找貓砂盆。

請記得，盡量讓一切變得簡單，請遵循下列三個法則即可：挑選正確尺寸、置放在方便的地點，保持乾淨。你的貓會很高興你這麼做的。

問題：貓咪是否比較喜歡有蓋的砂盆？

潘媽的回答

你可能覺得有蓋的貓砂盆比較好，因爲提供貓咪隱私，又可以不讓屎尿味飄出來且眼不見爲淨。但要買有蓋貓砂盆之前請三思。首先要思考這樣的設計對貓咪來說是否眞的友善？

從我們的角度。從飼主的角度來看，有蓋的貓砂盆似乎很理想，因爲它可以：

- 提供隱私
- 控制貓砂不灑出來
- 遮蓋貓咪的屎尿
- 不讓屎尿味飄出

從人類的角度，有蓋的貓砂盆實在是夢幻逸品。它讓一切井然有序又乾淨整齊，只有貓咪才看得到裡面的情況，其他人都看不到。不過事與願違，很多行為問題都是因為貓咪飼主只從自己的角度去看環境，而不是用貓咪的角度。

貓咪的角度。如果你有從本書中得到一些啓發，就會開始從貓咪的角度來看有蓋貓砂盆這個產品：

- 有蓋的貓砂盆可能會讓比較大隻的貓咪卡住難以進出
- 有蓋的貓砂盆空氣並不流通，因此貓砂要乾需要花更久的時間
- 氣味都封在那個空間裡，貓咪在裡面會很不舒服
- 有蓋的貓砂盆抑制貓咪察看其他動物是否接近的本能
- 有蓋的貓砂盆限制貓咪的潛在逃脫路線，讓她更有機會被其他動物圍堵
- 有蓋的貓砂盆可能會讓飼主惰於清洗

隱私與安全。這是目前為止我覺得有蓋貓砂盆最容易引起的問題。當人類想著有蓋子會比較有隱私的同時，貓咪卻很擔心因此有安全上的考量。進到貓砂盆方便對貓咪來說，是無法自保的時刻。

如果你家養了很多隻貓，而貓咪之間有些緊張，那麼你可想像獨自進入只有一個出口的密閉空間上廁所會有多麼焦慮。我常看到貓咪在貓砂盆被另一隻貓伏擊，甚至有貓咪會坐在貓砂盆上面，準備撲向從裡面出來的另一隻貓。在這種情況下，被攻擊的貓咪可能會選擇比較安全的地方上廁所，而這個地方往往會是比較開放的空間、當其他貓咪靠近時能輕易看見的地方，看到對方可以馬上逃離現場。

即使不是四面楚歌的環境，貓咪在進入有蓋貓砂盆時也會覺得無處可逃而焦慮，沒什麼比得上被同時想用貓砂盆的另一隻貓嚇到。也可能是家裡的狗狗把鼻子湊進去聞，或是還在學步的寶寶把頭伸進去。不管如何，只要貓咪覺得貓砂盆是不安全的地方，她的生存本能就會抗拒使用並另覓他處。

氣味攻擊。另一個要思考的點就是密閉式的貓砂盆對鼻子異常敏感的動物來說可能是個夢魘。由於貓咪在便溺時的鼻子會很靠近貓砂，你可以想像她會有多麼不舒服，得在一個密閉且空氣不流通的空間內方便且處理排泄物。貓砂盆裡的味道應該會臭到令貓咪想逃。

擁擠的空間。對許多貓來說，要進入有蓋貓砂盆的唯一方式就是要低頭鑽進去。許多貓砂盆不管是開放式或有蓋式都做得太小了。我通常會建議堅持想使用有蓋貓砂盆的客戶乾脆買大型塑膠置物盒，在側邊剪一個洞方便貓咪進出。

眼不見爲淨。使用有蓋的貓砂盆還有個壞處，你有可能因爲蓋子擋住而沒發現貓咪已經上過廁所了，常常經過它卻沒有剷屎做好清潔。

不方便清潔。你可能一開始會覺得有蓋的貓砂盆讓環境看起來更整齊乾淨，但事實上卻讓生活更麻煩。每次要剷屎都得把蓋子打開，還有每次要刷洗貓砂盆的時候，都需要清洗上蓋和本體兩個部分。

更好的選擇。如果你覺得購買有蓋貓砂盆可以避免貓砂灑在地上，或避免貓咪在貓砂盆內亂噴尿，那麼建議你可以選擇側邊比較高的開放式貓砂盆。除此之外也可以考慮使用大型塑膠容器，你只需要在側邊剪個洞讓貓咪進出就可以了。有些廠商專們製作四邊比較高的貓砂盆，可以依貓咪的體型大小選購，不然就用塑膠置物盒，像是 Sterilite 這個品牌的產品就是個不錯的選擇。

問題：有那麼多種貓砂，哪一種最好？我希望好好選擇以免貓咪抗拒使用貓砂盆。

潘媽的回答

貓砂本身有多種選擇，許多貓砂可能對飼主或家人來說感覺很不錯，但卻不太適合貓咪。事實上，貓咪才是貓砂的使用者。我發現這個問題有點嚴重是因爲現在坊間有很多特製的貓砂，例如像是水晶、大麥、松木、報紙粒等，甚至還有鵝卵石形狀的貓砂。這些充滿香氣的貓砂只是爲了人類的喜好而設計，廠商花了很多錢試圖提高市占率，但事實上，不管多麼酷炫的設計，貓咪喜歡才是重點。你可能會想購買對環境友善且充滿香氣的貓砂，但如果你的貓不喜歡，也只是浪費錢。

貓咪可能有自己的喜好。整體來說，最受貓咪歡迎的貓砂應該是有著沙子般柔軟質地的貓砂。大部分可剷起、易於結塊的貓砂都有這樣的特性，因爲這些貓砂都很柔軟，濕掉後會結塊形成固體方便剷起丟掉。

氣味。別再管那些添加特殊氣味或人工添加劑的貓砂了。只要你勤於剷貓砂，氣味問題根本就不存在。你的貓咪鼻子很敏感，不需要每次去上廁所都要被添加了花香味的貓砂氣味轟炸。

質地。很多貓咪對於貓砂質地、食物和睡覺的環境都有自己的喜好與堅持。請注意你的貓可能有的喜好，在試過不同種類的貓砂後，若發現貓咪喜歡的哪一個就請固定用那一款。一般來說貓咪比較喜歡柔軟、沙子般的質地。如果比較尖銳或顆粒太小，例如傳統的黏土貓砂，貓咪可能會覺得不舒服，尤其是對被去掉指甲的貓咪來說。

乾淨。不管你選擇哪一種貓砂，請記得最重要的是維持貓砂盆的清

潔。如果貓砂發臭，那眞的不是貓咪的錯。不要在貓砂盆上灑香芬劑或人工添加劑。每天剷個兩次，固定刷洗貓砂盆。貓咪是很愛乾淨的動物，因此很需要乾淨的貓砂。

別一直換品牌。貓咪是慣性的動物，因此不要常換貓砂品牌或類型，一旦貓咪進入貓砂盆中，她會期待腳底下的觸感跟昨天感受到的一樣。如果你必須更換貓砂，請每天倒入一點新的貓砂，讓這樣的改變循序漸進，花個幾天進行。

不確定該買哪一種貓砂？如果你剛領養貓咪，請詢問之前她都習慣使用哪一個品牌，盡量不要做太大的改變。如果她過去使用的貓砂你不喜歡，請等到貓咪比較適應之後再慢慢替換。小貓還在學習階段，因此不需要香味很重或是質地特殊的貓砂干擾學習。對幼貓來說一切越簡單越好。

問題：我應該要在貓砂盆內裝多少貓砂？

潘媽的回答

我的建議是在貓砂盆內倒入大概三到四吋深的貓砂。這樣的量足夠貓咪挖洞以及覆蓋排泄物。每隻貓都是獨一無二的，因此請注意貓咪的貓砂盆使用習慣以調整貓砂是否要增加或減少。

不要想偷懶

如果你飼養超過一隻貓，請不要貪圖方便而只買一個貓砂盆，在裡面裝兩倍的貓砂。你需要另外添購貓砂盆。

維持固定的貓砂高度。隨著你每天清理貓砂，應該會把上面那一層剷掉，這時要補足上面被鏟掉的貓砂，讓貓砂維持一樣的高度。

貓砂太多。如果你加入了過多的貓砂，就會發現貓砂常會灑出來散落在地上。即便你用的是有蓋的貓砂盆，仍會在地毯或是地上發現貓砂。若你常常得掃散落地上的貓砂，可以試著降低貓砂盆內貓砂的高度大約一吋左右。

用過多的貓砂是很浪費的，因為你每個月還是要固定把貓砂倒掉刷洗整個貓砂盆。如果砂盆內的貓砂裝得太多，會不好剷除結塊貓砂。

貓砂不夠。如果貓砂不夠，那麼貓咪很快就會出現抗拒使用貓砂盆的行為。若貓砂不夠也容易出現異味，沒有被貓砂吸收的尿液會滲到貓砂盆底部。如果貓砂盆附近充滿屎尿味，你的貓也不會想靠過去上廁所。

問題：我應該多久清理一次貓砂？我通常每幾天剷一次。

潘媽的回答

貓砂結塊應該要一天剷兩次。不乾淨的貓砂盆就像是個不定時炸彈。

我去過許多客戶家裡處理問題，發現許多貓咪的便溺問題其實都是因為飼主沒有定時剷除貓砂盆內的結塊貓砂。貓咪是很愛乾淨的動物，她們不喜歡踩在潮濕或是被尿液浸泡多時的貓砂子上廁所。

許多人會在房間內噴灑香氛劑、蓋上箱子或加入添加劑阻隔氣味，或把貓砂盆移到最遠的角落，卻忘記控管氣味最基本的方式，就是定期清理貓砂盆內的結塊貓砂。要避免臭氣熏天，最好的方法是盡快把結塊的貓砂處理掉。有些飼主會等到貓砂盆內的氣味臭得不得了，才將盆內的髒東西整個倒進垃圾堆。問題是這對貓咪來說，是久久才有的、使用乾淨貓砂盆的享受，且通常維持不到一天。

清潔小常識

在清理貓砂的時候，請順便檢查一下貓砂盆的使用狀況，如果已被抓破就要換新的貓砂盆，破損的話氣味很容易散出。有些貓咪也可能不喜歡粗糙的表面而拒絕使用貓砂盆。

剷貓砂 ＝ 貓咪健康監控。剷貓砂是很重要的觀測方式，但很容易被忽略。觀察貓砂結塊可以用來診斷貓咪的健康狀況，若有任何異常，都有機會早期發現、早期治療。可能是分量或頻率出現變化、便便顏色或是尿中帶血等問題。

有特殊需求的小貓。如果你的貓咪有糖尿病或慢性腎臟病，那麼剷貓砂結塊的頻率就要依據貓咪的尿量和次數增加。甚至可能需要增加另一個貓砂盆以防來不及清理。

人類的小小步，貓咪的一大步。或許剷貓砂結塊不是你喜歡的事，但卻是控制氣味亂竄、監控貓咪健康狀況的好方法，同時還能讓貓咪心情愉悅。如果你覺得有沒有剷都沒差，那你可以試著連續兩天上廁所都不沖水，這樣你就能體會了。

問題：我之前買的貓砂太貴了，我在想是不是要換成比較便宜的品牌。如果我換貓砂品牌對貓咪有差別嗎？

潘媽的回答

貓咪是不喜歡變化的動物。如果你想要避免不必要的恐慌和壓迫，做任何改變之前請記得這件事。對許多貓咪來說，即使只是小小的變化都可能讓她們很不爽。但你還是可以更換貓砂品牌，只是要循序漸進。

用循序漸進的方式進行改變。這是最安全的模式，因爲這讓你有時間慢慢改變，不會一下子嚇到貓咪。大部分的情況下，如果慢慢改變，貓咪甚至察覺不出這些變化。

首先將新貓砂混一點點到舊貓砂內，每天都混一點，此步驟須持續許多天。每天都多增加一點新貓砂的量然後減少一點舊貓砂的量。這樣的改變應該持續三到五天左右。如果從過往經驗中觀察發現你的貓對改變的反應很激烈，那麼建議可以延長時間，至少需要五天來更換貓砂品牌。

如果是要從傳統的不結塊貓砂改成可剷起的貓砂，請記得新的貓砂不會那麼快開始結塊，要等舊貓砂的量降到很低才會。

問題：我要如何知道砂盆的大小是否合適？

潘媽的回答

在選擇貓砂盆的時候，很重要的是，必須確保貓砂盆尺寸符合貓咪體型。因爲貓砂盆大小剛好可以塞進某個地點而衝動購買的狀況很容易發生。某些狀況下，會剛好買到符合的貓砂盆，但在其他狀況下，貓咪可能得要努力塞才能進到裡面上廁所。你的貓上廁所是天經地義的事情，請不要讓她覺得每次都如臨大敵。

尺寸。一般來說，貓砂盆的大小應該是貓咪體型的1.5倍大，這樣才會讓貓咪有足夠的空間便溺和蓋起排泄物，且接下來幾次都還有足夠的空間可以移動。足夠的貓砂盆大小會大大提升貓咪在裡面使用的舒適度。她不需要縮著才能鑽進去，也不需要整個身體都擠到旁邊才有位子。使用貓砂盆時如果空間不夠，對貓咪來說是很緊迫的事情，而我們不希望貓咪上廁所時感到緊迫不安。如果貓咪在貓砂盆內不舒服，就可能會在其他地方便溺，而通常這些地點會讓你抓狂。

對小貓來說，貓砂盆的側邊應該要比較低，好讓她輕鬆地進出。隨著

小貓逐漸長大，你就可以從小貓砂盆換成大一點的貓砂盆。如果你家中的成貓體型變胖，那麼舊的貓砂盆可能不再適合，貓砂盆應該要跟著貓咪體型改變而更換。

便溺是很私密的事，在私密時刻感到舒服自在是很重要的。如果你曾使用過飛機上的廁所，大概能對我所說的話感同身受！

問題：我想要把曼琪的貓砂盆從客房移到廁所，請問我要如何移動砂盆的位置？

潘媽的回答

如果你需要改變貓砂盆的地點，需要在移開舊的貓砂盆前，在新的地點放置第二個貓砂盆。這樣貓咪就會在新地點嘗試使用，但仍保有舊地點有貓砂盆的安全感。當你的貓開始適應新地點的貓砂盆且頻繁地使用它，就可以慢慢地將舊貓砂盆移靠近新的貓砂盆，每天移近幾吋，直到兩個貓砂盆並排。一旦這樣你就可以將其中一個拿走。

如果你不想爲此特地去買第二個貓砂盆，那你就得慢慢移動貓砂盆，一次幾吋，慢慢往新地點方向移動直到定點。這裡的重點就是一切都要「慢慢來」！

大家來找碴

貓砂盆內該有的沒有，或是不該有的出現了，都是亮紅燈的警示，表示貓咪可能出現潛在健康問題。請維持每天剷兩次貓砂的習慣，讓你隨時了解貓咪的情況，一旦貓咪在排泄頻率或是排泄物在外觀、分量上出現變化，你都能第一時間掌握！

請將貓咪的需求擺在第一位。請記得你爲貓咪而選的貓砂盆擺放地點是貓咪也會覺得方便的地方。如果你要重新把貓砂盆放到一個比較偏僻的角落，請記得那對貓咪來說可能會更不方便，而你也可能會忽略而減少剷貓砂的次數。上述兩件事都是造成貓咪抗拒使用貓砂盆的重要原因。

問題：我養了五隻貓，請問我需要幾個砂盆？我不想終日在一堆貓砂盆中剷屎剷到天荒地老。

潘媽的回答

擁有多隻貓的環境雖然很不錯，但壞處就是得面對更多的尿尿與便便。這是很多飼主沒有顧慮到的地方——不是因為他們不願意維持貓砂盆的清潔，而是沒有足夠空間置放貓砂盆導致數量不足。黃金準則就是貓咪數量加一。因為在多貓環境下，維持每個貓砂盆的乾淨很困難，你一定也不希望貓咪進到貓砂盆內後發現沒有一處可上廁所，對吧。在許多貓砂盆要清理的情況下，難免會有一、兩個裡面仍舊骯髒擁擠，如果沒有多餘的貓砂盆，貓咪就會去其他地方便溺。而且即使你努力地維持貓砂盆清潔溜溜，有些貓咪還是不習慣與他貓共用廁所。

沒有捷徑。你可能會想說那乾脆買個自動貓砂清潔機，但這還是無法解決貓咪不想與其他貓咪共用廁所，或是進入其他貓咪領域便溺的問題。在多貓環境中，重疊的區域可能已經讓她們彼此之間夠緊張了，即使貓咪們相安無事，還是會對於與其他貓咪共用廁所感到焦躁不安。

問題：砂盆內需要放內袋嗎？我希望內袋能讓我更方便清理貓砂盆。

潘媽的回答

理論上來說，貓砂盆內袋應該會是個方便清理貓砂盆的方法，可以輕鬆地置換貓砂。但很不幸的是，內袋可能會讓使用貓砂盆的貓咪不太開

心，而負責清理貓砂盆的貓奴也會因此不太開心。

沒有解決問題的內袋。內袋的尺寸若與貓砂盆不吻合就可能會產生縐摺，讓尿液形成水窪而尿臭味四起。如果內袋沒有牢牢緊貼著貓砂盆四邊，則可能在貓咪試圖遮蓋排泄物時反折回盆內。

貓爪＋內袋＝孔洞。貓咪的爪子可能會造成內袋破損，最後尿液就會順著孔洞流到貓砂盆底部沉澱。更糟的是，如果貓咪的爪子陷進入內袋孔洞中拔不出來，就可能會對使用貓砂盆產生陰影，之後或許就會到其他地方便溺。

貓咪怎麼看這件事？有些貓咪不喜歡內袋的觸感，尤其是內袋尺寸不合而有許多縐摺時。這樣一來貓砂盆就變成了貓咪不愛去的地方，很有可能導致便溺行爲偏差。

清潔時可能出現的問題。剷貓砂時可能會因爲這些縐摺而卡住，或是難以剷起結塊的貓砂。剷子的尖端也很有可能會刺破內袋。

若要更換所有貓砂，你應該要能輕鬆地提起內袋就把裡面的東西丟掉，對吧？但如果內袋有孔洞，你可以想像到時候就會出現細細的貓砂瀑布，一直流向地面。如果又有尿液滲透，那麼內袋或貓砂盆底部都會有尿漬。如此一來，內袋似乎不是那麼好用的東西了。別抄捷徑，要保持貓砂盆乾淨最有效的方法，就是每天多剷幾次，一有需要就要把貓砂盆裡外都刷洗乾淨。不要想用內袋抄捷徑。貓咪喜歡乾淨舒適的貓砂盆，不希望爪子被裡面的內袋鉤到。

問題：我在網路一段影片上看到有人訓練貓咪去馬桶上廁所。我是否應該訓練我的貓使用馬桶？這樣我家就用不到貓砂盆了。

潘媽的回答

訓練貓咪去馬桶上廁所似乎是一個不需要貓砂盆的解決方案，但在你丟掉貓砂盆之前還是別太衝動，首先要先了解這意味著你的貓咪和你將會面臨什麼情況。訓練貓咪在馬桶上便溺有許多負面影響，過去我做過許多諮商，都是因爲貓咪飼主試圖讓貓咪在馬桶上便溺而來。貓咪因此感到沮喪，飼主感到挫敗，本來只是想解決貓砂盆清潔問題，卻意外地帶來的許多貓咪重大行爲問題。

沒有人喜歡臭味。被訓練貓咪用馬桶上廁所的想法吸引的普遍原因，是不想再清理貓砂盆，受夠了它的味道和每天剷屎剷尿的生活。許多人則是不想和貓咪肛門產生的排泄物有直接接觸而設法避免清理貓砂盆。事實上，貓砂盆如果處理得當，並不會發臭或髒亂。會這麼令人無法接受，主要原因還是飼主清理得不夠。

爲什麼訓練貓咪在馬桶上廁所不是個好主意。當貓咪在馬桶上便溺，你無法清楚地看到貓咪排泄物的變化。如果尿液進入馬桶中，你就看不出尿量是否有增減，而尿量的增減是貓咪健康狀況的重要指標，你親自剷貓砂，就會發現尿液結塊的變化。

在馬桶上廁所也是違反貓咪天性的行爲，無法執行挖掘、便溺、掩蓋這三個步驟。

另外，馬桶的蓋子需要打開，只要有人忘記把馬桶蓋掀開，那麼貓咪就可能憋不住而在地毯上便溺。而且貓咪不會沖水，這表示糞便、尿液的味道會向外發散，且多貓環境中的貓咪們也可能抗拒跟其他貓咪共同使用

一個便器。

即使你購買訓練貓咪的馬桶設備，到一定程度時你還是得把訓練器材拿掉，強迫你的貓咪在馬桶上便溺。對有些貓來說，包括小貓、老貓、病貓或身體有疼痛的貓咪，要撐在馬桶上上廁所眞的很痛苦。馬桶很滑，即使是健康的貓咪也很難在上面撐住，更別說那些老弱病貓了。

如果你的貓咪摔進馬桶，即使她後來順利爬出來了，這樣的疼痛與經驗可能讓她未來不再願意到馬桶上廁所。如果不幸是在上完廁所後才掉進去，你還要幫她洗澡，對雙方來說都是徒增困擾。如果貓咪自己在家，便表示她得獨自面對這樣的恐怖經驗。只要有一次這樣的經驗，過去的辛苦訓練就可能功虧一簣。

另外就是貓咪住院或出國時，還是會被關進附有傳統貓砂盆的籠子裡。只要她回到家，就需要重新訓練她在馬桶上廁所。這也會讓貓咪感到困惑。

如廁這件事不應該充滿壓力。排便排尿不應該是個充滿壓力的過程。裝著貓砂的貓砂盆是最貼近貓咪選擇在大自然中便溺的環境。貓咪天生就會挖洞、便溺、掩蓋；掩蓋自己的排泄物讓她們避免被狩獵者找尋蹤跡。即便是家貓也還保有這樣的天性和警覺性。在多貓環境中，貓砂盆擺放的地點也是建立貓咪安全感的重要關鍵。貓咪對於前往別隻貓的領域便溺會感到不安，傳統的貓砂盆可以藉由擺放的位置，清楚區分出疆域。如果你選擇訓練貓咪在馬桶上廁所，那貓咪要上廁所的地點就會被限制住。

還是天然的最好：裝有吸收力良好的貓砂且尺寸合宜的貓砂盆，定期清潔，放置在貓咪喜歡的地點。請讓貓咪好好地當一隻貓吧！

第五章

貓砂盆外的惡臭

當貓咪不想在貓砂盆便溺時……

問題：我的其中一隻貓咪開始尿在地毯上。我想她只是一時不爽，貓在砂盆外便溺需要看獸醫嗎？

潘媽的回答

貓咪在貓砂盆外便溺，大概是讓飼主最感挫折而不知如何處理的行爲。過去從來沒有任何問題的貓咪，突然開始把飯廳地毯或客廳沙發當作貓砂盆替代品。塑膠蓋開始出現在沙發上，飯廳變得生人勿近，貓砂盆卻乾淨得不可思議，親愛的貓咪頓時成了難搞的傢伙。

當貓咪在貓砂盆外便溺，並不表示她懷有惡意、愚蠢，或是叛逆，可能是某些原因讓她覺得不能繼續使用貓砂盆，或許你無法理解，但這對貓咪來說是很正常的。身爲較睿智的一方，你有責任找出問題所在。

很多時候，拒絕使用貓砂盆可能潛藏著健康問題。有可能是貓咪罹患下泌尿道疾病（FLUTD）、腎衰竭初期徵兆、炎症性腸病（IBD）、便祕、腹瀉，或其他各種可能的疾病。貓咪時常會將身體上的病痛與貓砂盆連結。她認爲若在其他地方便溺，身體可能就不會如此不舒服。如果是泌尿問題，她會盡可能憋尿，來避免排尿的痛苦。當膀胱忍耐到極限時便來不及到貓砂盆排尿。某些泌尿問題會造成尿量累積到一個程度時，貓咪就會感到疼痛，所以在屋內四處滴尿。若你在貓咪的尿液中看到血絲（不論是在地毯上或貓砂盆中），表示一定有問題，應該立即帶貓咪去看獸醫。

貓咪的任何異常行爲，像是貓砂盆的使用習慣或飲食習慣的改變，都可能是身體健康的警訊。如果你有注意到異常的情況，請務必將貓咪帶去給獸醫檢查。

潛藏泌尿問題的徵兆：

- 排尿量增加或減少
- 在貓砂盆外便溺
- 頻繁往返貓砂盆
- 使用貓砂盆時哀號或呈現緊繃狀態
- 僅排出少量尿液
- 尿液顏色改變
- 尿液氣味改變
- 尿液中有血絲
- 腹痛
- 體重減輕
- 坐立不安

- 易怒
- 食欲改變
- 飲水量改變
- 無法排尿（這是絕對緊急情況）
- 時常舔生殖器附近
- 憂鬱
- 呼吸有阿摩尼亞味
- 嘔吐
- 過度發聲

問題：為什麼有些貓咪後來就不用砂盆方便了？

潘媽的回答

首先帶貓咪到動物醫院讓獸醫檢查，排除各種健康因素。一旦確定不是疾病，就可開始一一檢視下列清單，仔細思考貓咪的情況後誠實回覆。

骯髒的貓砂盆：若貓砂盆太過骯髒，貓咪可能會找其他替代方案。

除爪：被除爪的貓咪可能在癒合後，仍持續感覺到疼痛。一些貓咪的腳掌一生都會持續敏感，有些貓砂的質感可能會造成不適。

有蓋的貓砂盆：有蓋的貓砂盆可能會讓貓咪感覺受限制，也會讓日常清理貓砂盆的過程更加不便。我個人對有蓋貓砂盆最大的不滿是只給貓咪一個出入口。在養多隻貓咪的家庭可能成爲致命傷，因爲貓咪會盡量避免使用貓砂盆，以免在上廁所時被偷襲。

貓砂盆尺寸不當：不要依空間限制或爲了方便而選擇貓砂盆尺寸，必

須根據貓咪尺寸選擇。貓砂盆的恰當尺寸應該是貓咪身長的 1.5 倍。

貓砂盆數量不足：在多貓家庭中，貓砂盆數量應該多於貓咪數量。這一點不得妥協。

放置地點不當：放置地點應該讓貓咪感到方便且有安全感，而非以飼主的方便爲考量。不要把貓砂盆放在食物附近、潮濕的地下室、櫥櫃中，或靠近可能嚇到貓咪的家電用品旁；別在同一房間內將貓砂盆排成一列。

貓砂袋：貓砂袋是爲飼主方便而存在，但其實它經常被貓爪抓破。

貓砂量不夠：往貓砂盆裝填貓砂時別小氣。如果不想讓氣味瀰漫，就得放入適量的貓砂，並維持同樣的量。

不適合的貓砂：一般來說，貓咪喜歡沒有香味的沙質貓砂。質地很重要。多數貓咪喜歡在爪子上感受到沙沙的質感，這種質地的貓砂容易挖也容易掩埋。

壓力與環境：無論貓咪的壓力是來自家中養了多隻貓咪、家庭混亂或突如其來的轉變（像是搬家、裝潢、新生兒、新伴侶等等），這些改變都會造成貓咪排斥貓砂盆。貓咪是慣性的動物，對突如其來的改變或混亂的環境都可能適應不良。若你的貓咪感覺太害怕，甚至不敢從床底下探出頭來，也可能造成貓咪避免使用貓砂盆。要處理家中貓咪數量多造成的壓力問題、環境因素，就得爲你的貓咪創造屬於自己領域的安全感與安心。

高科技化：自動化清理型貓砂盆有許多缺點，我甚至不知道從何說起。許多機型馬達運作聲對貓咪來說很可怕。即便是大的機型，實際可用面積對貓咪而言還是太小。而且很多自動化清理型貓砂盆都有蓋子。有些貓砂盆有計時器，可以在一隻貓咪使用完後十分鐘自動清理，但這段期間都不允許其他貓咪入內，且有大的結塊時，一些耙梳很容易卡住。

刺鼻清潔劑：一些家用清潔劑味道強烈可能會在塑膠盒上留下餘味，讓貓咪不想靠近。當你清潔貓砂盆時，請使用稀釋的洗碗劑。你也可以使用大量稀釋後的漂白劑，不過必須沖洗徹底。

貓砂墊：這些墊子是用來接住貓咪離開貓砂盆時，卡在貓咪爪子上的貓砂。有些墊子的材質可能會讓貓咪覺得不舒服。

懲罰：我將這項列入清單，是因爲貓咪在其他地方便溺時如果受到懲罰，也可能會讓她避免使用貓砂盆。

當你因爲貓咪在貓砂盆外尿尿或大便而懲罰貓咪，她接收到的訊息可能是⑴她應該要怕你，以及⑵尿尿或大便會讓她惹上麻煩。即使你認爲你正在教她這是不正確的便溺地點，她接收到的訊息會是不該在你的周遭便溺。當你懲罰貓咪時，你假設是貓咪行爲不當，但事實上並非如此。如果貓咪不使用貓砂盆，是因爲她覺得不應該使用。你的任務是找到問題徵結所在。

持續記錄

記錄貓咪在貓砂盆外便溺的時間與地點。如此一來可以幫助你建立她的行爲模式，找出可能的觸發原因。一旦你開始進行貓咪行爲矯正或調整環境，這些記錄可以幫助你覺察到可能被遺漏的改善。進行記錄的簡便方式是在冰箱上放置日曆，所有家族成員都可以記錄下任何意外狀況。

問題：我先生和我養了四隻貓。某一隻貓在飯廳地毯上尿尿，但我們不曉得是哪一隻。我該如何知道是哪一隻貓在砂盆外上廁所？

潘媽的回答

在養多隻貓咪的家庭，如果要處理貓砂盆問題，首要且最困難的步驟就是找出眞正的犯人。你們可能以爲自己知道是哪一隻貓灑尿在地毯上，但如果你猜錯了，可能會使行爲矯正計畫窒礙難行。那麼要如何找出是哪一隻貓將你的客廳地毯當作巨大貓砂盆，或在你最愛的古董椅上灑尿呢？

監視器：最正確判斷哪隻貓咪在貓砂盆外便溺的方式，就是架設錄影監視器。許多公司都有出無線監視器，讓你可以透過手機應用程式監看。你也可以購買扣在貓咪項圈上的「貓咪攝影機」。透過小小的貓咪攝影機，你無法看到貓咪便溺或噴尿，但可以看到她在找地點尿尿。錄影監視器是最可靠的偵測方式。

螢光劑：如果灑尿或以尿液作記號是癥結點，與排便不同的是，你可以試著使用螢光劑來找出眞凶。這種眼科染劑原是用來檢測眼睛表面病徵，但也可以讓貓咪口服來辨識多貓家庭裡隨地灑尿的眞正犯人。螢光劑會讓尿液在伍氏燈下呈螢光色。你可以請獸醫將螢光劑置入膠囊裡讓貓咪服用。不過使用螢光劑並非完全可靠，不保證所有尿液都會呈現螢光色。

辨識排便：錄影監視器是你的最佳工具，而且值得慶幸的是無線家用錄影監視器價格越來越實惠。說到排便，其實還有個簡單又無須應用科技的方法。有些獸醫建議飼主添加少量亮色、無毒蠟筆屑到貓咪的食物中。蠟筆屑不會被消化，會出現在排泄物中。你的獸醫會告訴你恰當的添加分量。

隔離：許多飼主會用的方式是將一隻貓咪隔離起來，看看問題是否持續存在。分離一隻貓咪是不可靠的，因爲被隔離的貓咪可能對實際隨處灑尿的貓咪造成壓力，兩貓不再共處一室或許會讓脫序行爲暫時停止。

到動物醫院報到：即使貓咪們對彼此亂發脾氣，也不要自行假設是行爲問題。這種脫序行爲也有可能是疾病造成。此外，壓力可能會造成貓砂盆相關的健康問題，例如間質性膀胱炎（Idiopathic Cystitis）。所以，拿起外出提籃吧，該是到動物醫院報到的時候了。

在飼養多隻貓咪的家庭，要如何決定哪一隻貓咪該去看獸醫呢？如果你有兩隻或三隻貓，最保險的作法是一起帶到動物醫院進行檢查。在貓咪數量更多的家庭，你得先帶最有可能的貓咪去做檢查。

☆潘媽的貓咪智慧語錄

爲解決貓咪貓砂盆問題常犯的錯誤。貓咪停止使用貓砂盆是令人極度受挫的問題。家中的所有東西、任何物件，都可能成爲尿尿或大便的目標。貓咪排斥貓砂盆是飼主來電求助中最常見的問題，多數時候，這些客戶已經到達臨界點。有些飼主似乎可以容忍傢俱被抓花或貓咪喵喵叫個不停，但日復一日地尿在地毯上可以說是壓垮飼主的最後一根稻草。貓砂盆問題是貓咪被送到流浪動物中途之家最普遍的原因。這相當令人難過，許多因爲貓砂盆問題而被遺棄到流浪動物中途之家、丟棄或安樂死的貓咪其實是可以被幫助的。貓砂盆問題讓飼主衝動行事、情緒化且失去理智。貓咪尿在心愛的沙發上、床舖上或昂貴的地毯上，那氣味和視覺衝擊會讓人的耐心瞬間消耗殆盡。這種挫折感可以理解，然而人們處理問題的方式可以改善問題，亦可能造成惡性循環。以下是飼主們常犯的錯誤：

錯誤：拖太久才開始處理。我無法告訴你，人們打電話給我要求立即的解

決方案，因爲他們準備在幾日內將貓咪送到流浪動物中途之家有多少次了。這樣的問題通常已經持續數週、數月，甚至數年，飼主們已經到達臨界點。問題根源越久，越難被矯正。如果你持續被動等待，直至問題不斷積累終至爆發，你可能已沒有心緒進行適當的行爲矯正，這對貓咪也不公平。當貓咪覺得她不能使用貓砂盆，不論是什麼原因，她的壓力也很大；若原因與健康因素相關，她必然也深受其害，千萬不要拖延。

錯誤：假設這是行爲問題。許多行爲問題都與潛藏健康因素相關。飼主假設拒絕使用貓砂盆是行爲問題，但其實可能是下泌尿道疾病、腎衰竭、糖尿病或其他疾病造成。無論何時，貓咪的行爲改變，你都應該帶她到動物醫院給獸醫檢查。一旦排除疾病因素，你就能開始從行爲問題著手。

錯誤：懲罰。這可能產生令人心碎的反作用。因爲貓咪造成的混亂而責罵她、打她屁股、對她大吼大叫、隔離她、朝她噴水，或其他處罰方式，並不能幫助制止她的行爲，事實上可能會讓情況變得更糟。

如果你懲罰她，只是增加壓力，過程中也可能讓她更怕你，她可能開始憋尿，這對身體很不好。打貓咪是非常不人道的，對行爲矯正也有負面影響。你的手永遠不該成爲武器。如果貓咪不知道靠近她的這隻手會輕拍她或是打她，要如何能信任你？害怕、恐懼以及痛楚不是適當的行爲矯正工具。別讓行爲矯正的挫折感影響你，不然你和貓咪的關係會深受影響。

錯誤：沒有找到眞正的原因。動物不會單純重覆一些行爲，除非這些行爲具有意義。如果貓咪在貓砂盆外便溺，背後肯定有原因。對飼主來說，或許無法理解，但貓咪只是採用她所知道的最佳方式來嘗試解決問題。來看一些例子：或許她在貓砂盆外便溺是因為貓砂盆太骯髒。你覺得每天清理一次就夠了，但貓咪覺得不夠乾淨。她可能會在家中其他比較乾淨的地方便溺。她可能在飯廳尿尿，因為每次她想要進入貓砂盆，都會被家裡另一隻貓咪攻擊。或許飯廳相較之下有容許她進行逃脫的足夠空間，因為她可以看到另一隻貓咪從遠處靠近，然後有充分空間可以逃離。

或許你將貓砂盆放置在相當隱密的地方，不過從貓咪的角度來看，隱密的場所反而讓她感覺不安全。或者貓砂盆設置在一個不吸引人的地方。貓砂盆可能在地下室，她得來來回回上下樓，或是在只有狹窄出入口的壁櫥裡。有許多可能原因讓貓咪覺得她必須要找貓砂盆的替代方案。如果你只是威嚇貓咪而沒有找到真正的問題，她可能會持續找其他地點便溺。

錯誤：前後不一致。貓咪是慣性動物，知道環境裡的事物具規律且不會輕易變動能讓她們感到安心。不論是你想要換一個不同品牌的貓砂盆，或是你喜歡變換傢俱位置，甚至難以抗拒地購買當週特價的貓飼料，這些突如其來的改變都可能會讓貓咪感到無所適從。

問題：我覺得我的貓咪米德格不喜歡貓砂盆的位置。我已經帶她給獸醫檢查過，也讓貓砂盆保持非常乾淨。我該如何知道我的貓是不是喜歡砂盆的位置？

潘媽的回答

選擇貓砂盆的位置對貓咪和飼主來說都可能產生焦慮。飼主通常希望貓砂盆不要出現在視線內；貓咪則希望貓砂盆能放置在便利的場所。因為貓咪才是貓砂盆的實際使用者，應該以貓的觀點來擺放貓砂盆。你會想在要上廁所時，得穿越兩排椅子，然後再走到車庫嗎？大概不會吧。

排斥貓砂盆地點。你可能有理想的貓砂盆，填滿最好的貓砂，然後保持乾淨無瑕，但你的貓咪卻無法接受貓砂盆的放置地點，你親手造成排斥貓砂盆的理由。從貓咪的觀點來找出擺放貓砂盆的最佳位置是很重要。

貓咪不會在便溺的地點進食。不要將貓砂盆放在餵食區附近。爲求生存，貓咪會在遠離住所的地方便溺，以避開掠食者，掩埋排泄物是有理由的。將貓砂盆放置在食物附近，對貓咪來說是複雜的訊息，而且可能造成壓力。這樣的擺設可能讓貓咪排斥使用貓砂盆，因爲貓咪無法將食物或水移至其他地方，但可以自己到其他地方便溺。

平衡隱密性和安全性。以考量我們自己廁所設置來說，隱密很重要，然而對於貓咪來說，安全性的需求高於隱密。當貓咪在貓砂盆中，她是脆弱且容易被埋伏的，這在養多隻貓咪且彼此帶有某些程度敵意的家庭而言更是如此。即便沒有劍拔弩張，一隻貓咪靠近貓砂盆區域時可能會嚇到正在方便的貓咪。

我多次強調，貓砂盆撤離路線的必要性。當貓咪在貓砂盆中感到威脅時，她需要一條以上的撤退路線，這是我不喜歡有蓋貓砂盆的原因。即便你使用無蓋貓砂盆，如果貓砂盆位於壁櫥裡、傢俱下或擠在角落，還是會有問題。

假使你和你的貓咪都不希望貓砂盆在起居室中間或是大家來回走動的地方，你需要在隱密性和安全性間找到平衡。這可能表示可以簡單地把貓砂盆放在書桌下或壁櫥外。

噪音問題。廁所以外最常見的貓砂盆設置地點是洗衣間，這看起來似乎是個合理的選項，因爲這裡不會鋪地毯，可以輕鬆清理。不過貓咪可能不喜歡洗衣機脫水時突如其來的噪音。我曾經看過住家裡的洗衣機在脫水時晃動且嘎嘎作響。當貓砂盆被設置在洗衣機旁，想像這會有多令人懊惱。沒有貓咪會想在震動的貓砂盆便溺。

另一個吵雜的地點是車庫。有些人會安裝寵物門，讓貓咪可以輕鬆進出車庫使用貓砂盆。不過車庫門突然開啓或關閉，或是有車輛開入車道時這裡可能會極爲吵雜（更別提可能會嚇到貓咪）。

防衛與領域性。在養多隻貓咪的家庭中，一隻貓咪可能會以慵懶的姿態躺在貓砂盆區域前來展示防衛行爲。對人類來說，貓咪可能只是小睡，但對家中的其他貓咪來說，這很明顯表示「禁止靠近」。

多貓家庭裡，一隻貓咪可能因爲害怕踏入其他貓咪的領域而在房間地毯上或她感覺安全的場所便溺。貓口眾多的家庭中，貓砂盆數量比貓咪數量再加一個是很重要的，可以將這些貓砂盆分散放置家中各處。

問題：我們的貓咪不再使用貓砂盆，後來我們帶她去動物醫院，她被診斷出尿道感染。現在接受治療中，但仍然不願使用砂盆，為什麼我的貓治療後還是會在浴室地墊上面尿尿？

潘媽的回答

有時候因爲貓咪便溺時會感覺到疼痛，她可能將貓砂盆與疼痛的記憶連結。她學會避開貓砂盆，因爲每次靠近那裡她就覺得不舒服。

解決方案。處理這個問題的解決方案是提供一個額外的貓砂盆。有時候你得提供不同類型的貓砂盆。你可以將新的貓砂盆放在原本的貓砂盆附近，但不是直接放在旁邊。貓咪目前正接受治療，假設貓咪不再感到疼痛，應該會願意再次使用貓砂盆。

不要只是在原本的貓砂盆填入不同種類的貓砂，因爲貓咪不喜歡突如

其來的改變。正確的作法是提供貓咪不同的選項。有時候你可能得多提供兩個貓砂盆，填入兩種不同的貓砂，或者將新增的貓砂盆放得離原本的貓砂盆遠一些。如果你的貓咪持續在特定地點便溺，就將新增的貓砂盆放在那個位置。

有專爲排斥貓砂盆的貓咪設計的貓砂。這款名爲「Cat Attract」的貓砂是由一位獸醫研發，內含草本誘引劑，會讓貓咪聯想到廁所地點。這種貓砂在你家附近的寵物用品店或網路上都可以購得。我推薦你將 Cat Attract 貓砂放進其中一個貓砂盆，看看是否有所改變。

B計畫。即使你提供了其他貓砂，你的貓咪仍堅持在浴室地墊或其他地毯上便溺，還有另一個選擇可以試試。將貓砂盆放在她便溺的地點，但先不要放貓砂進去，而是放一小塊地毯或地墊進去，目的是讓貓咪在貓砂盆內便溺。如果貓咪照做，你就可以倒入一些貓砂，最後把小片地毯拿走。如果你的貓咪仍然持續拒絕在任何貓砂上便溺，你可能得繼續使用地毯碎片或試著擺放吸水墊（類似於寵物尿墊）。即便這不是理想的解決方式，但可以讓你的貓咪便溺在貓砂盆裡，至少是個開頭。

問題：為什麼我六歲大的貓咪會在砂盆尿尿但不會便便？

潘媽的回答

首先，必須排除健康問題。有許多疾病可能造成你的貓咪覺得在貓砂盆排便不舒服。例如便祕，貓咪會將不舒服的感覺與貓砂盆作連結，然後嘗試在其他地方解放。如果你的貓砂盆有蓋，她可能在裡頭擺好姿勢準備排便時，覺得受到束縛。

有許多腸道問題或許會造成貓咪在貓砂盆外排便。貓咪可能腹部絞痛，這種不適感會讓她在當下所在之處便溺。她可能感到極度不舒服而無法忍到貓砂盆。

帶貓咪到動物醫院時，可以帶貓咪的排泄物檢體讓獸醫進行檢測，看看有沒有含血、黏液、腸道寄生蟲或毛髮。如果無法帶新鮮的檢體，獸醫仍然可以協助取得，不過由你帶檢體到動物醫院，貓咪會比較舒服。只要確保檢體沒有放置在貓砂盆中太久。雖然很多人覺得心理上有些難接受，但建議將檢體密封在塑膠袋或保鮮盒裡，然後放在冰箱中保存。請注意，獸醫並不需要很大的檢體，只需要足夠分量來進行檢測與察看。

如果你的貓咪在貓砂盆外排便，請不要忽略讓獸醫看診的第一重要步驟。我曾經與一隻罹患炎症性腸病的貓咪同住，我知道當她的大腸開始絞痛時是多麼痛苦。我也有好多客戶的貓咪都有腸道疾病。早期診斷和適當的治療或飲食調整都至關重要。

生存直覺。有些貓咪不喜歡在尿尿的地點排便。對某些貓咪來說，尿尿有宣告領域的作用，或者只是奇特的貓式直覺。無論如何，有個簡單的解決方法，就是提供另一個貓砂盆作爲排便專用。不要將另一個貓砂盆直接擺放在原本的貓砂盆旁，不然會被視作一個大型貓砂盆，貓咪仍然不會在裡面排便。你可以將貓砂盆放置在同一個房間裡（視房間的大小而定），但如果行不通，你就得將它放在其他地方。

安全問題。相較於尿尿，貓咪通常得花上一段時間才會排便。在多貓家庭中，即便是小小的緊繃都可能讓一隻貓咪壓力大到無法在貓砂盆久待至排便。一個附蓋、擠在牆角或是隱藏在壁櫥裡的貓砂盆，都可能減少貓咪逃脫路線。她可能會選擇在可以看清楚對手靠近的地點排便，對她而言比較安全。

質地偏好。某些貓咪似乎有某種她們自己才明白的感知，對尿尿和排便偏好不同的貓砂。如果你認爲這是問題所在，請準備另一個貓砂盆，放入不一樣質感的貓砂。一般來說，貓咪偏好柔軟的砂質貓砂。

最後，但同樣重要的是「乾淨」。貓咪有可能因爲已經有排泄物在裡面而覺得貓砂盆太髒。她可能會尿尿，但感覺不夠乾淨而無法排便。這是可以理解的，你無法二十四小時手握貓砂鏟，在排泄物一碰到貓砂的瞬間就將它挖掉。只要確保一天清理兩次，並準備一個以上的貓砂盆，貓咪就會有很大的機會可以找到乾淨的貓砂區塊排便。

問題：我想我的貓咪不喜歡貓砂盆裡的貓砂。該如何看出貓可能不喜歡這個貓砂？

潘媽的回答

貓咪喜不喜歡特定的貓砂可以憑兩種知覺來判斷：嗅覺與觸覺。如果貓砂太髒，聞起來很糟。即使你不聞它，你的貓咪會聞。如果你可悲的遲鈍鼻子就長在貓咪鼻子的位置，你絕對會知道貓砂清潔並非靠嗅覺判斷。如果貓咪的嗅覺告訴她，到貓砂盆不是正確的選擇，那就會找其他替代方案，例如你的客廳地毯、沙發靠枕或浴室地墊。你或許致力維持貓砂盆清潔，但若貓砂氣味很重，或是特定的味道讓某些貓咪感覺噁心，進入貓砂盆會是不愉快的經驗。

貓砂的質地影響貓砂盆的整體觀感。多數貓咪偏好砂質好挖的貓砂。若是貓砂顆粒大或結塊，她可能不喜歡那樣的觸感。會附著在貓爪上或太多粉塵的貓砂都可能被排斥。

採取避免靠近、僵在邊緣的姿勢或是打帶跑的方式便溺。如果你的貓咪不喜歡貓砂的質地，可能不會避開貓砂盆但會僵在邊緣。她試圖儘量讓身體進到貓砂盆，同時避免實際與貓砂接觸。一些不喜歡貓砂的貓咪可能會採用打帶跑策略——便溺後立即撤退，不挖貓砂或不掩埋排泄物。如果掩埋的本能非常強烈，有些貓咪會挖貓砂盆附近的牆面或前方地板。有些貓咪會用力甩動貓爪來擺脫討厭的貓砂。如果她時常在貓砂附近打噴嚏，你買的貓砂品牌可能太多粉塵。

你的貓咪可能試著靠近貓砂盆便溺，但當她排斥貓砂時，她會儘量忍耐並靠近，但不會眞的走進貓砂盆，結果有可能是排泄在離貓砂盆不遠處的地板上。

行動計畫。客觀地衡量你清理和維護貓砂盆的時程。確定任何排斥貓砂盆的行爲不是因爲你沒有盡責維持貓砂盆乾淨造成。一天至少清理兩次，然後每個月徹底刷洗貓砂盆一次（如果使用免挖貓砂則每周刷洗一次）。維持貓砂的高度，每隔幾天就塡補貓砂。四吋對多數貓咪來說是恰當的高度。

如果你不確定你的貓咪是否排斥特定貓砂，可以拿出另一個貓砂盆擺放不一樣的貓砂。如果你一直是使用傳統泥土貓砂，那就在另一個貓砂盆裡放入軟質可挖的貓砂。如果你原本是使用味道濃烈的貓砂，另一個貓砂盆就放入無味配方。如果你的貓咪一直在貓砂盆附近打噴嚏，就找低塵或無塵品牌。如果你對貓咪會喜歡什麼完全毫無頭緒，也可以準備第三個貓砂盆——像是貓砂盆總匯——你的貓咪會讓你知道她的喜好。

問題：我有兩隻貓咪，西西和克洛伊，她們多數時候都相處得很好，但偶有間歇性爭執。我知道這聽起來很瘋狂，但克洛伊在貓砂盆時看起來很緊張。我的貓為什麼在進到砂盆內後顯得很不安？

潘媽的回答

一個極重要卻被飼主忽略的貓砂盆吸引力重要要素——安全感。我時常發現飼主將隱私看得太重，嘗試將貓砂盆放在最遙遠的地點，或是購買有蓋貓砂盆。把貓砂盆放在起居室中心區塊絕對不具吸引力（即使對貓咪

來說），但你的貓咪不想要太過隱密且難以接近的地點。原因不只是便利性，還有安全感。

即使你認爲你爲貓咪營造了舒服而方便的環境，你的貓咪不見得這麼認爲。在有許多寵物的家庭更是如此。當貓咪「辦事」時，她不應該要擔心另外一隻貓在貓砂盆出入口埋伏或尾隨——即使是與她關係良好的貓咪也一樣。

在你試圖提供貓砂盆高度隱密性的情況下，可能將貓砂盆藏在留有貓洞的壁櫥裡。市面上甚至有僞裝成植物或茶几的貓砂盆。還有從上方進入的貓砂盆。想像可憐的貓咪發現自己從上方被伏擊。唉呀！別想著要買夢幻的貓砂盆爲貓咪提供絕佳的隱密性。如果貓咪在貓砂盆裡覺得像落入陷阱，這些新奇產品可能成爲昂貴的廢物。

爲成功做準備。有時解決方案出乎意料地簡單，只要移除貓砂盆蓋子或將貓砂盆拿出壁櫥即可。我時常建議將貓砂盆放置在房內面對出入口的一側。貓咪預警準備時間越多越好。飼主得爲貓咪準備安全的環境設置貓砂盆。人類可以鎖住廁所門確保沒有人會闖入，但貓咪沒有這種選項。

問題：我該如何清理地毯上的尿漬？我想要確保我的貓咪不會持續在那裡尿尿。

潘媽的回答

因爲貓尿有可以明顯辨認的氣味，你會以爲能輕易清理，但如果貓咪找到某些隱密場所，起初你可能沒有注意，直到貓咪重覆在那個地點尿尿。到那時候貓尿已經滲透地毯直到底墊，或是更慘。因此一開始就找出那個地點是非常重要的，如此才能徹底地進行清潔。

找出所有髒污處。你不能總是靠氣味判斷；味道會隱隱約約殘留，你無法明確辨別位置，但貓咪可以。找出所有尿漬位置最簡單的方法是使用伍氏燈。它會放射紫外線，讓多數尿漬呈現螢光色（像是舊時迪斯可時代，伍氏燈會讓白色衣服看起來帶電光）。

伍氏燈在住家附近的寵物店以及網路上皆可購得，價格不貴，如果你的貓咪會在貓砂盆外便溺，它就是不可或缺的必需品。

使用伍氏燈。爲了清楚看見螢光，盡可能將房間弄得越暗越好。如果大白天裡的明亮房間，沒辦法把房間變暗，只能等到晚間螢光效果較佳時才能進行偵測。

把燈維持在距離檢查區域數英寸的位置。如果你認爲貓咪會噴尿，記得確實檢查垂直區塊表面。

伍氏燈也會讓其他污漬呈現螢光，所以不一定所有呈螢光色的點都是尿漬。也有可能是血漬、嘔吐物或拉肚子的痕跡。使用伍氏燈一陣子後，你會開始熟悉如何辨識典型貓尿漬。

標記位置。因爲房間電燈打開後污漬可能變得不明顯，你必須確切畫出應該清理的區塊位置。我使用油漆膠帶（不是遮蔽膠帶）來標示污漬，因爲稍後較容易移除。不要只是放一小段膠帶在污漬上方——標出區域才能確保完整清理。如果你沒有清除全部的尿漬，貓咪就可能偵測到味道，再次回來尿尿。使用伍氏燈和膠帶時，就當作自己在拍攝 CSI 影集吧。

清理尿漬。如果你是要清理新鮮尿液，得先用紙巾儘量吸乾。使用吸附技巧且不要按壓太用力以免讓尿液更加滲入地毯或襯墊。也可以倒一些蘇打水，氣泡會將尿液提升至表層；然後以紙巾吸附。千萬不要磨擦，會將尿漬範圍擴大。

應該挑選既可以去除尿漬又能中和尿液味道等功效的產品來清潔。原有的家庭清潔劑或地毯清潔劑無法達到這種效果。必須是專爲清潔寵物尿

漬設計的產品。不要使用含阿摩尼亞成分的產品，因爲尿液含阿摩尼亞，會吸引貓咪回到同一個地點尿尿。

市面上有幾種寵物污漬清潔劑，使用方式各有不同，請遵照指示使用，例如產品應該靜置在地毯或襯墊上多久，或者是否需要水洗。如果是用在傢俱上的產品，可以先在不明顯的角落測試，看看對特定材質是否安全適用。

對於重覆被浸濕的地毯，尿液可能已經滲到下方地板，可能需要更換。寵物尿漬與氣味清潔劑的功效有限。

一旦你使用寵物污漬清潔劑，並依產品說明靜置一段時間（然後若需要，依產品說明清洗），放一條毛巾在該區塊，並在上方放置平均重量，讓毛巾可以盡量吸收水分。持續以乾毛巾替換濕毛巾，直到吸收多數水分爲止。如果你使用了大量寵物污漬清潔劑，深深地滲入地毯或襯墊，可以放一台小電扇加速風乾。

委託專業清潔服務公司。如果你委託專業清潔人員進行清理，確定該公司使用專門清潔寵物污漬與氣味的產品。

問題：為什麼貓咪會噴尿？

潘媽的回答

即使你無法看見，但貓咪在家裡噴尿，你一定會聞到尿騷味。這種無庸置疑的味道表示貓咪的小宇宙現在一點也不平靜。當貓咪噴尿，所有人都處於危機狀態。有時候驚慌失措的飼主以爲唯一的解決方式是將貓咪送到流浪動物中途之家、將貓咪送養或是安樂死。

許多人不明白爲何貓咪會噴尿，所以不知道該如何有效率地處理這個問題。噴尿標記行爲背後的原因很容易受到誤解。太常見到飼主簡單地將這種行爲視作標記領域，但這並不是貓咪噴尿的唯一原因。除非找到背後的眞正原因，不然你將無法成功地抑制這個行爲。因此，是時候磨練你的偵探本領，進行臥底工作。

噴尿 vs. 亂尿。要解決這個問題，得先搞清楚噴尿和任意隨處尿尿之間的差異。貓咪在貓砂盆外尿尿並不一定就是噴尿。這是兩種不一樣的行爲，也可能是不一樣的原因造成。亂尿通常是在水平表面，而噴尿記號通常是垂直散落在物件上，不過有時某些貓咪無論是否爲垂直表面一樣會噴尿。在這種情況下，噴尿會形成一條細線與一般排尿的水灘不同。

噴尿的姿勢與一般排尿不同。當貓咪噴尿，她通常會背對目標物，甩動尾巴，然後前腳掌開始踩踏。在噴尿時貓咪也可能會閉上眼睛。但在一般排尿時，通常會呈蹲坐姿勢。

當貓咪亂尿時，背後可能潛藏健康問題，或是出現讓貓砂盆失去吸引力的事情。即使貓砂盆維持乾淨，可能有導致貓咪厭惡的位置問題。可能是環境中有什麼造成貓咪壓力或讓她覺得使用貓砂盆不安全。

溝通。貓咪噴尿是一種溝通形式。飼主可能會感到訝異，不過其實公貓和母貓都可能噴尿，雖然公貓確實比較常噴尿。我看過許多案例，飼主完全沒有想過母貓會噴尿，而相信（誤信）公貓是犯人。噴尿的味道化學成分洩露噴尿貓咪的資訊，就像是貓咪版本的履歷表。噴尿不應該被視作壞事或是懷有惡意的行爲，即使我們不喜歡貓咪在房子裡頭噴尿，仍要記得在貓咪的世界，噴尿是某種特定情況的正常反應。貓咪可能試著確認某隻貓咪或人類是否構成威脅，或是貓咪已經知道哪裡有立即威脅。貓咪傾向噴尿在對她們有社交重要性的物件上，例如在飼主的所有物上、特定傢俱上或靠近門口處。她們也會選擇其他貓咪容易看見的場所。

貓咪噴尿的常見理由：

- 爲其他貓咪定疆界

- 創造熟悉的氣味來定義領土
- 一些貓咪會噴尿在某位家族成員的所有物上，綜合氣味來自我安慰
- 貓咪可能會噴尿在某位家族成員的所有物上，如果這些成員的作息改變或這個人的其他行爲有所變化而讓貓咪感到不安
- 貓咪可能會噴尿在某位家族成員的所有物上，如果她認爲這個人對目前家庭關係結構造成威脅
- 噴尿在某位家族成員的所有物上或床側，表示貓咪可能想與那個人建立連結
- 因爲氣味和熟悉感在貓咪的世界非常重要，某些貓咪會噴尿在被帶入環境內的新物件上
- 貓咪如果無法靠近另一隻可能構成威脅的貓咪（通常是院子裡不熟悉的貓咪）時，她可能會噴尿
- 貓咪如果感到焦慮就可能會噴尿，即便從人類的觀點來說焦慮的理由並不明顯
- 有些貓咪可能會以噴尿來挑釁另一隻貓咪
- 貓咪可能在打贏另一隻貓咪後，噴尿來展示勝利
- 害怕的貓咪只會在四下沒有貓咪和人類的情況下噴尿
- 有些貓咪會在房間入口處或大門口噴尿，因爲這些區域最具威脅性
- 未結紮的貓咪會在求偶時噴尿

自信與膽小的貓咪噴尿。自信的貓咪可能會在打贏另一隻貓咪後，以噴尿來作爲慶祝儀式。比較沒那麼自信的貓咪可能會以噴尿記號當作隱藏式攻擊，這是避免實際肢體衝突的警告方式。大膽的貓咪可能會在其他貓咪或人類面前噴尿，而害怕的貓咪可能只會在四下無人時噴尿。

噴尿的尿液透露許多資訊，例如年齡、性別、性能力與狀態，這在貓咪間的溝通中，是重要的訊息，特別是在戶外，近距離接觸可能會造成受傷或死亡。因爲以貓尿作記號是一種溝通形式，貓咪不會試著掩蓋尿液，而不恰當的便溺過後，她們經常會掩蓋（雖然不是所有貓咪都會）。

不是所有的貓咪都會噴尿，如果你循序漸進地讓貓咪習慣生活上的改變，例如介紹新的伴侶、新寵物、新生兒或新房子，就可以大幅減少貓咪的噴尿需求。不過，如果你的貓咪是未結紮的公貓，會噴尿作記號的機率是百分之百，所以讓他結紮吧。

責罰遊戲

在養多隻貓咪的家庭，如果你目擊某隻貓咪噴尿，不要假設她就是家中所有尿漬痕跡的凶手。其他貓咪也有可能會噴尿。

處理噴尿貓咪。如果你家養多隻貓咪，第一步就是找到噴尿的貓咪。除非你實際目擊貓咪噴尿，偵察犯罪現場的最可靠方式就是監視錄影。

列出目標區域：

- 以標示可清潔並中和貓尿味道的產品來清理髒污區域
- 改變貓咪對該區域的想法，在該區域玩遊戲並且餵食貓咪，讓這個區域與正向情緒連結
- 使用響片訓練，在貓咪步經該區域卻未噴尿，或在被呼喚後離開該區域時使用響片並獎勵她
- 在目標區塊使用合成費洛蒙噴霧協助改變貓咪與該區域的感覺連結
- 爲防止對地毯或傢俱進一步的損害，將該區域以浴簾布暫時覆蓋（將浴簾剪成小塊來覆蓋多個區塊）
- 在某些情況下，進行行爲矯正時該區域應該被完全封閉

如果你的貓咪一直重覆針對一兩個區域噴尿，在那裡放置側邊加高的貓砂盆（不是有蓋貓砂盆），因爲貓咪可能會透過噴灑在貓砂盆內得到滿足。你可以使用塑膠收納盒（Serilite 的很不錯）；只要在其中一側切一

個低開口。

如果噴尿是因爲外面出現一隻貓咪，你可能必須封鎖視線通道。以不透明紙或毛玻璃紙遮住窗戶下緣，如此一來光線仍可進入室內，但能模糊貓咪視野不讓她看見其他入侵貓咪。如果是因爲架設鳥飼料，則必須將餵食器移開或換位置（如果可能），避免成爲引起注目的目標。如果你認識入侵貓咪的飼主，或許可以針對狀況討論策略。如果庭院有戶外貓咪出現構成實質威脅，你可以考慮架設柵欄。有專門製作防貓柵欄的公司。我的許多客戶也曾經使用動態感應灑水器成功驅趕戶外貓咪。

說到戶外，如果你允許貓咪到戶外活動，可能會增加噴尿行爲。雖然一些室內／戶外自由活動的貓咪，可能僅限於在戶外噴尿作記號，但你的貓咪可能會因爲遇上不熟悉的味道而感到威脅，然後將噴尿行爲帶到室內。

協助改善噴尿行爲的附加參考原則：

如果可以的話，減少居家壓力源，如混亂環境、不規律作息或未妥善處理新寵物進入家庭的情況

- 增加垂直領域
- 提供得以撤退的安全場域，例如隱身之所、貓咪樹和貓床
- 在貓咪眾多的環境，提供多個棲身與藏身場所
- 在貓咪眾多的環境，增加貓砂盆數量，將它們分散在家中各處，所以貓咪們不需要通過對手的區域去便溺
- 設置一個一以上的餵食區域，所以貓咪不需競爭
- 如果你認爲貓咪可能有噴尿，以誘人的聲響分散她的注意力，將她的心態從負面轉爲正向。例如，讓乒乓球從噴尿區滾開
- 合併每日各別互動遊戲時間，來減少焦慮，增加信心與安全感
- 增加環境豐富性來正向轉移注意力
- 在一些養多隻貓咪的家庭，在適當地把新貓引薦給其他貓咪、成爲

家庭一分子前，可能需要被隔離

- 如果貓咪噴尿在某位家庭成員的所有物上，讓該家庭成員餵食貓咪並且與貓咪進行遊戲互動
- 如果貓咪噴尿在某位家庭成員的所有物上，噴灑合成費洛蒙噴霧在一些衣物上，讓貓咪認為自己已經以臉部磨擦過這些物件
- 如果貓咪以噴尿來建立與某位家庭成員的關係，增加互動遊戲時間並豐富環境，可能得以幫助貓咪建立對這段關係的信心
- 逐步改變讓貓咪放下心防，而非強迫貓咪忍受突如其來的變化

噴尿是很複雜的行為。我所能提供的是大致方向。你的貓咪並非特例，好好地花時間謹慎評估她身處的環境和行為。噴尿是正常的溝通工具（雖然沒有人類喜歡），但透過時間和完善的遊戲計畫，我誠摯希望你能找到適合貓咪與飼主的解決方案。

在貓砂盆裡作記號

如果你的貓咪會在貓砂盆裡噴尿，不要草率以有蓋貓砂盆作為解決方案。而是找側邊較高的塑膠收納盒，在其中一側切一個低開口。如此一來，貓砂盆仍是開放式，但可以將噴出的尿液留在盆中。

尋求專業協助。如果你無法成功矯正行為，獸醫可能會建議用藥物改善。如果貓咪開始服藥，請謹記這只是協助行為矯正的附加手段。

獸醫可能會介紹寵物行為訓練師給你——受過正式訓練的應用動物行為矯正師或其他行為專家。受過訓練的專家能協助你找出造成脫軌行為的原因並建立客製化行為矯正計畫。

問題：為什麼我的貓咪會在我床上尿尿？

潘媽的回答

沒有人喜歡貓咪在貓砂盆外便溺，但眞正讓飼主火冒三丈的時刻，是當貓咪開始在床上尿尿。這是會讓人類覺得受到侮辱的場所。很難理解爲何你心愛的貓咪開始把你的床當作貓砂盆，這行爲與怨恨或報復無關。

這跟焦慮有關嗎？當貓咪選擇床舖作爲目標，有很大的機率是焦慮造成。焦慮可能來自環境中的許多因素，但在你開始根據清單一一檢視讓你的貓咪壓力大到得在床上尿尿的可能原因之前，必須先確認不是以下這兩個原因：

- 到動物醫院檢查，排除健康因素
- 確認貓砂盆不是問題所在（貓砂盆大小、種類、乾淨程度、擺放位置及數量）

床舖有什麼吸引力？以下有數個貓咪選擇飼主床舖便溺的可能原因，例如：

- 高度優勢。這在養多隻貓咪的家庭或貓咪感受威脅的家庭特別具吸引力。或許貓咪因爲狗狗感到困擾。床舖的高度提供了視線上的優勢，貓咪可以輕鬆看見對手接近。因爲多數床舖都有床頭板靠著牆壁，貓咪不必擔心從背後受到襲擊。她可以在床上便溺並持續觀察是否有危險。從貓咪的觀點來看，床舖符合貓砂標準，柔軟且吸附性佳。當你增加高度這樣的安全要素，床舖就成爲理想的場所。
- 飼主不在。因爲床舖有濃厚的飼主氣息，貓咪變可能因爲某位家庭成員作息改變，或不在的時間比以往長而在此處便溺。這不是報復飼主的方式，而是自我安慰的行爲，釋放一些分離焦慮。對貓咪來說，將自己的味道與飼主味道混合，可以得到安慰。

■ 衝突。如果出現飼主的重要伴侶一同使用床舖，或是貓咪與其中一位飼主無法順利建立關係，她可能會在那個人的位置便溺。混合氣味可以爲貓咪帶來安慰，同時也是試著與飼主溝通貓咪本身訊息的方式。

■ 具吸引力的材質。有時候只是某張特定棉被或毯子的素材質地極具吸引力，特別是當下貓砂盆的狀況並非如此之時。被褥可能擁有絕佳的柔軟性或質地，對貓咪來說適合便溺。

■ 突如其來的改變。搬到新環境時，貓咪可能無法適應新的貓砂盆地點。飼主的床舖是熟悉與安心氣味的來源。即使是翻修或其他家庭劇變都可能會造成貓咪選擇在床上便溺。如果貓咪沒有安全感（可能因爲新增貓咪成員的緣故），可能會在飼主房間野營。想便溺的時候，軟軟的床舖符合所有貓砂盆要素，同時還有高度優勢增加安全性。

重新宣示床舖主權。你帶貓咪去看了獸醫並小心翼翼地檢視貓砂盆設置後，可以開始試著詢問是什麼環境因素造成這個問題。如果是材質問題，試著換成不一樣類型的棉被。找一條與目前的棉被質感完全不同的新棉被。你可能還必須在白天時關上房門，避免床舖對貓咪的誘惑。在門開著的情況下，避免對床舖造成更多損害，可以在上面鋪上一條浴簾。

一般來說，我會建議飼主不要在床上進行遊戲，因爲這樣會傳遞複雜的訊息給貓咪，可能在夜晚猛撲並吵著玩耍。然而面臨貓咪在床上便溺的情況，可以在這裡進行一些遊戲，讓貓咪將此處視爲歡樂且正向的場所。你也可以在這裡餵食點心給貓咪。

檢視貓咪眾多的問題。貓咪可能覺得沒有安全感而不敢冒險從臥室走到貓砂盆。確認你有足夠數量的貓砂盆分布屋內各處，並嘗試改善貓咪間的關係。提供更多資源並增加躲藏和棲身地的選項；在某些情況下，你可能必須重新介紹貓咪們。

與其他家人一起處理貓咪的衝突。如果貓咪無法順利與新的伴侶建立連結，那麼是時候排定計畫，讓這個人負責餵食、給點心和多數的遊戲時間。這會協助改變貓咪對這個人的印象。

如果問題在於你長時間不在，那麼是時候爲房子增加新的遊樂設施，讓貓咪獨處時也有機會玩耍和探索環境。這時增加環境的多樣化就很重要。在靠近窗戶的地方設置貓咪樹，好好利用益智餵食器和玩具、穩定情緒的費洛蒙、貓咪娛樂影片和音樂等。盡量發揮創意爲貓咪提供更有趣的環境，確定每天都有幾段互動良好的遊戲時間。

如果貓咪感到孤獨，或許是時候考慮領養另一隻貓咪來與她作伴。如果你決定領養另一隻貓咪，請確保有充分的時間來好好介紹新進貓咪。

額外協助。如果你無法找出原因且沒有成功矯正行爲，與獸醫談談。或許需要她介紹一位合格的行爲專家。你的獸醫或寵物行爲專家可能會決定開焦慮治療或其他藥物給貓咪（例如茶胺酸l-theanine）。

問題：為什麼我的貓咪會在盆栽內尿尿？她擁有一個完美的好貓砂盆，但卻尿在盆栽土壤裡。

潘媽的回答

貓咪選擇貓砂盆外的其他場所有很多可能的原因，可能是潛藏的健康問題。貓砂盆可能太髒、貓砂盆的位置不恰當或是塡入不討喜的貓砂。貓砂盆可能不舒適，或許放置的場所不容易接近而使貓咪沒能來得及忍到貓砂盆，或是在養多隻貓咪的家中沒有足夠數量的貓砂盆。

大型盆栽可說是相當具吸引力的替代選項，因爲盆栽經常放置在開放且安全的空間。如果你目前的貓砂盆是有蓋的，貓咪可能會選擇盆栽，因爲更加舒適。如果是質地偏好問題，比起貓砂盆裡的貓砂，她可能更喜歡盆栽裡鬆軟的土壤。如果你目前使用的是傳統的泥土貓砂或貓砂替代物如層層疊疊的報紙、水晶砂或礫砂，那質地可能就是問題所在。

多貓環境中，確保家中有適當數量的貓砂盆是很重要的，而且這些貓砂盆應該分布於家中各處，提供安全感和方便性。觀察貓咪最喜歡的盆栽位置來尋找吸引力的線索。或許這個位置可能讓貓咪產生安全感。盆栽是否位於開放區域，貓咪覺得擁有絕佳視野，可以看見是否有其他貓咪接近？或者是位於隱密的地方，貓咪可以不被看見或是擁有自己的一片天地。如果目前你在那個房裡沒有放貓砂盆，就在目標盆栽附近放一個。你的貓咪可能就是在告訴你，這是她喜歡的地點，而盆栽是此處最接近貓砂盆的設置。

貓咪認為稍高的位置讓她得以看見更多週邊空間，提供安全感。

如果盆栽裡使用的土壤來自你的庭院，或這是為了過冬而放入室內的盆栽，土壤很有可能混雜了其他動物的氣味，甚至是動物尿液。

也有可能，貓咪選擇盆栽單單只是因為它和貓砂盆同質性夠高。這是個裝滿柔軟砂質物的容器，從她的觀點來說，符合貓咪廁所的所有條件。

如果目標盆栽靠近窗戶，使用你的伍氏燈來檢查盆栽與週邊牆面來確認貓咪不是因為庭院有其他陌生貓咪出現，或外面有些動物令她感到憂心而噴尿。

降低盆栽吸引力。因為貓咪已經在這裡尿了幾回，土壤含有尿液，你當然不希望每次澆水時就讓味道揚起。氣味會吸引貓咪回來此處尿尿。換上新的土壤。

在盆栽表面放上平滑的石頭可以讓貓不再回來。在家裡所有大型盆栽上都這樣做。石頭必須大得讓貓咪挖不動，無法觸及土壤，且必須大得讓家中任何寵物吞不下去。用石頭覆蓋土壤表面，讓你可以輕鬆澆水而石頭看來像裝飾，沒有人會知道它們其實是防制策略。

另一個選擇是在盆栽裡放滿 Sticky Paws 盆栽用長條，這是防止貓咪接觸土壤經濟又實惠的作法。你也可以放置花園網覆蓋盆栽，在附近園藝

與居家改善中心就可以買到。

增加貓砂盆吸引力。現在你製造了妨礙物，重點是要重新設置貓砂盆。有蓋貓砂盆就移除蓋子，增加清理貓砂的頻率至一天兩次，必要的話，增加貓砂盆的放置地點，然後確保貓砂盆的尺寸夠大。

如果你覺得貓砂是貓咪厭惡的理由，在目前使用的貓砂盆旁設置另一個貓砂盆，放入柔軟、砂質、無香味的可挖貓砂。Cat Attract 是由獸醫開發、適合放入新增貓砂盆的軟質好貓砂，內含草本引誘劑會讓貓咪聯想到廁所。

評估家中動態。如果貓咪在盆栽便溺是因爲感到較安全，那麼這是好好檢視家中概況的絕佳時機。注意貓咪緊繃的問題。這包括在敵意強烈的情況下，重新介紹貓咪。好好的審視到底影響你家貓咪的可能壓力因子是什麼。記得，壓力的來源以你的觀點來說可能微不足道。了解更多貓咪的壓力相關細節，請見第十一章。

第六章

地盤之戰

貓咪家具大作戰——如何讓家具打贏這場戰

問題：我正準備要從動物流浪之家領養小貓，也考慮在幫她結紮的時候順便去爪，我應該要將小貓的爪子剪掉嗎？

潘媽的回答

許多新飼主都想過替貓咪去爪，卻沒有眞正了解這個不可逆的行爲代表著什麼意義。許多人都把貓咪的爪子當成攻擊與破壞的武器，卻不了解抓子對貓咪生理和心理上的重要性。在許多案例中，貓咪飼主沒有被充分

告知這個手術的後果，當然也不知道其實只要好好訓練貓咪正確使用爪子，完全可以免除這個不人道的手術。

任何日後不可逆也無法挽回的程序，在事先都應該要充分了解其意義與後果才執行。做出決定前，請千萬認眞訓練貓咪使用爪子。貓咪値得我們好好釐清思緒再決定，才不會在衝動之下做出無可挽回且影響她們一輩子的事情。

保護貓咪的法律

在英國和歐洲許多國家，替貓咪去爪是違法的行爲。

小貓正在學習使用身體各部位。小貓尖銳的爪子似乎令人困擾，但其實這是正常行爲，因爲小貓正在學習上天賦與貓咪的本能，而爪子的角色就是協助小貓去探索四周環境。用爪子抓東西的動作不但是與生俱來的，對貓咪來說更是重要的動作。如果你正確地訓練小貓且提供合適的貓抓柱，那麼小貓就會知道要去哪裡磨爪子，也會知道哪裡不能抓。除此之外，隨著小貓成長，你會發現她的爪子大部分時候都是收起來的。若沒有給予人道的正確訓練，以及有效且舒適的環境讓小貓可以放心磨爪，那麼小貓很有可能會對你的家具下手，因爲別無選擇。

關於貓爪你該知道的事

我們通常會說貓咪「縮回」爪子，彷彿貓咪爪子伸出是正常的行爲。事實上，貓咪把爪子收起來對她們來說是比較舒服的姿勢。因爲要出爪其實是很刻意的一個動作，需要貓咪有意識地活動那個部位的肌肉和肌腱。

對於小貓來說，需要時間學習如何使用這些肌肉和肌腱，然後就可以好好地訓練她駕馭身體這些部位。而正確的訓練往往取決於飼主願不願意花時間。

去爪手術怎麼施行？了解何謂去爪是很重要的，因爲它去除的不只是爪子，而是將貓咪的第一個指節全部去除。所以其實是截肢，且不只截一隻，而是十隻。術後貓咪的手掌需要用綳帶緊密包覆，還需要在動物醫院住院觀察。有些情況下醫院不會給貓咪止痛藥，因爲要另外付費，而有些醫院不提供自費藥物。如果你選擇不付額外費用，那麼你的貓咪就會承受巨大的疼痛。

術後隔天拆掉綳帶後貓咪就可以回家，但請想像此時貓咪的手有多痛，卻必須忍著這樣的疼痛，踩著傷口往前進。有些飼主甚至選擇將貓咪所有的爪子都去除（也就是前後腳都施行），我無法想像貓咪走路時會是多麼疼痛。

許多貓咪如期復原，但有些卻因此終身腳掌都相當脆弱且敏感。有些貓咪會從此不願意被觸碰到腳掌。而手術的失誤（曾發生過）則可能讓貓咪的腳掌受傷或變形。

去爪後的生活。一旦被去爪，貓咪就再也不能去戶外活動。貓咪沒有爪子後就無法爬樹，遇到敵人無處可逃。我常看到去爪的貓還在戶外遊蕩，她們的主人可能想說只是在附近玩耍或曬曬太陽無傷大雅，但這並不表示不會有其他貓咪或狗狗靠近，一但她們開始追逐，去爪的貓咪就可能因爲恐懼而逃家。去爪的貓咪在戶外是很弱勢的，千萬不要讓去爪的貓咪在戶外獨自面對環境中各種潛在危機。若你決定將貓咪去爪，請不要讓她在戶外遊蕩。

磨爪是貓科動物很重要的一部分。貓科動物都有磨爪的需求，去爪的行爲則硬是斷絕了貓咪的貓科天性。磨爪不只可以讓貓咪的爪子保持健康，也是一種作記號的行爲。在物件上留下貓抓痕，對貓咪來說也是一種

溝通的行為表現。磨爪的動作也讓貓咪有機會全身伸展，運動到背部和肩部的肌肉。她將爪子深深地插進貓抓柱時，整個身體的重量都會靠在上面，此時身體每一個部位的肌肉都有伸展運動到。

磨爪對貓咪來說也是一種移情行為的表現，當她很興奮、很期待（像是晚餐）或很不安、沮喪時，都有可能靠磨爪來抒發。保持這樣一個可抒發的選項對貓咪來說很重要。

在做出不可逆的決定之前應要深思熟慮。是否該去爪當然是飼主的決定，但在決定要做出這個永遠不可逆的手術之前，請確定你已了解這麼做的所有風險與後果，同時也知道爪子對貓咪的重要性以及為什麼她們會需要磨爪。換句話說，請盡可能別讓你的小貓經歷如此不人道、疼痛且完全沒必要的折磨！

問題：為什麼貓咪喜歡抓家具？我不知道該如何訓練我的貓停止抓椅子。

潘媽的回答

或許可以從另外一個角度來看這件事。如果你只想訓練她停止抓椅子，這完全是違反她天性的行為，磨爪是貓科動物的習性，也是與生俱來本能。你可能會以為磨爪就是貓咪用來炫耀爪子的行為，或用來破壞環境的，但事實上，抓磨的這個動作本身有許多意義。

劃分地域。在貓咪之間，磨爪也是作記號的表現。貓咪在磨爪時所留下的記號讓任何生物都能清楚看見，在戶外，這樣的記號很重要，因為這會讓其他靠近的貓咪知道她們進入了別隻貓的領域，這樣的預警系統可以大幅減少貓咪之間的肢體衝突。

當貓咪磨爪作記號的同時，也會從掌中的腺體留下氣味記號。如果其他貓咪靠近記號，就可以從費洛蒙中蒐集資訊。

磨爪也可以放緊張情緒。磨爪主要也是一種情緒轉移的活動或抒解情緒的方式。當你麼貓咪很不安、開心、興奮或沮喪，可以透過磨爪來抒解。想想看，是否曾經在貓咪午睡後或你下班後看到她在磨爪？你也可能看過她在和其他貓相處後跑去磨爪，這些都是貓咪在宣洩情緒的表現，對她來說也是健康的行爲。

由於磨爪的行爲是如此的複雜且對貓咪如此重要，因此你需要使用有效的方式來訓練貓咪如何善用爪子，而不是把她從沙發旁邊趕走。行爲調整的第一步，請先確認你所購買的貓抓柱符合貓咪的需求。

一般來說，最適合的材質是劍麻。劍麻粗糙的材質讓貓咪很輕易地就能將爪子鉤上去，舒服地磨到爪子。用地毯覆蓋的貓抓柱質地太軟，許多貓的爪子都會卡進裡面。

貓抓柱不是隨便選一個就好。貓抓柱的高度應該要讓貓咪可以舒展全身。如果貓抓柱太小，那麼貓咪就會整隻掛到上面，背脊和頸部就沒有好好伸展。如果是這樣，貓咪很有可能會去尋找更高的東西來抓，猜猜看，那會是什麼？沒錯，就是你的沙發！

理想的地點。即使找到合適的貓抓板，如果放置的位子不對，也可能會卡上許多灰塵。貓咪需要磨爪時，會搜尋周遭最適合的物件。因此要把貓抓板放在貓咪常去的地方。

如果家裡不只一隻貓，那就需要更多貓抓板。雖然沒辦法在貓抓板上寫名字指定是誰的，但藉由你所放置的位子，還是可以有所區別，你會發現貓咪們會自己選擇常去的那些地方所置放的貓抓板來使用。

有些貓咪喜歡橫著抓，那麼寵物店也有賣一些不會太貴的貓抓墊。

溫柔的觸感

貓咪的手掌摸起來可能很粗糙，但事實上十分敏感。貓咪手掌的末端有神經，藉此感受移動、質地和溫度。

矯正行爲。如果你的貓已經固定在某個家具上面磨爪，那麼請把貓抓柱放到那個家具旁邊。請將家具蓋上布包好，確保貓咪不會鑽進去。如果貓咪只是抓了家具的某個部分，可以將 Sticky Paws 之類的產品貼在被貓咪抓的地方。這是個類似雙面膠的產品，產品的設計就是爲了處理類似情況。你可以在實體或線上寵物店找到這個產品，如此一來，當貓咪抓家具時，會發現這裡一點也不好磨，接著就會轉移陣地到旁邊好抓又好磨的貓抓柱。

問題：貓抓柱看起來都一樣，我該如何挑選呢？

潘媽的回答

對貓咪有吸引力的貓抓柱，應該像是你當初買沙發那樣。並不是說你的貓要喜歡貓抓柱的外觀，而是貓抓柱可以讓她痛快地磨爪。要讓你的貓放棄抓家具而改抓貓抓柱的原因只有一個，就是貓抓柱符合需求，解決她的問題。如果你提供的貓抓柱外觀很美，但是從貓咪的角度一點也不好磨，那麼貓抓柱就會被冷落、生灰。請觀察你的貓咪，看她是去找沙發還是去找貓抓柱，你也會藉此曉得她是上下抓還是左右橫著抓，從這裡再去規劃該買怎麼樣的貓抓柱。貓抓柱應該要符合三個要件：

貓抓柱的材質一定要合適。許多便宜的貓抓柱僅用毛料覆蓋，看起來很美觀，摸起來很柔軟，但用來磨爪卻一點也不合適。抓板的表面材質一定要夠粗糙，才能讓貓咪把爪子鉤進去抓磨。當貓咪磨爪的時候，會將爪子伸進表面以去除爪子上壞死的皮層組織。如果貓抓柱表面是用毛料覆蓋，那麼貓咪的爪子就會卡住。這樣貓咪一定會再回到沙發的懷抱。

請選擇粗糙而不是柔軟的毛料表面。總體來說，劍麻是最好的選擇，因爲它夠硬也耐抓，可以讓貓咪好好地享受磨爪時光。

即便貓咪通常相當喜歡劍麻，還是可能會有各自的喜好。如果你的貓咪不喜歡劍麻，那你可以嘗試其他質地較硬的材質。有些貓咪甚至會在木頭上面磨爪，我有遇過貓咪喜歡在樹皮上磨爪，如果你不介意地上可能會有木屑，也可以準備木頭讓貓咪磨爪。

瓦楞紙板也是個不錯的選擇。如果你的貓剛好喜歡橫向左右抓，那麼瓦楞紙板做成的貓抓板就很適合。瓦楞紙板價格便宜且比較好移動。

不過一般來說劍麻還是貓咪們的最愛。

貓抓柱應該要夠穩且夠高。就算貓抓柱的材質很棒，但如果不穩，那麼你的貓咪也會馬上回去找沙發磨爪。貓咪要能把全身的重量倚靠在貓抓柱上而不翻倒才行。

貓抓柱的高度也很重要，小貓用的應該矮一點，而隨著貓咪成長，貓抓板也要符合她的身長，讓她可以在磨爪的同時全身伸展。請確保你所購買或製作的貓抓柱對你的貓來說夠高。記得：貓抓板越高，所需要的底部面積越大。當你購買高聳的貓抓柱，底部也要夠大才能支撐重量，確保它是穩固矗立著。

貓抓板的位置。這就好比貓砂盆一樣，貓抓板一般來說不會是家中美觀的物件。雖然我也看過一些設計得很美麗很有創意的貓抓柱，但我還是理解爲什麼很多飼主會想把它藏到角落。但這麼做是錯的！貓抓柱應該要放置在貓咪喜歡活動的地方。

如果你正在糾正你的貓，不讓她去抓沙發，那麼貓抓板就應該要放在沙發旁邊。讓你的貓能輕易辨別貓抓板跟沙發，哪一個是比較好的選擇。

請觀察貓咪的磨爪習慣，這樣你就會知道貓抓板要放在哪裡。有些貓

咪喜歡在午睡或用餐後磨爪，有些則是遇到緊張的時候會磨爪以宣洩情緒。請把貓抓板放在你覺得貓咪比較喜歡的地方，當然，必要的話，也可以提供不只一個貓抓板。

問題：我為我的三隻貓咪準備了三個貓砂盆，但只有一個貓抓板夠嗎？我需要幾個貓抓板？

潘媽的回答

如果你的貓咪們樂於分享貓抓板，那麼你就太幸運了。但大部分的情況下，貓咪不想跟其他貓共用同一個貓抓板。就像貓砂盆一樣，這會讓貓咪不安，她們也不喜歡侵犯其他貓咪的領域或被侵犯。如果必須橫跨另一隻貓咪的地域才能磨爪，那麼貓咪可能就地找方便的家具磨爪，這實在不是太好的情況。

提供選擇可以降低緊張感。雖然你無法指定某隻貓用某個貓抓板，但在多貓的環境還是建議提供多一點貓抓板比較好。最簡單的方法就是提供貓咪們選擇。

允許貓咪之間有不同的喜好。有些貓咪對於磨爪這件事異常龜毛，從貓抓板的材質到方向都有自己的喜好。如果你可以提供多種材質、形狀、地點、橫向、垂直縱向的選擇，那麼貓咪的緊迫感也會降低，因爲喜好都能被滿足。

在多貓環境的空間內提供不同種類的貓抓板選擇，將這些垂直和橫向的貓抓墊置放在不同房間內，讓貓咪不用走太遠就可以找到合適的貓抓板且隨時都有地方可以磨爪。

觀察貓咪們的行爲，很快的，你就會發現有的貓是午睡後起來磨爪，有的則是玩要後磨爪，或用完貓砂盆，或晚餐前。當你知道貓咪的喜好，就可以把貓抓板放在她們習慣使用的合適地點。

即使空間小也應該要提供多重選擇。即使你住的是小公寓，還是可以提供多樣性的選擇。貓抓墊可以釘在牆上，如果你有貓跳台，也可以把貓抓墊固定在上面，一舉兩得。如果你的貓喜歡抓木頭，那麼就可以在貓抓板的底部放一個。瓦楞紙貓抓墊很適合小空間使用，因爲不占空間。

作記號的行爲。由於磨爪既是視覺也是嗅覺的溝通，因此如果貓咪磨爪時發現連磨爪的地方都已經被別隻貓用過了，那樣的緊迫感和沮喪可說是加倍。因此請提供不只一個貓抓柱，讓貓咪們有自己的空間可以好好地磨爪、宣洩情緒。由於磨爪是一種情緒轉移的行爲，因此要能好好磨爪而不發生衝突，對於促進和協是很重要的一環。

貓抓板的放置。除了放在貓咪會去使用的地方外，也可以在主要通道或是貓咪較常經過的地方放置。舉例來說，如果起居室是所有貓咪們都會去的空間，跟你在那邊一起看電視，那麼就可以在起居室放個貓抓板，讓貓咪們的情緒比較高漲時，不管是興奮或緊張，都有地方可以抒發。

你也可以利用貓抓柱的作用，當你發現貓咪彼此之間有些緊張的情緒，也可以走過去將指甲刮在貓抓板上，很快地你就會發現其中一隻貓咪也靠過來在上面磨爪。

問題：我為兩歲的孟加拉貓布魯杰準備了一個很棒的貓抓板，但她卻只在地毯上磨爪。為什麼我的貓會抓地毯？

潘媽的回答

看來你的貓不喜歡垂直磨爪，比較喜歡橫向磨爪！最簡單的方法就是

利用瓦楞紙做的貓抓墊提供橫向磨爪空間。你可以在寵物用品店或線上商店買到，一般來說寬度有很多選擇，因此你可以購買適用於你家環境的尺寸。瓦楞紙貓抓墊通常也會添加貓薄荷，讓貓咪更愛使用它。甚至還有貓抓墊的設計可以讓貓咪垂直或橫向磨爪都適用。

問題：我很幸運，我的貓從來沒抓過家具，也只在貓抓柱上磨爪。但六年下來貓抓柱看起來很破舊，貓抓柱被抓爛之後要換新的嗎？

潘媽的回答

這件事有兩種處理結果。請從貓咪的角度去思考，她花了那麼多年的時間在上面作記號，然後有一天一覺醒來卻全部不見了，新的貓抓柱上什麼都沒有，沒有她熟悉的氣味也沒有爪痕。她的貓抓柱一直都是讓她安心的重要物件，上面的爪痕越多，對貓咪的意義越大。

替換老舊貓抓柱的方法。請將新買的貓抓柱放在舊的隔壁，之後貓咪一定會在新的上面試磨個一、兩次，之後她也能在新的上面磨爪，或是一陣子用一陣子又不用。請讓新舊兩隻貓抓柱並存一段時間，讓貓咪自行選擇。如果要讓她更喜歡新的貓抓柱，可以在上面塗點貓薄荷。如果想要在上面增加貓咪自己的氣味，可以拿一只乾淨的襪子，從上到下抹一抹舊的貓抓柱，然後在拿去抹新的貓抓柱。不要拿襪子去抹貓咪，因爲我們不需要她臉上的費洛蒙。貓咪不會在臉能碰到的地方磨爪。拿襪子抹舊的貓抓柱可以將貓咪手掌上分泌的費洛蒙沾一些到新的上面。

何時可以把舊的丟掉？一旦你發現貓咪開始固定會去新的貓抓柱那邊磨爪，就可以把舊的移開了。請確保舊的貓抓柱是眞的沒用了，有時候表面看起來舊舊髒髒的是人類覺得醜，但對貓咪來說卻是最理想的貓抓柱。

第七章

派對動物

遊戲治療的好處以及和貓咪玩耍的正確方式——是的，有些玩法是錯的

問題：我在您的演講中聽您提過互動式遊戲治療方式，請問這是指什麼？

潘媽的回答

互動遊戲是很有效的工具，可以用來處理貓咪的諸多情況。它可以用在建立信任感、幫助兩隻貓變成朋友、讓貓咪有機會運動、抒解壓力。就算你的貓天生是個嗨咖，就連找到雞毛撢子也可以自己玩得很開心，互動

遊戲時間還是很重要的一環，一定要列入每天的行程中。

你才是關鍵。互動遊戲中，要有「你」的存在。重點很簡單，只要用逗貓棒之類的玩具，就可以營造捕捉狩獵遊戲。如果你希望自己眞的了解貓咪的行爲模式，就可以讓貓咪恢復狩獵本能。只要輕輕移動逗貓棒，末端的物體就會跟著跳動、滑動、上下移動，在房間四處走動。如果你是在室內，可以在走路時把逗貓棒放在身後，讓它跟著你移動。當你操作玩具的方式讓玩具看起來像是獵物，你的貓咪就會受到刺激燃起體內狩獵本能。

雖然你可能早已在家中擺放許多玩具，但對貓咪來說，那些都是「死掉的」獵物。這些玩具靜靜躺在那邊，不會移動。你的貓要跟這些玩具玩，只能撲上去。但透過互動遊戲，這些玩具好比生命，貓咪可以當狩獵者，也可以是被獵的對象，如此一來她就會專注在狩獵遊戲當中。

請挑選符合貓咪個性的玩具。互動性玩具的種類很多。最基本的就是有根棒子綁條線，線的末端吊著一個物體的玩具。在選購玩具時，請挑選符合貓咪個性的玩具。如果你的貓咪很害羞，請挑選基本款，讓她在遊戲時不會備感壓力且容易達陣。如果你的貓很有自信也很好動，那麼除了基本款的玩具，也可以挑選比較有挑戰性的，例如末端物體用聚酯薄膜做的玩具比較輕盈且較難偵測。不要買太大的玩具，因爲我們不希望貓咪把它當成敵人。貓咪通常會去捕捉比自己體型小很多的獵物，她們不喜歡冒著會受傷的風險去挑戰比自己龐大的敵人。

遊戲時間安排。請維持固定的互動玩耍時間。如果今天大玩特玩，結束後一、兩週都沒有互動，這樣對貓咪也不太好。貓咪需要持續進行。因此每天都要安排一至兩次的遊戲時間，一次大概進行十五分鐘左右。你會對這半小時的互動遊戲時間感到驚奇，它對貓咪（以及飼主）的身心發展是很有幫助的。

對有些貓來說，一次十五分鐘可能太長了。隨著你和貓咪的互動時間增加，就會知道大概多長的時間比較適合。有時貓咪抓到玩具後，就會呈現疲憊、無聊且失去興趣的模樣。如果是這樣，請在幾分鐘後拿出不一樣的玩具來吸引她的注意。

該怎麼移動玩具。你移動物件的方式很重要。不要只是毫無意識地在貓咪前面揮舞逗貓棒，貓咪並不是這樣狩獵的。請用最像獵物的方式吸引貓咪的注意。在自然環境中，貓咪會輕聲地靠近獵物，盡可能保持安靜且隱身不被看見。她會靜靜地靠近獵物，直到可以直接撲殺攻擊的距離才一躍而上。貓咪的肺活量不好，因此沒辦法追捕獵物至其疲憊再發動攻擊，所以千萬不要在家裡到處晃，彷彿要貓咪跑馬拉松。請將玩具像獵物般移動，切換快慢節奏，讓貓咪有時間循序漸進地靠近獵物。這裡分享個小訣竅：可以故意在貓咪的視線範圍內移動，忽遠忽近，勾起貓咪體內的狩獵本能。不要在她的臉前面搖晃逗貓棒或是逐漸靠近。

讓一切活潑有趣

在選擇玩具時，請注意玩具的大小尺寸。貓咪是小體型狩獵者，因此「獵物」的大小應該是老鼠或小鳥的大小。如果玩具太大，對貓咪來說就變成威脅。

狩獵遊戲的好處不只是在生理上，心智上也很有幫助。互動遊戲可以讓貓咪更有自信，與飼主的關係更爲緊密，也可能藉此釋放壓力。因此要想辦法讓貓咪透過互動遊戲，小心翼翼地計畫如何前進，捕捉獵物且不能讓她感到挫敗。當你移動玩具時請切記這一點。另外，要建立貓咪自信心，可以讓她在過程中捕捉到很多獵物。如果你是貓，應該可以想像每次狩獵都失敗的挫折感，那種連手掌都摸不到獵物的無力感。因此請切記遊

戲本身一定要讓貓咪有成就感也要充滿趣味。

如何收尾。到了該結束的時間，不要突然終止遊戲起身離開，你的貓可能還在狀況外。因此遊戲到尾聲的時候應該要逐漸放緩速度，就像是運動後要拉筋一樣。可以讓「獵物」疲倦或受傷，如此一來，貓咪的動作也會跟著放慢。接著讓你的貓咪玩最後一次，好好地讓她捕捉到獵物，滿載而歸。

把互動玩具收起來。遊戲結束後，將所有東西收好，不要讓貓咪發現。其中一個原因是我不希望貓咪咬爛逗貓棒的細線。第二個理由是希望這個玩具對貓咪而言意義非凡。即使是老鼠，也不會整天都在外面遊蕩讓貓抓或變成誰的晚餐。

問題：我希望幫我的貓買新玩具，但她似乎對玩具不太感興趣。哪些玩具是貓咪的最愛？

潘媽的回答

每一隻貓都是獨一無二的，因此要多嘗試才會知道。貓咪在年幼時喜歡的玩具，在老化後開始行動不便或關節僵硬會變得沒這麼有吸引力；有些貓則不管年紀多大，對於玩具的種類一直都有自己的喜好；有些貓則是不管玩具長怎樣，只要能玩、會動，可以滿足狩獵需求就會持續一直玩。

請尊重貓咪對於玩具的喜好。坊間有很多貓咪玩具可以選擇，不管是獨自玩的玩具還是互動性玩具。在選購時，請記得把貓咪的體型大小、運動能力、個性和對材質的喜好都列入考量。舉例來說，較嬌小、害羞的貓咪，可能不會想玩大型的貓咪用沙袋玩具，因爲這看起來比較像是侵略者，而不是獵物。你的貓也可能比較偏愛柔軟的玩具，這樣牙齒咬下去不會像咬硬的玩具那麼痛。

請留意貓咪的感官反應。聲音也會對於貓咪是否喜歡或討厭這個玩具產生影響。會發出沙沙聲響的玩具可能會很吸引貓咪，因爲這樣的聲音就是楓葉鼠或老鼠穿過樹叢時會發出的聲音。有些貓咪喜歡有羽毛的玩具，有些則喜歡有皮草覆蓋的物體。同時也要將觸感、視覺和聽覺上的刺激都考慮進去。

貓咪不會編織

很多照片中會出現貓咪玩毛線球的可愛畫面，但這其實是很危險的活動。如果貓咪不愼吞食毛線球，很有可能被噎住。貓咪舌頭上有著倒勾的刺，這些倒勾在撕咬肉類、分離骨肉或是移除獵物身上的毛髮、灰塵與外部寄生蟲相當有效，但也因爲倒勾的分布位置讓貓咪很難從口中吐出東西。

玩具的安全性。請在購買玩具時確認玩具的安全性。除了要牢固之外，玩具不會輕易被撕裂。如果是用澆水黏貼的零件會很容易剝落掉下來，如果被貓咪物吞了後果會很嚴重。

最近在瀏覽知名線上購物網站時，我很驚訝地發現某個貓咪玩具有超多負評，都是跟玩具的安全疑慮有關。廠商顯然想增加業績，但卻沒注意到玩具可能會對貓咪帶來傷害。沒有什麼比貓咪的健康安全更重要，因此如果你要透過線上購買玩具，請確實參考評論，從其他消費者的經驗中確認玩具是否安全，同時也要善用常識去判斷玩具的安全性。

不論是線上或是實體店面購買，請確實將玩具安全性的意見反饋給零售商或廠商知道，畢竟狗狗不是唯一需要牢固玩具的寵物，貓咪也要耐咬、耐磨且不會輕易被拆解的玩具才安全。

獨自玩耍玩具測試。在貓咪會經過的地方放置適合獨自玩耍用的玩具，當然，這些玩具應該是貓咪感興趣的。你可能需要花點時間和金錢進行玩具喜好測試，藉由提供不同種類的玩具，觀察貓咪的反應。這樣的投資很値得，因爲遊戲時間對貓咪的心理上、生理上和情緒上的健康都很有幫助。

具吸引力的獵物

由於貓咪的視力僅能看到某些顏色，因此獵物（或玩具）的動態方式、形狀、聲音和尺寸大小對於貓咪來說，遠比顏色重要許多。

別輕易放棄。一路走來我接觸過許多很快就放棄的飼主，宣稱他們的貓咪不太喜歡自己玩耍。每隻貓都喜歡玩耍（除非貓咪生理上有病痛、不舒服或是活在恐懼中），重點是你要知道是什麼阻礙了你的貓玩耍。她是不是覺得環境上有點壓迫感？或許她很久沒有玩耍了，以致於一些技能生疏，需要複習一下……或你買的玩具對她來說不是很具吸引力。就如同有些貓咪會挑食，或是對踩在貓砂上的感覺很挑剔一樣，有些貓咪天生就對玩具有自己的喜好。

問題：我的貓會自己玩玩具，但每當我想跟她一起玩，她就跑走了。為什麼我的貓不跟我玩？

潘媽的回答

和貓咪一起共度的遊戲時間感覺起來可能沒什麼技巧可言，事實上還是有些地方要注意，一旦弄錯，貓咪即可能不喜歡這段跟你互動的時光。互動時間的一些技巧如果操作錯誤，甚至會引發行爲問題。這聽起來或許有點誇張，但如果你把貓咪狩獵的方式（隱身、盯梢）和可能背離貓咪直覺和本能的遊戲方式（不斷地快速移動且充滿挫折感）相比，就會發現其實人類所謂的遊戲方式，很可能會引發負面多於正面的反應。

以下是五個常見而需要避免的錯誤：

不要用手當玩具。貓咪在身邊時，如果正好有玩耍遊戲的心情，很多飼主就會直接伸手指吸引貓咪注意，這樣做當然方便，但你無意間的動作對貓咪來說所傳遞的訊息卻是咬人是可以被允許的行爲。如果貓咪在遊戲時養成了咬人的習慣，且還是個有效的溝通互動方式，那麼每次她想引起主人的注意，就會用咬來表達需求。

我們應該要努力讓貓咪想到人類的手時，是跟輕柔安撫與抱抱等動作連結。如果貓咪把人類的手視爲玩具，那麼有可能出其不意地咬傷家中其他成員的手，後果可能不堪設想。因此千萬不要傳遞混亂的訊息給貓咪，原則就是怎樣都不能咬人，即使是互動遊戲也一樣。

這不是摔角比賽。不要用你的手壓制貓咪或搏鬥。除了可能會讓你受傷之外，這樣的動作也會把遊戲的調性從嬉鬧變成打鬥，而在貓咪眼中，你就成了敵對的假想敵。貓咪不會把獵物壓制在地上，也不想被人類壓制在地上。而且從頭到尾這都是個不公平的遊戲。如果你跟貓咪搏鬥然後把她壓制在地，其實是強迫她進入防禦性旺盛的攻擊狀態。你可能因此被咬或是被抓。

遊戲時別讓貓咪覺得你是龐然大物。不要跨在貓身上揮舞玩具，你龐大的身軀會給貓咪錯誤訊息，讓她無法專注在玩具上。可以坐在椅子上或是地板上，確保自己沒有擋到貓咪。這樣貓咪也會比較放鬆，注意力也能集中在獵物身上。

不要故意讓貓咪抓不到玩具。沒有人喜歡老是玩不贏的遊戲。如果整個過程你一直揮舞玩具，卻不讓貓咪有機會成功抓到它，那麼其實只會讓

貓咪感覺挫敗。遊戲時間不只是讓貓咪動一動，也得讓她們在心理上得到滿足。如果你的貓費盡功夫追捕、抓咬、隱身、攻擊，卻因為你故意把玩具移開而總是抓不到它，那麼對貓咪來說這場遊戲不是遊戲，只是增加她挫折感的運動。在互動遊戲過程中，貓咪也需要有心靈上的滿足，成功追捕到獵物。你可以把玩具想像成獵物，讓貓咪在過程中抓到幾次，但有時候讓獵物成功逃脫。到遊戲尾聲時，逐漸放慢玩具的動作和步調，最後一次讓貓咪好好抓到獵物，來個大成功的結尾。

不要把玩具往貓咪臉上靠。正常情況下獵物不會主動跑去獵人面前讓她追，因此要模擬獵物的行為，就要讓玩具在貓咪的視線範圍內移動。往她方向靠近的動作其實會讓貓咪困惑，而且會讓貓咪立刻進入警戒狀態。

不要突然終止遊戲。想像一下你是貓咪，正跟獵物玩得火熱，能量也準備爆發，突然間玩具不見了，被收進衣櫃，而你完全來不及做出任何反應，你做何感想？不管飼主有多少時間可以跟貓咪互動，遊戲終止前一定要有所暗示地放緩動作，讓貓咪可以帶著成功追捕到獵物的好心情，回到遊戲前的放鬆狀態。

問題：請問您建議使用雷射光玩具嗎？

潘媽的回答

很多人會用雷射玩具是因為只要一拿出來，馬上就能吸引貓咪的注意，但很不幸的，雷射光點容易讓貓咪挫折。如果你花點時間去了解貓咪追捕獵物時所運用到的五官知覺，就會知道，想追捕一道紅色光束但無論怎樣都追不到的情況對貓咪來說，其實沒那麼有趣。

我通常會建議客戶不要在互動時間使用它，但如果客戶堅持要用雷射玩具，我會建議在遊戲一開始時使用，並且把光束引導到互動玩具上，這樣貓就可以去追捕玩具了。對雷射光束著迷的貓咪，互動遊戲的目的就是要設法讓貓咪轉移目標，直到飼主可以把雷射玩具收起來。

貓咪習慣使用觸覺。貓咪是走謀略路線的動物，她們是否會一躍撲到獵物身上，很多時候是靠著觸覺來判斷獵物在她們腳掌下的狀態。貓咪腳掌下有著敏銳的短鬚（靠近關節的地方），貓咪將手掌覆蓋在獵物身上時，就是利用這些短鬚來感受獵物的活動力。所以請試著想像，貓咪花了時間完成跟蹤、撲殺，但撲上去後卻什麼都沒感覺到，那會有多難過。貓咪把腳掌放到雷射光束上的動作其實會令她們挫折。

請讓貓咪有機會動動腦。當人們使用雷射光束時，通常移動得很快，這會使得貓咪的遊戲方式脫離原本貓科動物的本能，變成瘋狂亂跳亂抓亂撲，試圖以這樣的方式抓到獵物。雖然貓咪這般瘋狂的舉動讓很多飼主感到有趣，甚至覺得貓咪因此獲得足夠的運動量，但其實違反貓咪狩獵本能。

貓咪屬於短跑健將型，並不是靠著把獵物操到疲累才到手。貓咪會利用圍捕的方式獵捕，靠的是小心翼翼接近，等到和獵物的距離近在咫尺且合適的時候，貓咪會一躍而上。因此讓你的貓咪追著光束到處跑，對貓咪的心理或生理都沒有什麼好處。

遊戲時間要對貓咪有益處，就應該要兼顧心理跟生理上的滿足與平衡。如果你太注重生理上的跑跳追逐，而忘了要關注貓咪心理上的滿足和自信心建立，那麼這樣的遊戲時間很可能會有反效果。

雷射光束玩具的安全考量。雖然很多廠商宣稱雷射光束是安全的，我還是很擔心不小心把雷射光束射進貓咪眼睛的後果。並不是所有雷射光束的設計都是安全的，因此若你堅持要使用，請千萬不要將光束對著貓咪眼睛。在互動過程中，可能會很難控制光束方向，這也是爲什麼我一直建議

使用其他互動玩具代替雷射光束。

問題：為什麼我的貓會對玩具失去興趣？但我總不能一直買新的吧，該怎麼辦呢？

潘媽的回答

你可能爲貓咪買了許多玩具，但如果她們長時間獨守空閨，那很快會對這些玩具失去興趣。那這是指貓咪再也不玩，該把玩具丟掉了嗎？不是的，這只是告訴你，該是做點改變的時候，讓貓咪的生活環境變得更有趣。以下是一些小技巧，讓玩具能繼續維持新鮮感。

輪流使用不同玩具。其實不需要一口氣買五十個玩具給你的貓咪。事實上只需要選幾個，讓貓咪連續玩個幾天，然後收起來，接著換下一批，依此類推。有時候幾天沒有玩某個玩具，重新拿出來就能製造新鮮感。

把玩具擺放在貓咪會感興趣的地點。不要把一堆玩具丟進她的遊戲紙箱裡，也不要隨意丟置在地毯上讓貓咪玩，請有策略地將這些玩具放在會令貓咪感興趣或充滿好奇心的地方。可以將假老鼠放在貓跳台上、球體玩具放在紙袋子的角落。也可以在地上滾動乒乓球，或是刻意把玩具放在窗台邊緣，貓咪經過時可能會不小心被腳掌掃落。請多多發揮你的想像力和創意。

要刻意讓互動玩具顯得很特殊。互動遊戲時所使用的玩具（例如像是釣魚杆之類的玩具）不應該隨意放置，尤其是如果你當天沒有時間跟貓咪一起遊戲，那麼玩具就應該要收起來。這同時也涉及安全問題，因爲貓咪很可能會噎到或是被繩子纏住脖子。除此之外，這些玩具不常出現在視線範圍內，也會增加貓咪對玩具的興趣。互動時間所使用的玩具應該有特定的出場時間，將互動遊戲的效益達到極限，鼓勵貓咪運動、跟飼主進行情感交流並且充滿樂趣。

靜悄悄耐心等候

貓咪是守株待兔的獵人。她們可以靜止不動很長一段時間，等待獵物一步步靠近到攻擊範圍內，然後……瞬間撲上去！

用貓薄荷爲玩具「加味」。雖然不是所有貓咪都對貓薄荷有反應，但如果你的貓剛好喜歡，那麼你可以把玩具放在容器裡，灑上貓薄荷。請務必將容器的蓋子蓋緊，放在貓咪無法觸及的地方。偶爾你就可以把「加味」過的玩具拿出來讓貓咪盡情享受遊戲的樂趣。不過請注意不要太頻繁讓貓咪接觸貓薄荷，大概以一週兩次爲限。如果太常讓貓咪使用，她就會逐漸對貓薄荷的效果麻痺。

問題：我很喜歡跟貓咪在床上玩，但我覺得這樣好像也形成了壞習慣。夏塔現在竟然會跳上床咬我的腳指頭！我可以跟我的貓在床上玩嗎？

潘媽的回答

貓咪很喜歡玩耍，而且隨時都可以進入遊戲狀態。雖然睡前的遊戲時間可以訓練貓咪睡整晚而不會在半夜醒來，但玩耍的地點絕對不可以在床上。在訓練過程中，一致性是很重要的。如果你傳達給貓咪的訊息是可以在床上跳上跳下、撲過來撲過去或玩耍，那麼當你半夜睡得正熟，她可能會認爲可以跳上去跟你的腳指頭玩一玩。如果她開始覺得那張床是一張巨大的跳床，平時可以上去大玩特玩，那接下來她若在你的胸口趴很久趴到想尿尿，或是早上用貓掌叫醒你這位玩伴，就只能說是咎由自取了。

把床鋪好

若想降低夜晚腳指頭被貓咪攻擊的機率，白天請不要讓貓咪在床上跟你玩耍。讓她在地上活動。

選擇遊戲地點。遊戲時間的地點在行爲矯正上十分重要，因此要好好愼選，讓地點變成一個優勢，不要讓貓咪接到混亂的訊息。如果你希望貓咪跟你在床上是親密的抱抱、安撫和午睡時光，那麼請不要跟貓咪在床上玩遊戲。你可以利用這個機會幫助貓咪把家中不同場域和功能作連結，而這會需要一些正面的經驗。除了一般會選擇的客廳或起居室，也可以將特定區域當成專屬遊戲空間。如果你的貓在大廳或是靠近門邊總是比較焦慮，那麼你也可以刻意在那附近跟她玩遊戲，讓她對那個空間有些正面的連結和經驗，之後再到那邊去就比較不會害怕。

問題：我的貓是同胎手足，已經一起相處超過五年了，但她們彼此之間卻對遊戲方式有不同的喜好。查理會為了抓玩具而跳上跳下，但哈利卻只喜歡追著我拖在地上移動的玩具，為什麼我的貓玩耍的性格如此此不同？

潘媽的回答

大部分的貓咪只要可以玩，不管玩具是被拋在空中或是在地上拖行都會有反應。通常喜歡往上跳去追咬玩具或是跟著地上拖行的玩具跑，在貓咪年紀還小的時候就可以看出喜好，但在成貓後喜好可能會改變，原本喜歡跳上去撲老鼠的貓咪，隨著年紀可能會改成四腳貼地尾隨跟蹤的方式。

貼著地板玩。貼著地板玩的方式有很多種變化，依照你所挑選的玩具而異，可以像蛇一樣在地上 S 形移動，或是像老鼠一樣跑跳，或是像蟋蜢一樣在地上跳來跳去。一開始在選擇玩具時就可以選不同類型的地板玩具，以便日後在不同遊戲時間時進行不同的移動模式。然而，如果你的貓特別喜歡某一種玩具或某種移動方式，那麼請順著她。重點是要讓貓咪可以好好享受生動有趣的遊戲時間。

善用環境。在地板遊戲的時候，貓咪會需要用到尾隨技能、速度、精準度捕捉獵物。不要只在房間的中央進行遊戲，這樣貓咪沒辦法好好發揮上述這些能力。在環境中刻意放置一些可以讓貓咪隱身或躲藏的物件，讓她可以偷偷摸摸地靠近獵物，享受這樣獵捕的過程。

害羞內向的貓咪會比較喜歡地板遊戲，甚至白天都可能隨時隱身起來。但隨著她越來越有自信，就可能會想在空中躍起撲咬獵物。

空中遊戲。請記得無論怎樣拋起玩具，都不應該在整段遊戲時間裡百分之百在貓咪頭頂上方，因爲在大自然中，即使是小鳥也有落地的時候。你可以提供貓咪向上躍起的機會，但同時也讓它們貼近地面，這樣貓咪才有機會撲上去。

另外偶爾要讓貓咪撲殺成功，如果玩具總是在貓咪頭頂上，那麼最後她就會抬頭看著玩具移動，而不會眞的投入遊戲。

不管貓咪的遊戲喜好爲何，比較重要的還是讓貓咪有機會成功抓到獵物，享受遊戲所得到的成就感與滿足。

問題：貓薄荷是什麼？給我的貓使用貓薄荷安全嗎？

潘媽的回答

貓薄荷是一種薄荷科的多年生草本植物，原生於歐洲，之後進口到美國和其他國家，植物本身可以長到二至三尺高，心形葉片，花朵可能是紫色、白色或粉紅色。

貓薄荷若是種植在戶外，很快會蔓延整座花園，而且鄰居的貓通通都會聚集到你家後院。

貓薄荷產品種類很多，可能是新鮮貓薄荷、乾燥處理、噴劑或裝有貓薄荷的玩具、添加貓薄荷的咀嚼產品、貓薄荷味道的貓抓柱。如果你購買的是乾燥貓薄荷，那麼要小心挑選品質優良、有機栽種、無毒無農藥的產品，因爲市面上產品良莠不齊。

貓薄荷反應。貓薄荷中的荊芥成分讓貓咪有反應，在沒有添加任何人工化學藥劑或有害物質的前提下，讓貓咪產生快感。而有趣的是，貓薄荷反應其實具有遺傳性，大概有百分之三十的貓咪並沒有這樣的基因，對貓薄荷毫無反應。小貓和老貓通常也對貓薄荷比較沒反應，甚至有些小貓還會討厭貓薄荷的味道。

不只這些小毛球

大型貓科動物，例如老虎，也會對貓薄荷有反應。

貓薄荷反應大約會持續十到十五分鐘，一旦有了快感，需要間隔一至兩小時才能再度啓動這樣的反應。

貓咪是靠吸入貓薄荷來達到作用，貓咪會用她的犁鼻器官分析這樣的氣味。吸入貓薄荷可帶來刺激和愉悅感，但如果食用貓薄荷，則有安定貓咪的效用。

一旦置身在有貓薄荷的環境中，貓咪會嗅聞、滾動、舔舐或甚至吃貓薄荷。這些都是正常且無害的。

預料外的反應。有些貓在接觸貓薄荷後會變得躁動。在多貓環境中，要測試她們對貓薄荷的反應時，請分開每一隻貓以免情況一發不可收拾。如果你發現當中有一隻貓反應特別激動，請讓她獨自在一個空間內享用貓薄荷，然後等效用過去後再讓她回到貓群當中。

行爲矯正。貓薄荷可以用來激發或安撫貓咪在遊戲時間的互動反應。如果想要提醒貓咪到合適的地方磨爪，也可以將貓薄荷抹在那些地方。

如何投放貓薄荷？貓薄荷一週最多只能給兩至三次，如果貓咪長時間都暴露在貓薄荷的環境中，那不久之後就會對貓薄荷麻痺。

若使用乾燥貓薄荷，需先將揮發油荊芥釋放出來，給貓咪之前請先用手指搓揉乾燥的葉片釋放成分。

一般寵物用品店也會販售可補充貓薄荷的香氛袋。這樣的產品會比購買預先添加貓薄荷的玩具還要合適，因爲通常玩具上所添加的貓薄荷成分品質比較差。

貓薄荷可以撲抹在玩具上，亦可散裝在紙盤上或塗抹在貓抓板上。當然也可以將貓薄荷放入舊襪子裡面打個結使用。

購買與保存。貓薄荷要存放在密封罐裡，放在貓咪觸碰不到的地方，以免貓咪在你不知情的情況下使用。

如果你自行種植貓薄荷，可以提供新鮮葉片給貓咪，然後再將剩餘的盆栽倒掛，製成乾燥葉片，之後再放入密封罐中收納。如果貓薄荷盆栽放在室內，小心不要讓貓咪接觸到。

如果你購買的是散裝的貓薄荷，請確保該品牌是有機生產，不添加任何人工物質，也要留意內容物應以葉片和花朵居多，如果有太多枝梗的話，貓薄荷會效果不佳。

第八章

養貓的日常

在預算範圍內營造貓友善的居家環境

問題：我常聽到要讓環境更豐富有趣，但我不太確定這是什麼意思。何謂讓養貓的環境升級？

潘媽的回答

環境乃貓咪健康於否的重要因素之一。如果貓咪接受到的刺激不夠，就可能會出現與無聊相關或壓力無處釋放的行爲問題，例如過度舔毛清理、咬東西，與同伴或其他寵物處不好、自殘症狀、衝動行爲、失去食欲。

天生好動。首先我們來看看貓咪與生俱來的神奇技能，她們的感官十分敏銳，耳朵可以獨自轉動，聽到人類聽不見的聲音，還可以精準地找到聲音來源。貓咪爲雙目視力的動物，在低光源的情況下視覺仍非常良好，對人類來說幾近漆黑的情況下貓咪還是看得見。然後貓咪的嗅覺也十分敏銳，可以察覺人類聞不到的氣味。

接著我們來看看貓咪的生理機能，她們可以跳到高於自己身長五倍到七倍的高度，惦腳尖走路既無聲又快速。貓咪可以一邊跑一邊做出快速的變化和移動。而觸鬚則幫助她們在黑暗中偵測獵物的移動路線，是眾多能力中的一項。貓咪的生理構造讓速度、跟蹤、敏捷與移動的精準度都高於其他動物——也就是我們所說的貓式優雅。

想想看，如果空有這一身技能卻無處發揮，那會是多麼痛苦的事情。對很多貓來說，她們被帶到室內飼養（且爲了安全因素的確需將她們留在室內），等於這些技能被通通封殺，沒什麼事情好做。貓咪生來就不是在家閒閒沒事吃一堆東西打發日子的動物。貓咪們天生就該精力旺盛地四處活動。

爲什麼更有趣的環境對貓咪有益處。一些有趣的運動可以讓貓咪在生理上更健康。如果你的貓很活潑，通常身材體態也應該很好。她的肌肉有得到充分的運動，骨頭也很堅固，同時運動也會讓食欲變好。

因此適度讓貓咪跑一跑、動一動是有很多好處的。貓咪如果多動，心智上也會比較有自信。提供一個有趣且安全的環境，貓咪就會活得快樂、自信。反之如果環境很無趣或充滿壓力，那麼貓咪就會變得很不快樂且焦躁不安。

如果貓咪的壓力無處可宣洩釋放，可能會出現一些不是很健康的因應機制。過度自舔清理就是個常見的壓力抒解方式。貓咪可能會針對一個地方瘋狂地舔，舔到那個部位都腫起來了。這時如果有提供一些抒發的出口或宣洩體力的活動，那貓咪就有些事情可以做，不會花時間自殘。

當貓咪進行狩獵時，會產生多巴胺（一種神經遞質，可影像情緒），讓貓咪更積極。通常貓咪越靠近獵物，這個物質就會釋放得越多。貓咪很喜歡狩獵，一旦狩獵模式開啓，貓咪就比較不會進入沮喪或無趣的情況，因此提供貓咪這樣的機會很重要，讓她們對獵物有所期待，對各種事物更積極。但幸運的是，現在不需要找死老鼠或小鳥來讓貓咪狩獵，我們也可以利用其他方式刺激貓咪，只要提供類似的玩具和互動遊戲時間即可。

遊戲時間。貓咪從不同的遊戲方式中均能獲得益處。以互動遊戲來說，可以由你控制條狀玩具，讓貓咪專心當個獵人。故意移動玩具，讓貓咪有機會練習狩獵技能。

貓咪獨自玩遊戲時，可利用毛茸茸的老鼠、皺皺的球和其他小型玩具讓貓咪動一動。你可以將這些玩具放置在特別的地方，激發貓咪好奇心。可以將茸毛老鼠放進空的衛生紙盒內，或是在紙箱上戳幾個貓咪手掌伸得進去的洞，封住開口，丟幾個玩具進去讓貓咪找一找。也可以在紙袋內放入乒乓球，或是放一兩隻小老鼠在貓跳台上。同時也可以利用食物或點心輔助。

不管你是否在家，都應該要讓貓咪用益智餵食器，或搭配給予小點心的玩具。對於獵人來說，覓食是很自然的狩獵動機。這時候貓咪就要善用五官搭配生理機能捕捉獵物。讓貓咪拍打追捕會自動掉出食物的小球，比直接充滿食物的餵食器來得有趣多了。益智餵食器的另一個好處在於貓咪會吃得比較慢。

這樣也相對比較健康。或許你可以用金錢打造一個很棒的環境，但別忘了，貓咪的健康很重要。豐富有趣的生活，代表飼主一家在照顧貓咪時，要時時把貓咪的身心健康都放在心上，作爲所有選擇的最高指導原則，包括預防照護、疼痛照顧、疾病、受傷護理。這同時也意味著必須注

意貓咪的安全。

打造一個無懼的豐富環境。貓咪所處的環境不應該有任何壓力或恐懼，貓咪不應該懼怕家中任何寵物或成員，也不會覺得自己常常被處罰。如果她太害怕而躲在床底下，那麼這表示她需要環境中最基本的要素：安全感。沒有人（或動物）應該在恐懼中過日子，請找出貓咪恐懼的原因，開始進行行爲矯正或調整。即使這表示你需要將貓咪隔離，也請這麼做，因爲這樣才能提供安全、快樂且豐富的環境給貓咪。家並不是監獄，如果你不確定要從哪裡著手，可以請獸醫建議合格的行爲專家。

善用垂直空間。至高點對於貓咪來說提供不少安全感，尤其是在多貓環境中。家中越多的垂直空間，貓咪們分享的地域就越多。如果貓咪彼此之間有些緊張或張力，那麼其中一隻貓可能會爬到較高的位置，那也是一種領導地位的象徵。而至高的空間也可以是害羞貓咪的安全避難處，因爲她知道在那裡別的動物無法從後面偷襲。

你可以利用貓跳台營造垂直空間，貓跳台供應商提供各種高度與規格的貓跳台供你選擇，可依照預算購買簡單方便的貓跳台，或是一路向上延伸至天花板的華麗跳台。

貓咪隧道或是櫃子也能增加垂直空間，你可以購買書櫃和貓咪隧道，也能自行製作。另外也可以在牆壁上做一個讓貓咪能跳上跳下的階梯，方便她們跳到其他櫃子或貓柱上。這些擺設可以很豐富也可以很簡單。在多貓環境，建議提供兩組階梯，讓貓咪不會在上下樓梯時被其他貓威嚇或阻擋。

窗邊的跳台也是經濟實惠的選擇。你可以選擇與窗戶結合的跳台，有些還有加熱設備，天冷時貓咪還是可以在窗邊看雪花飄落。年紀大一點的貓咪也比較需要加熱設備。

祕密基地。供貓咪躲藏用的祕密基地可利用四周高起的睡墊製作，像是金字塔型或是甜甜圈型的睡墊抱枕都很適合。你甚至可以將紙箱翻至側面製作這樣的空間，把紙箱側放之後在裡面鋪上舒適的浴巾即可。對害羞的貓咪來說，可以在紙箱上剪一個洞當作入口，將紙箱倒放，成爲貓咪不被打擾的祕密藏匿處。

隧道之樂。隧道也是很有趣的環境豐富物件。你可以購買柔軟的布製隧道，或是自行用紙袋製作。

用餐空間。貓咪用餐時需要一個平靜且安全的環境。請讓每一隻貓擁有自己的貓碗，共用食器很可能會造成資源防護或爭奪的情況。同時並排靠在一起吃飯也可能會讓貓咪不安，即使貓咪們對彼此很友善，還是不喜歡跟其他貓咪靠在一起用餐。除此之外，請不要將飼料碗和水放在一起，因爲飼料很有可能會掉進水中，讓水變味。請確保食物和水碗時常保持清潔，且每天都要換乾淨的水。

豐富有趣的環境也包括提供貓咪足夠的營養成分，除了水之外，貓咪還需要營養的食物。你的貓咪需要符合她年紀與活動量的營養。

水也是豐富生活的一部分，你也可以考慮使用寵物噴泉而不是把水倒入一般的盆子內。對於喜歡把水碗翻倒的貓咪來說，這是個不錯的解決方案。除了水的來源要乾淨之外，喝水的碗也要天天清洗，如果你使用噴泉的話，也需要定期清洗。

洗手間。健康豐富的居家環境也包括貓砂盆的使用和清洗，尺寸大小和放置地點也需要一併考慮。千萬不要樣樣都顧及到，卻唯獨漏了貓砂盆。

貓抓柱。如果你的貓會抓家具，那麼這表示你爲她選的貓抓柱不適

合。磨爪是很自然的行爲，請提供高聳穩固且覆蓋著劍麻材質的磨爪空間。

視覺上的刺激。市面上有些 DVD 的內容是讓貓咪可以看獵物移動的狩獵過程。許多貓咪會被這樣的內容與聲光效果吸引。這些 DVD 可以用來刺激貓咪，在遊戲開始前播放的效果不錯。

戶外小鳥餵食器也能用來刺激貓咪，可以在窗戶附近架設一個小鳥餵食器，讓貓咪能在貓跳台或窗邊跳台上看見這一幕。

社交互動。雖然她們的社交裡節跟狗狗不太一樣，但貓咪還是善於社交的動物。提供豐富有趣的環境也包括讓貓咪跟家中成員有良好的社交互動。如果你的貓來到你的生命中，只是因爲你養她當寵物，但你不常在家，那麼她的生活將會孤單又無聊。她需要跟你和家中其他成員互動。

貓咪也可以藉由另一隻貓的陪伴和互動獲得好處，在循序漸進的相互介紹階段結束後，貓咪有個在日常生活中陪伴的好夥伴眞的很不一樣，生活從此變得不孤單！

享受戶外時光。如果你將環境準備好，在一個封閉且不會有機會逃跑的空間內和貓咪互動，那麼帶貓咪到室外可以是安全且有趣的。有廠商提供確保貓咪在戶外空間安全的設備；有些圍欄能使用在窗台邊，有些亦可安裝在室外。請確保這些圍欄都有牢固地架設好，也讓貓咪可以隨時不受阻礙地進入屋內。這些圍欄的架設就像是專爲貓咪設計的露台。

享受戶外體驗給貓咪一些感官或材質上的刺激。秋天時，我會從外頭帶一些落葉給我的貓咪玩；她很喜歡落葉的氣味還有踩在上面的沙沙聲響。冬天的時候我會帶雪球，春夏則是其他有趣的東西。戶外要是有木頭也可以讓貓咪拿來磨爪，只是要清理掉在地上的木屑，還有偶爾可能會有一兩隻蜘蛛藏在木頭孔洞裡。

從此不再無聊。豐富有趣的環境是必須的，不需要花大錢即可辦到。是時候讓貓咪的生活添增趣味了，降低不安感和壓力。

問題：求助！馬塞爾在家中什麼都爬，我怕有一天會發現她卡在天花板的抽風扇上面。為什麼我的貓這麼愛爬高？

潘媽的回答

在養貓的日常當中，確保貓咪能安全地爬高爬低是很重要的一環。往上爬高讓貓咪得以在至高點上向下俯視整個環境。如果你的貓咪跑到戶外，攀爬對她來說便是攸關性命安危的能力，幫助她從獵人手中逃脫，因此養在室內的貓咪也會有這樣的天性和需求。如同前面所述，解決方法就是提供貓咪更安全的選擇，引導她去你希望她爬高的地方。

爬高的好處。即使可以理解你不希望貓咪爬去扯窗簾布或是去抓精緻的家具的原因，但還是請提供貓咪一個安全的攀爬環境。爬高是小貓學習技能和能力展現的時候，她們可以藉此訓練平衡感、肌肉與彈性。對成貓來說，攀爬的意義則是有趣！同時也是個不錯的運動，讓她可以順利地達到高處，增加安全感。

往上爬會讓地域範圍擴大。垂直空間若夠大，那麼貓咪的地域就越廣。這在多貓的環境尤其重要，垂直空間可以用來減少貓和貓之間的衝突，對害羞膽小的貓咪來說，垂直空間也會增加安全感和安全性。

安全地攀爬。由於爬高對於貓咪來說是很正常的行爲，因此請提供她更多安全的選擇。高聳且穩固的貓跳台很重要，如果你有足夠的空間，也

可以設置幾個貓跳台和櫃子。我有位客戶住在紐約市的閣樓，他把其中一根屋樑包上劍麻布料，成了貓咪最喜歡爬來爬去的空間。除此之外還有很多創造攀爬環境的空間利用，不管你家的大小如何都有機會。

貓咪的天性。只要是跟貓咪天性有關的行爲習慣，要改變都很難。因此與其趕貓咪走，或是在她爬上窗簾布時對她發脾氣，不如提供她更好的選擇，如此一來雙方都開心。

問題：我該如何選擇合適的貓跳台？有些貓跳台還滿貴的，我不想花錢買了之後卻發現貓咪不想用。

潘媽的回答

購買貓跳台或貓抓柱的時候，請記得把貓咪的身形大小與個性都列入考量。如果你的貓咪很大隻，那就不要選跳板很小的貓抓柱。貓咪在那些跳板平台上應該要覺得舒服，不用擔心一隻腳會掉下來。我通常會建議使用U型的跳板，因爲這樣貓咪可以感受跳板在背後。貓咪在休息時喜歡背靠著東西，這樣比較有安全感，也不用擔心會從後面被攻擊。

貓跳台可至當地寵物用品店購買或從網路上購買，價格會依照其款式而不同，看你需要的是基本款還是比較華麗的設計。對貓咪而言最重要的是要夠穩固，夠高且用起來很舒適。不穩的貓跳台會讓貓咪不想使用，這樣反而浪費錢。貓跳台越高，底盤應該越大。請確保貓咪在上面跳躍的時候，貓跳台穩固地撐柱不會搖晃。貓跳台與貓咪要合適，如果你的貓很能跳，那麼就需要投資一個可承受工業等級力道的貓跳台。有些貓比較喜歡爬而不用跳的，但有些貓會在貓跳台的跳板上跳來跳去。

人類選擇未必是貓咪的選擇。貓跳台現在越來越趨於纖細、重視視覺美感且獨一無二的設計。這點當然很棒，讓貓跳台可以直接呈現在家裡的擺設當中，不用因爲和裝潢不搭而藏在角落，但這樣的新穎設計還是有些地方要注意。有些網路商店販售的貓跳台或貓抓柱很明顯是爲人類視覺上的美觀而設計，這些商品看起來或許很酷，但對貓咪來說卻可能不夠舒適，因爲材質滑溜、跳板窄小且柱子很輕。請將貓咪的身材尺寸、年紀和活動力放在心上。這些看起來纖細優雅的木質貓跳台可能對年紀大的貓咪來說不夠溫暖也不夠軟。另外，有些充滿設計感的貓跳台並不適合多貓環境，因此你會需要購買許多個貓跳台。我個人很支持把貓跳台設計得符合潮流，但對我來說最重要的還是以貓咪的利益爲最優先考量。

貓跳台的放置。一旦購買了貓跳台，請注意放置的位置。一般來說，將貓跳台放在窗邊是個不錯的選擇，這樣貓咪可以望向窗外的景物。如果你因爲不喜歡貓跳台的外觀而將它放在沒使用的房間或地下室，那麼最後也只是積灰塵罷了。貓跳台應該要放在貓咪也喜歡的地點。

問題：墨菲看起來是個自信且快樂的貓咪，但她有時滿喜歡躲起來的。這是否表示她很害怕？貓咪是否需要藏身處？

潘媽的回答

自1980年代初期我開始進入貓咪行爲問題這行，常常會提醒客戶們環境對於貓咪的重要性。好的環境可以鼓勵貓咪自然地建立良好的行爲，也可以給貓咪們安全感，更可以加深貓咪與飼主之間的情感。這些林林總總與環境有關的改善與安排統稱爲環境豐富。

環境豐富當中有個常被誤解或忽略的就是貓咪對藏匿處的需求。許多人認爲貓咪藏匿起來應該就是有問題。如果貓咪總是一有機會就躲起來不見人，這的確需一些行爲矯正讓貓咪更有安全感，但貓咪是需要藏匿處的動物。如果貓咪在環境中無處可躲，會一直處在驚嚇與恐懼中。藏匿處讓

貓咪有時間平復，調適好再出來見人。如果沒地方可以躲藏，貓咪很有可能無法放鬆，因此也不願意試著與人互動。貓咪如果覺得自己被逼到角落且毫無選擇，很可能會出現爆衝或抓咬的行爲。即便有提供選擇給貓咪時，膽小害怕的貓咪也會到處亂竄也會躲起來。這時候提供藏匿處讓貓咪有安身立命的地方相當重要。

對於不需要行爲矯正的貓咪藏匿處也同等重要。即使你的貓大部分時候都自信不害怕，也請確保環境中有可以躲藏的地方，尊重貓咪偶爾會想要隱身的需求。不管是習慣獨處的貓，喜歡黏人的貓，自信的貓或是膽小的貓，通通都需要有個安全的避風港、藏匿處。對有些貓來說，所謂藏匿處就是可以不被家中其他人或寵物打擾的午睡空間。

當我們開始規劃環境豐富度，很多人第一個想到的是玩具、可攀爬的東西以及娛樂活動。這些很重要，但卻只是環境豐富的一部分。所謂豐富包括所有讓貓咪得以發展正常貓咪天性與行爲的設施。對於貓咪這樣同時是獵捕者也是獵物的動物，躲藏是一輩子都需要的活動。

舒適的藏匿處。藏匿處可以利用家中既有的物品來打造。藏匿處可能有各種用途，因此應該要先思考這個藏匿處的功能作用爲何。舉例來說，如果是爲了讓貓咪有地方午睡跟打盹，那麼這個藏匿處就應該要很舒服。這時可以利用金字塔型或甜甜圈型的睡墊，如果不想花大錢，可以側放紙箱，裡頭鋪著舒服的毛巾和布料。請留意貓咪喜歡睡高高還是靠近地面，這會幫助你選擇合適的午睡藏匿處地點。

如果你的貓喜歡在貓跳台上午睡但不想暴露在外，那可以把紙箱放在其中一片跳板上，或是購買包覆性跳板的貓跳台。

一般來說貓咪不喜歡貼地而睡，因此睡覺用的藏匿處應該要架高置放。置放的高度依照貓咪的個性和環境的條件而異，甚至需要放在小朋友或家中狗狗碰不到的地方。

提供選擇。在提供行爲矯正的建議時，很多時候只要確保貓咪有選擇，一切就迎刃而解了。覺得自己沒有選擇的貓咪會備感壓力，有種被逼到角落的不舒服感受；而覺得自己擁有選擇的貓咪，也就是可以自行選擇要隱身躲起來還是要大方暴露在外，要參與活動或是在外圍觀察的貓咪，相對會較爲穩定而有安全感。提供一兩個藏匿處只是建立貓咪安全感的方式之一，對一般的貓咪來說可能只是覺得身處一個沒有壓迫且安全的環境，但這個動作對害怕的貓咪來說，卻有著天與地的差別。

問題：我住的公寓很小，這樣養貓的空間夠嗎？

潘媽的回答

對貓咪來說，一個空間的品質遠遠勝過空間大小。人類所居住的環境是水平的，貓咪的空間觀念卻是垂直的。只要公寓的高度足夠，就能提供貓咪一個垂直空間。我相信你一定可以指出一些貓咪會喜歡在上面活動的角落，例如冰箱上方或是書櫃、衣櫃上方。貓咪會這麼做是有原因的，貓咪爬的越高，那個位置就對她越有利。

垂直空間也讓貓咪有機會爬上爬下，多多運動。在貓跳台上玩耍其實也是在訓練貓咪的肌肉發展。

可以在窗邊的貓跳台上玩耍，看著窗外的小鳥移動，這對貓咪來說就像人類看電視那般著迷。

許多選擇。垂直空間可以透過各種方式來打造。有許多跳板的貓跳台是個不錯的選擇，讓貓咪有空間可以爬上爬下。貓跳台的下方如果有用劍麻這類粗糙表面處理過更好。

垂直空間不只是貓跳台或是貓抓柱，也包括櫃子和藏匿處。你可以購買或是在牆上設置貓咪可通過的走道，只是要確保櫃子穩固且寬得讓貓咪能安全通過，櫃子的表面也應該要做些防滑處理。在櫃子旁也可以做些階

梯或跳板，讓貓咪可以順利地爬上櫃子，從那邊再往上跳。

即使公寓很小，也還是可以利用垂直空間將貓咪的活動範圍延伸。

希望你享受爲貓咪創作這些空間的過程，要努力「跳脫框架思考」讓你的貓咪過得開心。你可以上網搜尋照片，就會發現許多人的創意無限，替他們的貓咪打造了很棒的垂直空間。你也可以搜尋專門製作貓咪友善櫃子的廠商，這樣一來貓咪在室內也能活動、打盹、攀爬、玩耍，從上方往下掃視一切。

問題：在瀏覽寵物用品型錄時，我發現有些專門給貓咪用的隧道，請問這樣的產品該如何使用，貓咪會喜歡在隧道裡玩耍嗎？

潘媽的回答

大部分的貓咪都喜歡躲貓貓的遊戲，不管是利用紙袋或是紙箱，貓咪會想辦法跳進跳出，或是把這當成打盹午睡的好地方。因此在環境中提供這些東西讓貓咪「有搞頭」是很重要的，讓她可以有地方玩耍。而這些紙袋或紙箱的功能不只提供娛樂，也會讓貓咪更有安全感。

貓咪隧道的好處。如果你的貓咪大部分時間都躲在衣櫥裡面，因爲不太敢暴露在外與人接觸，那麼你可以用紙箱、紙袋和廠商販售的貓咪隧道來擴增她的舒適圈。不管是家庭自製或是市售的貓咪隧道，都可以讓貓咪覺得受保護而願意離開藏匿點在公共空間活動。

貓咪如果受到驚嚇或是不安，會選擇把自己隱藏起來，即使需要在房間內移動，也希望別人看不到她。她可能會從家具後面走，而通過公共空間時，越是開放的空間，所需要的自信程度越高。如果你的貓咪常常躲起來，你可以利用貓咪隧道來增加她的安全感和信心，一步步地引導她探索更多公共空間。

貓咪隧道的種類。你可以在當地寵物用品店購買以柔軟織布包覆的貓咪隧道，也可以自行製作。將幾個紙袋的下方剪開後打開紙袋，從側邊往內捲一吋以增加厚度，這樣紙袋就不會輕易地扁掉。接著將袋子的底部用膠帶黏起來做成一個隧道，注意請不要用塑膠袋。

如果是用紙箱來製作，最簡便的方法就是找一個長方形的箱子，這樣就不需要把好幾個紙箱黏在一起了，你可以把紙箱的開口折處剪掉，或是用膠帶固定住。如果箱子很大而貓咪身形較小，則可以留一邊的開口不要黏起來，讓紙箱開口的大小剛好夠她通過，以營造密閉性的隧道感覺。

在多貓環境下，如果你決定要做個長隧道，請在隧道中間開幾個洞讓貓咪可以中途離開隧道。這樣如果隧道另一端出現其他貓咪，她就可以選擇是否要離開。這樣貓咪就不會因爲想要退出而卡在隧道中動彈不得。

隧道的置放。這部分很重要，如果家中有新的貓咪成員且還在隔離期間，那麼請利用隧道讓貓咪可以取得外部資源。房間內不用放太多隧道，但需要提供一點遮蔽空間讓貓咪可以在裡面活動，不會覺得自己時時刻刻都暴露在外，還得鑽床底下才敢走去吃東西或上廁所。隧道所提供的安全感，會鼓勵貓咪嘗試探索新環境。

增加自信。不管你跟貓咪住了多久，如果她總是在床底下或是櫃子後面，一旦她覺得安心無虞，那麼你引誘她出來的機率會遠遠高出許多。這時候貓咪隧道就可以派上用場。

第九章

人為因素

人類才是最難相處的物種

問題：我剛發現有孕，我們的貓咪喬治克隆尼多年來一直是我們唯一的「寶貝」。我該如何讓貓咪準備好迎接家中新成員的加入？

潘媽的回答

貓咪不喜歡變化。想像一下，突然間一個新的家庭成員被帶回來，這是多麼令人困惑的事。從貓咪的觀點來，完全是天外飛來一筆。許多人誤以爲貓咪對寶寶展現的負面行爲皆是出於妒嫉，但並非如此，而是因爲貓

咪正常規律生活出現重大改變，而且她的生活環境有一大部分頓時變得不再熟悉，貓咪對這一切感到困惑與恐懼。貓咪某天醒來後，發現一個帶著陌生氣味、陌生聲音的生物，就這樣憑空出現在領域中。當貓咪靠近這個謎樣無毛小生物時，貓咪身邊的所有人突然開始大驚小怪、驅趕貓咪或大小聲，沒有什麼事比這個更糟了。更別提似乎再也沒有人有空陪貓咪了。在過渡期間你越早開始幫助你的貓咪放鬆，對大家都越好。可以從一些基本事項開始著手：

維持你家貓咪的正常生活作息。許多即將迎接新生命的飼主們常犯下一個重大錯誤，在寶寶出生以前對貓咪投入大量的關注，因爲他們知道接下來就不會有這麼多空閒時間了。結果你的貓咪對於玩樂時間、抱抱時間和關注的大幅增加感到自在舒適，然而寶寶一出生，整個世界就此崩解。在寶寶出生以前，建立一個你往後也能維持的生活作息時間表。

幫助你的貓咪適應聲響。寶寶會哭，而且有時候他們的哭聲震耳欲聾。我建議買一張狗狗訓練師 Terry Ryan 推出的「聽起來不賴（Sounds Good）」系列 CD，專注寶寶會發出的聲音那張 CD。然後開始在喬治進行一些正面行爲時，以非常小的音量播放，例如互動遊戲時間或品嚐美味食物的時候。然後在接下來的訓練階段，逐步放大音量。

讓寶寶不是惱人噪音的唯一來源。有無數的玩具與設備是以聲響設計來娛樂並刺激寶寶——例如搖床椅、旋轉音樂鈴、電子遊戲墊之類的設施。如果你知道你的貓咪會因爲這些噪音心神不寧，或者你只是特別小心，給她充分的時間適應，那麼可以提前購買製造聲響的寶寶設備用品，並架設好，讓貓咪有時間去探索。定期啓動這一類玩具或搖晃它們，讓你的貓咪完全適應。

預演即將發生的情況。你身邊有生了寶寶的朋友嗎？如果有，就邀請他們來家裡玩（一次一個），這樣你的貓咪就可以感受實際的聲音、氣味和預見未來即將發生的情況。不要找蹣跚學步的小孩。一開始你會希望讓你的貓咪先適應行動力沒那麼強的小孩。

尊重你家貓咪的嗅覺。當你準備迎接寶寶期間，讓你的貓咪得以探索你帶進屋裡的新物件。她會想聞聞嬰兒床、尿布台、衣服、玩具等，讓她好好進行完整探索。如果你感覺她對帶進屋裡的任何物件感到緊張，就在她靠近那個物件時，以遊戲時間或零食來分散注意力。響片訓練在這裡也行得通。在寶寶設備或傢俱周邊，如果她表現平靜，就打響片並給予獎勵。你也可以用一只乾淨的襪子，溫柔地磨擦你家貓咪嘴邊四周，然後磨擦寶寶傢俱的各處。貓咪雙頰有氣味分泌腺會釋放費洛蒙，透過磨擦臉頰產生的是「友善」費洛蒙。除非她們覺得舒服且有安全感，否則貓咪不太會以臉頰磨擦物件。如果你爲她做一些人造臉頰磨擦動作，或許能幫助你的貓咪更快對物件產生熟悉感。

就在我們專注於你的貓咪嗅覺之時。開始擦寶寶爽身粉和乳液。這可能對稍後的情況有所幫助，因爲寶寶會有與你相似的氣味。

在懷孕期間了解貓砂盆的眞相。如果你懷孕了，醫生很可能建議你不要負責清理貓砂盆。一些知識不完備的醫師或親戚甚至可能建議你擺脫的貓咪，避免胎兒感染上弓漿蟲病。弓漿蟲病確實具有危險性，但必須了解到一個事實，你處理生肉後沒有確實清潔雙手，或是處理蔬菜與生肉皆使用同一塊砧板，染上弓漿蟲病的機率更高；亦有可能因爲吃下未熟透的豬肉、羊肉或牛肉而感染。

一些貓咪確實有弓漿蟲帶原，但危險性最高的是那些得以在戶外活動並吃下鳥兒或老鼠的貓咪。吃生食的貓咪危險性也比較高。

懷孕的婦女被建議不要處理貓砂盆的原因，是因爲會散播疾病的蟲卵

就潛藏在貓咪糞便裡。這些蟲卵在被排出後一到三天開始具傳染性，如果貓砂盆規律得到清理，應該會大幅減少你受感染的機率。可以讓其他家族成員處理這些瑣事。如果你一定要處理貓砂盆，就一天清理兩次，戴上拋棄式手套，然後每一次都仔細清潔雙手。

進行戶外園藝工作也有感染弓漿蟲病的可能，建議戴園藝手套並在結束後立即清洗雙手。

對弓漿蟲病有任何疑問，可以諮詢醫師，並針對你可以進行的預防措施諮詢貓咪的獸醫師，但沒有理由拋棄你的貓咪。你需要的是具備基本常識和良好的衛生習慣。

遊戲時間彌足珍貴。你的貓咪需要正常的遊戲時間表。寶寶回到家後，一天也要進行一到兩次互動遊戲時間。寶寶在場時進行遊戲時間，能幫助貓咪建立正向連結。獨自遊戲時間也相當重要，這樣貓咪在你餵寶寶或與寶寶互動時可以自己找樂子。讓獨自遊戲時間充滿樂趣——別倚靠擺放在旁邊的一籃玩具，那很無聊！在空面紙盒裡放一隻毛絨絨的玩具鼠，或在紙袋裡放個玩具，讓玩具更有趣。結合運用益智餵食器，它們是你忙於照顧寶寶時娛樂貓咪的好道具。

嬰兒床安全。許多新手媽咪都很擔心貓咪會跳進嬰兒床裡。事實上，你家寶寶的嬰兒床裡根本不應該有任何東西，連毛毯或填充玩具也不要。如果你擔心的是貓咪，就買個堅固的嬰兒床罩。其實多數時候，一旦貓咪聽到寶寶飢餓或尿布濕的時候發出的驚人哭鬧聲，根本不會想靠近睡覺。

如果你在寶寶誕生前就先設置好嬰兒床，然後發現貓咪會在裡面閒晃，那就架設一個嬰兒床罩。你也可以在嬰兒床裡放滿空的汽水罐或瓶子，這樣一來貓咪在裡面會覺得不舒服，你自然可以期待她在寶寶來臨前就習慣避開嬰兒床。

問題：我那正蹣跚學步的寶寶亞當，進入對我們的貓咪瑪莉蓮非常好奇的階段。我希望他享受與貓咪相處，我該如何協助我的貓和學爬的寶寶成為好朋友？

潘媽的回答

你的貓咪和小孩可以發展出親密又美好的關係。你兒子正値大人能好好示範如何與貓咪正確互動的年齡。此外，提供你的貓咪安全的避難區域，這段美好的關係能作爲鑰匙，讓孩子開啓對動物友善的一生。

以攤開的手來撫摸。不正確的撫摸方式可能摧毀一段剛萌芽的感情。爲你的孩子示範應該如何溫柔地攤開手掌撫摸貓咪，並順著毛流方向輕撫。一些貓咪有敏感地帶或對某個身體部位有明顯好惡。引導你的孩子避開那些部位。許多年幼的孩子以拍打的方式撫弄貓咪，但多數貓咪並不喜歡那樣的接觸。概括來說，她們喜歡溫順的輕撫，貓咪喜歡被撫摸的基本部位是頭部後方，某些貓咪喜歡一口氣被順著撫摸到背部，但對某些貓咪來說有可能太過刺激或碰觸到敏感部位。了解貓咪的喜好，然後正確地引導你的孩子。

創造特別的遊戲。動物喜歡玩耍，小孩也喜歡玩耍，小孩喜歡和動物一起玩。幫助你的孩子挑一個貓咪玩具——最好是近似釣竿的設計——然後教他如何與貓咪一起進行遊戲。教導你的孩子不要戳貓咪或將玩具瞄準她的臉，也要注意別讓貓咪一直碰不到玩具而感到挫折。絕不要在沒有人監看的情況下，讓你的孩子單獨與你的貓咪玩耍。

在他們身旁放置多個敞開的紙袋，然後讓孩子試著從每個袋子裡拿玩具。他和貓咪都會覺得很好玩。如果你不放心孩子使用長棍型玩具，使用孔雀羽毛或軟的蛇形玩具，例如魔術逗貓棒。另一個選擇是讓你的孩子使用魔杖製造貓草泡泡。貓草泡泡溶劑在你家附近寵物商店或網路上都可以

購買得到，別讓你的孩子朝著貓咪的臉吹泡泡就行了。

閱讀寵物相關書籍。尋找有關寵物的童書，或是述說有關貓咪或狗狗的故事。利用故事時間幫助你的小孩發展出更多對動物與動物需求的同情和理解。我經常在故事時間做的其中一件事，就是問我的孩子在好事或壞事發生時，他們覺得動物的感受如何。

爲你的孩子以身作則。你的孩子會透過觀察你照顧家中寵物並與他們相處的方式來學習。示範應該如何讓你的貓咪得到充分的健康照顧、完善的營養、愛、歡樂與善意。如果孩子看到你以不恰當的方式責罵貓咪，他很有可能也會如法炮製。即使是你與家中貓咪說話的方式都可能影響你的孩子對這段關係的看法。當貓咪做了不當行爲時，如果你叫她「白癡」，會傳遞給你的孩子不正確的訊息。你的孩子與貓咪究竟是會建立良好關係亦或是交惡，關鍵就掌握在你的手中。

問題：我該如何讓我的貓咪不要那麼討厭我的新婚丈夫？

潘媽的回答

如果貓咪討厭你的人生摯愛，那玫瑰浪漫小屋的美好生活很可能瞬間轉變爲恐怖片。就算沒有貓咪跑進房裡來嘶嘶叫或咆哮，展開一段新關係已經很有壓力。這裡有幾個小技巧幫助你讓貓咪看到 Mr. Right 的美好一面：

你的貓咪不是妒嫉。這可能會讓你很驚訝，但你的貓咪出現不當行爲，不是因爲你在其他人身上花更多的時間而感到生氣。事實上是困惑與恐懼讓她無法好好地對待你的老公。你的貓咪是慣性、領域性生物，當有不熟悉的人突然開始在家裡活動，她可能會感到非常不安而且緊繃，讓她的正常作息變得亂七八糟也會讓她困惑。人們經常太過努力想讓貓咪喜歡新來的人，但這是不對的。飼主可能試著強迫他們湊在一起，或許也會抓起貓咪並直接將她放在新來的人懷裡。

對一些貓咪來說，家中出現新來者可說是全面性侵犯領域。突然間，帶著陌生氣味的傢俱、衣服和其他個人物件被送到屋內。若你搬進妳老公的房子或新房子更是雪上加霜，因爲貓咪完全沒有任何熟悉的東西。

改變你的貓咪對另一半的看法。首先，不要操之過急。貓咪需要覺得有緩衝的餘裕。你越試著強迫貓咪接受你的伴侶，她可能會越反感。

襪子魔法。從氣味開始。如果你的伴侶身上帶了一點貓咪氣味，或許能幫助她開始覺得自在。拿一只乾淨的襪子，並溫柔地磨擦你家貓咪的嘴巴周遭搜集她的臉部費洛蒙。貓咪如果對環境感到自在才會用臉頰磨蹭物件。用沾染貓咪氣味的襪子磨擦一些你家伴侶的個人物件，例如鞋子、公事包等。拿更多襪子重覆這個步驟（不要一次用全部的襪子——讓她的臉頰氣味充斥整個空間）。你也可以用沾染費洛蒙的襪子磨擦屬於伴侶的傢俱物件邊角，甚至是讓妳的老公穿著沾染費洛蒙的襪子在屋子裡走動。

要抓住貓咪的心，得先抓住她的胃。詢問妳的老公是否願意負責準備貓咪食物並餵食。他在房裡時，貓咪可能會進食得不太自在，但他殘留在食物碗中的氣味會讓他的出現與好事開始產生連結。

也可以由妳的老公來給小零食。剛開始可能得將小零食拋給貓咪，讓她吃的時候可以與新來的人保持距離。也可以採取響片訓練，只要她對妳的老公做出任何正面舉動，就打響片並獎勵她。有些時候，正面舉動可以只是貓咪願意走入妳老公所在的房間裡這種小事。不論是進行響片訓練或者單純在出現想要的行爲時提供零食獎勵，將標準放低，即便是極小的進步也讓貓咪獲得獎賞。讓貓咪決定步調，然後妳會發現，慢慢地她對距離縮短越來越自在。

遊戲的力量。遊戲時間是行爲矯正工具中極具力量的一項。當貓咪進入遊戲模式，她會覺得很享受，釋出好的大腦化學成分，然後對周遭開始產生正面連結。剛開始，在進行遊戲時，可能得讓妳的老公坐在一側，這是爲了讓貓咪看出她可以放下防備，專注在玩具上面，而不必擔心妳的老公。使用釣竿設計原理的互動玩具，讓動作保持進行狀態。不要將玩具移動到太靠近妳老公的位置，將活動保持在貓咪的舒適範圍內進行。

接下來幾次，在進行互動遊戲時你可以坐得靠近老公一點，然後甚至將玩具遞給他。最終進展到由他來進行與貓咪互動的遊戲時間。

環境。提供貓咪充分的休憩空間，你老公在的時候她便可以安心迴避。如果沒有地方讓她藏身或迴避，她會覺得非常脆弱而潛入床底下躲藏。環境中應該至少有一棵貓咪樹讓她可以跳上去並產生安全感。你的老公可能必須要了解，貓跳台是禁區，當貓咪在跳台上時她只想獨處。如果他尊重那個避難處，那麼貓咪會開始覺得她可以躲到跳台上而不必藏在另一個房間的床底下。

用金字塔型的貓咪床墊、靠單一側放箱子或甜甜圈床來製造藏匿處，如此一來她可以待在房裡卻好像隱匿其中。

貓砂盆。如果目前貓砂盆位於妳老公會出沒的地方（例如臥房或主臥室），就在另一個區域再增設一個貓砂盆。讓貓咪覺得有選擇。

製造接觸機會。如果貓咪接近妳的老公，讓她能不被中斷地進行氣味探索。她只不過靠近聞他的褲管，不表示她想要他彎下身來撫摸她或抱起她。即使貓咪走過他的大腿，也要讓她不被打擾地移動，最好讓貓咪自己想更進一步，別操之過急，最終讓她再次掉頭就走。

問題：為什麼我的貓會試圖接近朋友中唯一不喜歡貓的那一位？

潘媽的回答

你的貓咪針對那些不喜歡貓咪的訪客，是因爲他們完全沒有試圖互動的意思。沒有直接的眼神接觸，你可以確定他們不會彎下腰來撫摸或抱住你的貓咪。

從貓咪的觀點來看。貓咪具領域性，而從他們的觀點來說，你家就是他們的領土。當客人來訪，一些貓咪會將他們視作嫌疑犯。畢竟這些訪客帶著不熟悉的氣味，而且動作和聲響都和熟悉的家庭成員不一樣。愛貓的人來到你家可能會衝到貓咪面前來打招呼，而沒有注意到貓咪的肢體動作和訊號都清楚地表示：「退後」。直接靠近你家貓咪的訪客沒有給她機會探索氣味或決定來訪的人類究竟是敵是友。然而討厭貓咪的人或是對貓咪過敏的人，會忽視貓咪，而這給了她以自己的步調探查的機會。

☆潘媽的貓咪智慧語錄

七件對貓咪來說合理，但對你而言完全說不通的事。你非常愛你的貓咪，但可能有些行爲會讓你摸不著頭緒。這些行爲對你而言完全說不通。即使搞不清楚你的貓咪爲何會有一些奇怪的行爲，但並不表示無用或不具邏輯性目的。這裡有七件對你的貓咪來說很合理，但對你而言卻不見得如此的事：

1. **翻臉不認人**

   你的貓咪跳上你的大腿並蜷縮起來。她可能磨蹭著你像是在要求你撫摸她。於是你開始撫摸她，她發出愉悅的呼嚕聲，但幾分鐘後她跳開並拍打你。怎麼回事？你的貓咪突然翻臉不認人？雖然態度上的突然轉變看似無跡可循，但這在一些貓咪間是相對尋常的行爲，

如果你超越了被撫摸的容忍極限。這種行爲稱爲撫摸性攻擊，貓咪受到持續撫摸感覺太過刺激，而她的肢體訊號沒有被覺察。她覺得讓你停止的唯一方法是伸出爪子或張嘴咬你。

2. 嚙咬與嘔吐

這發生在能戶外活動的貓咪身上。許多貓咪享受吃草，而且會坐在草地上，使出混身解數僞裝綿羊。在貓咪津津有味地咀嚼綠草數分鐘後，你聽見貓咪準備嘔吐的熟悉聲音。許多飼主會爲他們室內活動的貓咪種植適合貓咪的植物讓她們滿足咀嚼的愉悅，然而很多時候得收拾殘局清理嘔吐物。爲什麼貓咪喜歡吃那些會讓她們嘔吐的玩意兒？專家們對此有許多不同的理論，但沒有人確定哪個理論正確。其中一個理論是貓咪利用草來刺激反胃。一些貓咪可能咀嚼草來幫助自己吐出沒有通過胃的毛球。

3. 浸泡腳掌

爲什麼你的貓咪會將腳掌伸進裝水的碗裡，然後舔掉水珠，而不正常地直接喝水？對人類來說這並不合理，但以貓咪的觀點來說是非常實在的作法。某些情況下，如果裝水的碗太深或太淺，貓咪就會用這種方式喝水。貓咪有長鬚，她們不喜歡鬍鬚被擠壓。將腳掌浸泡在水裡讓鬍鬚比較舒服。在多貓家庭中，貓咪可能會浸泡腳掌來尋求安全感。她不放心將頭放進碗裡，因爲會阻擋視線。如果她需要隨時注意某個對手，將腳掌泡進水裡會是比較好的選擇。最後，假使你沒有持續保持相當的水位，你的貓咪可能會養成將腳掌泡進碗裡的習慣，因爲她無法判定水位有多高。

4. 背影

對許多飼主來說，這可能是相當無禮的行爲。貓咪跳到你的大腿上坐著，然後背向你，甚至可能甚至在你身旁蜷起身子，然後背向你。似乎不論貓咪決定坐在哪裡，不管是你前方的咖啡桌或你正在書桌前處理電子郵件，你總是只能看貓咪的背影。這有個簡單的理由。她並非沒有禮貌，而是展現無比的信任感。因爲貓咪同時是掠食者和獵物，她想要讓自己待在最安全的地方。如果她準備安頓後把背轉向你，這是展現對你的信任，甚至她正在爲你們倆留意周邊環境。察看她的周遭環境，以免有神出鬼沒的老鼠從地板上急匆匆地奔過，是相當合理的事。

5. **瘋狂貓舞**

你的貓咪沒有任何明顯理由突然在屋內暴衝，像是在追逐想像中的老鼠。她四處舞動、飛撲，甚至可能起身飛躍到貓跳台上。你徹底巡察過，卻沒有老鼠、蜘蛛的蹤跡，甚至一團灰塵也沒有。這些貓咪身上發生了什麼事，讓他們發「貓瘋」幾乎撞上牆？很可能你的貓咪是在追逐影子或光線，或她只是累積了太多能量需要發洩。貓咪，作爲獵人，天生需要活動。如果你的貓咪近來睡太多，沒有充分的遊戲時間來宣洩那些精力，可能會自己找樂子來點貓舞。也請謹記，貓咪有敏銳的感覺，所以你的貓咪可能聽到、聞到或看到某些你完全沒有注意到的東西。

6. **紙鎭**

無論你爲你的貓咪準備了多少玩具或是環境有多麼地豐富有趣，她還是很有可能坐在一張你試著想讀的紙上。如果有一張紙在地板上，你的貓咪可能會選擇讓自己坐在紙上，而非房裡其他更加舒適的地方。這並不合理，對吧？但對你的貓咪來說很合理。說到坐在你正在閱讀的紙或雜誌上，你家聰明的貓咪明確知道你的注意力放在哪裡。如果她想要獲得關注，很明顯你視線所在之處就是最好的

位置——紙張。至於地板上的一張紙或是沒有人注意到的書桌，可能與貓咪想待在高處的天性有關。如果她想要待在地板上或書桌上，同時也想要稍微高一些，她可能覺得紙張跟同一平面的其他地方感覺不一樣，可以讓她稍微墊高。

7. **掩蓋手段**

你放下一盤食物給你的貓咪，然後她嚼食幾口後，在食物盤前的地板上掘了起來，就像是要掩蓋貓砂盆內排泄物時一樣。你的貓咪試圖表示食物很難吃？這在貓咪世界是不是等同於顧客點餐後將不好的食物退回廚房的意思？貓咪是把她的餐點跟一坨貓屎作比較嗎？事實上這是貓咪同時作爲掠食者與獵物的生存本能，是很正常的行爲。如果你的貓咪沒有吃完她的食物，試圖挖掘地板掩蓋食物，是避免引來其他掠食者，同時避免潛在獵物覺察到附近有掠食者存在。即使是在室內活動的貓咪，從未外出打獵，也仍保有這些生存本能。

問題：我該如何協助我的貓咪班尼對訪客感到自在？

潘媽的回答

首先，你必須與班尼進行一些基本準備工作。找一個釣竿型的玩具，然後進行一些互動遊戲時間。在家裡的各處進行這些互動遊戲，但是確保你在常會有人進出的房間多進行幾次這樣的互動。你越常進行遊戲，班尼越可能開始對家中的各個房間產生正向的連結。

接下來的訓練你需要一個志願者。邀請朋友來家裡作客。來訪的目的是讓貓咪明白家裡有客人完全不會構成威脅。邀請朋友進門，並且在不與班尼四目交接的情況下坐下來。他也不應該與貓咪有任何接觸或互動。

膽小鬼貓咪。如果你的貓咪奔跑並躲藏，隨意地走向她並進行強度低的遊戲。不要把她從床底下拖出來，或是朝她的方向戳玩具。如果她在床底下，就坐在附近的地板上，然後漫不經心地移動玩具引誘。你想傳遞的訊息是，一切都很好，沒有什麼好害怕的。你的貓咪偷偷觀望後跑來玩或繼續躲藏都沒有關係，她會明白你的意思。如果她出來，就跟她玩，如果她從床底下探出頭來看，非常好；如果沒有也別擔心，因爲之後可能會逐漸有進展。任何微小進展都値得被獎勵，在你短暫招呼班尼後，回到你的客人身旁。

如果你的貓咪從臥室出來探險，並且來到客人所在的房間露臉，這就是很好的進展。在一旁準備互動玩具，然後有意無意地來點小遊戲，讓玩具與客人保持一段距離，以讓你的貓咪待在安全領域內。

如果你一週進行幾次這樣的練習，班尼可能會開始發現訪客們並不具威脅性。只要確定客人沒有試圖與貓咪互動或直接四目相交就可以了。

守望者貓咪。如果班尼對客人出現攻擊行爲，你可以使用相同的技巧。確保客人完全沒有試圖互動。與貓咪進行強度低的遊戲時間或在她進入客人所在的房間時給予小零食獎勵。你甚至可以在客人在場時餵她吃飯。只要確定班尼有保持一段安全距離，讓她覺得安全且安心。

「到墊子上」。標的訓練也適用這種情況，你可以利用這種方式訓練你的貓咪到特定地點。我使用軟地墊作爲移動地點，可以放置在房裡的任何地方。標的訓練幫助你創造一個會讓貓咪聯想到冷靜的地方。進一步了解標的訓練可以參考第二章。

屬於貓咪的地盤。不論班尼是膽小鬼或守望者，都需要一個藏匿處。讓她待在房裡，而不是得消失到另一個遠處的房間，爲她準備一個 A 字框架或甜甜圈狀的床，讓她感覺受到保護且隱密。如果你在房裡已經有一

座貓跳台，但貓咪覺得不夠安心，可以放一個 A 字框架的床在其中一個跳台上。如此一來貓咪會因爲待在高處平台上，同時又可以躲在舒適的床舖裡而感到安心。

隱形的貓咪

有時候簡單一個箱子就能爲貓咪帶來安全感。在感覺隱藏起來的同時，得以窺探並觀察環境。保持隱形的狀態有助於減緩焦慮。

我也建議以增設貓跳台來進行額外環境改造。策略性地放置幾個舒適的貓跳台可能帶給你的貓咪高處「貓咪專屬」的地點，來審慎觀察房間裡的動態。

問題：貓咪真的都不親人嗎？

潘媽的回答

當我開始從事貓咪行爲諮詢時，很常聽見人們提到一些關於貓咪的迷思。許多人認命地與有行爲問題的貓咪一起生活；很多人不認爲花時間與精力互動是值得的，因爲大家都知道貓咪很冷漠、獨立、沒感情，而且完全無法訓練。我從來都不認同，但我確實了解爲什麼以前人們會相信——對於貓咪的正確訊息並不算多。如今令我感到訝異的是，已經有這麼多資訊流通，你只要看到一隻描述貓咪的網路影片，就可以看到她們善交際、可訓練，而且完全不冷漠。人們習慣誤判貓咪孤僻，所以從未嘗試陪伴，不論她們有多麼孤單。造成我們如此認知的原因是持續拿貓咪跟狗狗比較，試著找出哪一個物種比較優越。事實上，他們只是不一樣。

並非冷漠。貓咪相當融入她們的環境，因爲骨子裡就是掠食者，敏銳的感覺對潛在獵物的畫面、聲響或氣味維持高度警覺。對於冷漠的態度，你可以解讀爲這隻優雅動物正爲未知作準備。只因爲她在飼主呼喚名字時不會馬上回應，並不表示她很冷漠。她只是很專注。

感情。貓咪以許多方式表達情感，甚至是不會被注意到的一些細微情感表現。貓咪不必得坐在你的大腿才表示有感情，她可能喜歡坐在你身旁或者是幾英寸外的地方，但不表示她沒有感情。多數貓咪也喜歡被撫摸，但不見得是撫摸狗狗的方式，請不要撫摸貓咪的肚子，拜託，因爲你很有可能會激起防衛反應。一些貓咪可能也有偏好被撫摸的身體部位或是被撫摸時間的長短；一些貓咪喜歡長時間的按摩，但有些只喜歡在走過時被摸個一、兩下。貓咪花很多精力才弄清楚你這個夥伴的一切——你的日常作息、你喜歡什麼、不喜歡什麼等等。如果你也花同樣的心力，與她培養出你一直夢寐以求的關係是很有可能的。

獨立。雖然一般來說確實如此，相較於狗狗，貓咪可以獨自在家的時間比較長，但她們仍然依靠我們，而且絕非不必花心思陪伴。誤以爲貓咪獨立只需要一些照顧，甚至是完全無需照顧，造成許多貓咪莫名受苦，身體上與情緒上皆是如此。

貓咪需要你的陪伴，事實上有些貓咪如果單獨相處的次數太頻繁或時間太長，會經歷分離焦慮——多數人只會想到狗狗有這個問題。貓咪表現分離焦慮的方式和狗狗不一樣，很容易忽略貓咪不安或困惑的跡象。

孤僻或善交際？貓咪們常被稱作孤獨的生物，但這並非事實。貓咪是社交性動物。她們的社交形式架構與狗狗不同。這個誤解可能源於她們是小型掠食者，時常單獨狩獵，因爲她們只追逐足以讓一隻貓咪食用的獵物。貓咪獨特在於她們是掠食者，也是獵物。

我相信其他讓人們對貓咪社交架構感到困惑的因素，是她們具有地域性，所以貓咪之間的關係得先經過繁複的過程來定義、溝通地盤問題。狗

狗可能馬上會與剛遇見的另一隻狗狗變成朋友，於是當你發現貓咪認識彼此的過程永遠不可能如此快速完成，似乎很令人喪氣。我經常說世界上沒有貓咪公園是有它的道理。貓咪間的介紹需要技巧與地盤溝通。貓咪不會開心地帶一顆球到公園，希望可以找到另一隻貓咪一起玩。

如果你從貓咪的觀點來看她的世界，你會看見一個很棒的夥伴準備好爲你帶來許多的愛。不要拿貓咪跟狗狗比較，正視她們是美麗貓咪的事實並如此對待她們。狗狗擅長做狗狗，而貓咪也是做貓咪最好，就是這麼單純簡單。

問題：為什麼我試圖撫摸我家貓咪肚子時，她會咬我？

潘媽的回答

以狗狗來說，最喜歡被撫摸的位置經常是肚子；對多數狗狗來說，沒有什麼比你不停抓撫並搓揉柔軟的肚子還舒服的事。然而，就如同你所看到的，在你的貓咪身上做一樣的事，可能會換來滿手抓痕和幾個咬痕。

脆弱。貓咪最不希望的就是大型掠食者或對手有機會接近她最脆弱的部位、致命器官所在地。貓咪對於肚子被撫摸的典型反應是進入防衛模式。她會用腳掌抓住你的手，接著可能張口咬。她不是對你刻薄，而是自然保護天性的反射動作。

露出肚子。貓咪爲何會露出她的肚子？這要視當下的環境情況而定。如果她正與另一隻貓咪對峙，滾到她身旁或後方露出肚子並不是屈服的意思。這是最終極的防禦動作，讓對手知道她準備好放手一搏——如果轉爲肉搏戰，所有武器（牙齒和所有爪子）都會盡出。

如果貓咪在房間裡曬得到太陽的地方舒展背部，然後看來平和且放鬆，她覺得非常舒服且未受威脅，對周邊環境感到安心且享受陽光灑落在肚子上的溫暖。不要以爲撫摸她感覺脆弱的部位沒有關係，而擅自破壞了這美好的一刻。對很多貓咪來說，搓揉她們的肚子會自動觸發防衛反應。不要認爲是針對你，或覺得你的貓咪突然把你視爲敵人，這只是反射動作，你的貓咪只是展現正常反應。

第十章

動物一家親

貓狗如何和平共處

問題：我想要養第二隻貓咪。我該如何挑選家中的第二隻貓？

潘媽的回答

你要如何確保你帶回來的新貓咪能與家裡的貓咪好好相處？沒有任何方法可以保證你的選擇能帶來和諧圓滿的家庭，不過我確實有幾個小技巧可以幫助你作出比較成功的選擇。

別想著帶回一隻小貓來陪伴上了年紀的家貓，小貓幾乎完全不尊重領

域和疆界。躍躍欲試的小貓滿心想玩又好奇，可能會讓年長的貓咪備感壓力。如果你家中年老的貓咪生病了，行動力受限或身體出了毛病，增加第二隻貓咪並不是個好主意。上了年紀的貓咪最不需要的就是更多的壓力。

如果你家的成貓愛玩、健康、善於社交且充滿活力，那麼小貓可能會是個好選擇。

個性互補。試想你家貓咪的個性。她外向嗎？自信嗎？是絕不妥協的貓咪嗎？如果是這樣，就得找一隻不會與她競爭的貓咪。如果你選了另一隻絕不妥協的貓咪，可能會有許多正面對決的情況，因爲每隻貓咪都想當老大。另一方面，你也不想選擇一隻個性極端的貓咪。非常膽小、害羞的貓咪可能無法與非常自信的貓咪相處。選擇一隻個性互補的貓咪，外向且友善，而非另一種極端。

不要火上加油

在一個養了多隻貓咪的家庭中，在增加另一隻貓咪前，必須處理所有與壓力相關的行爲問題。

公貓或母貓？至於應該養公貓還是母貓，這麼多年來很多人都相信，應該要養另一隻不同性別的貓咪。我從來不認同那樣的理論，而且在我從事專業行爲諮詢的這些年裡，我發現好的個性和氣質相投要比選擇公貓或是母貓來得更重要。

切勿操之過急。好好花時間選擇第二隻貓咪。你會希望爲你家中的貓咪帶回一個終身的夥伴，所以別急著決定。

問題：我們即將領養第二隻貓咪來與我們六歲大的波斯貓梅爾作伴。有人建議我們應該將他們放在一起，然後讓他們自己相處看看，但我非常緊張。我該如何讓第二隻貓融入？

潘媽的回答

許多貓咪因爲擁有夥伴貓咪而獲益良多。不過，貓咪同時也是有地域性的動物，介紹過程需要一些技巧和耐心。如果你只是將貓咪們湊在一起，抱持著「她們會自己搞定」的想法，你會讓兩隻貓咪承受莫大的壓力，而且有肢體衝突的可能。不正確或倉促的介紹可能會讓貓咪們成爲死對頭。另一方面，正確地介紹貓咪，可能開啓一段終身的貓咪情緣。越多貓咪，就需要越多資源以及資源取得地點，和越多藏身之處與逃脫路線。確保你擁有適合的環境可以讓貓咪們展開健康、安全、快樂且豐富的同居生活。

在介紹貓咪的過程，請謹記：這些貓咪在夥伴選擇與領域限制上並沒有選擇權。我們帶來新夥伴的時候，對貓咪要求很多。我們得以選擇自己的人生伴侶，但貓咪不能，這是値得提醒自己的一點，特別是你在介紹過程中失去耐心或感到挫折的時候。

貓咪們處於高度警覺狀態。你可能認識一些人，會用過時（而且沒有想清楚）的方式，單純將貓咪們放在一起，然後順其自然。其中有些人可能得到成功的結果，但代價是什麼呢？這樣的介紹過程帶來了多少壓力？貓咪們眞的成爲朋友或是僅僅劃分好領土，並在貓砂盆劃清界限？只因爲飼主們沒有看見劍拔弩張的場面，不表示這些貓咪不是處在時時緊繃的氛圍裡。「讓他們自己搞定」的的方式既冒險、沒效率也沒人情味。你爲什麼會想採取可能讓所有貓咪陷入危機的方式呢？

用正確的方式進行。恰當的新貓咪介紹技巧，必須兼顧兩隻貓咪的生理與心理需求。從家中貓咪的觀點來看，這是踏入私領域的入侵者，而新來的貓咪則認爲她被放在充滿敵意的地盤上，兩隻貓咪都需要安全感。如果他們覺得沒有安全的地方，就會轉換爲生存模式，然後你就會看到驚慌失措、打架，甚至噴尿的行爲。不過，如果她們在觀察情況時，仍保有自己的舒適區域，你或許可以將恐慌的情況控制下來。面對這種改變生活的大事件，兩隻貓咪都需要安全區域來減壓。你家中的貓咪不明白爲什麼自己無法再獨占整個空間，新來的貓咪則需要了解一個不熟悉的區域、不熟悉的人類和不熟悉的貓咪，看看這壓力有多大！

第一步：設置一個隔離空間

設置一個讓新來的貓咪可以作爲安全區域的房間，一個僅屬於她的地方。這會讓她有時間以更安全的方式熟悉環境。搬到一個不熟悉的環境對貓咪來說壓力已經夠大了，所以在你介紹她給家中貓咪之前，讓她在安全空間獨處並處理她的壓力。你不會想在新來的貓咪適應不良的情況下，試圖將她介紹給家中的貓咪，所以安全空間讓她有餘裕可以恢復正常狀態。貓咪們越放鬆，介紹過程就越可能成功。

安全空間可以是任何你能關上的房間。裡面有貓砂盆、食物和水，一些舒適的藏匿處、一個貓抓板和一些玩具。如果你使用外出提籃將貓咪帶進裡來，就將提籃放在房裡並保持提籃敞開，在貓咪到房間各處探險前，可以在她想要的時候待在裡面。如果新來的貓咪很膽小或害怕，待在有熟悉氣味的提籃裡，一開始時能帶給她需要的安心舒適感。

可以爲仍舊害怕的貓咪在安全空間裡設置紙袋隧道，作爲安全通道，讓她不必曝露在外就可以抵達貓砂盆或食物區。也爲她在房裡準備一些藏匿處，例如有割開出入的倒放箱子。這會幫助她覺得不必持續躲在床底下或櫥櫃裡。如果她連續數日蜷縮在床底，或在櫥櫃裡將自己擠在你的行李箱後面，太過害怕且反應強烈，只會導向不成功而極度壓迫的介紹。

■ 我知道妳在這裡面！即使你家裡的貓咪無法看到新來的貓咪，她也會知道她就在門的另外一頭。這很正常，但將新來的貓咪安置在安全空間，你同時也讓家中的貓咪知道，只有一部分的領域被入侵，而不是整個家。不讓他們感到不知所措是很重要的。

■ 貓咪安慰費洛蒙療癒。在介紹貓咪給彼此的時候，使用空氣擴散器揮發貓咪安慰費洛蒙產品 Feliway Multicat，可能對情況有所幫助。這種特殊產品費洛蒙可以減緩緊繃感並增加社交活躍度。這種擴散在空氣中的氣味人類無法察覺。

步驟二：用餐時間就是訓練時間

成功介紹新貓咪的關鍵，就是給貓咪們喜歡彼此的理由。你不能長久隔離她們，然後打開門就期望她們神奇地建立連結。當出現在彼此眼前時，她們得看見有好的事情發生，然後再看到彼此。最好的方式就是透過食物或點心，食物是強大的動力！

在關上的安全空間門兩側放置食物碗餵食貓咪，與門的距離端視每隻貓咪的反應而定。如果你家中的貓咪不願意靠近門邊六英吋以內的距離，那就將食物碗放在她的舒適區域內。接下來逐步縮短距離。

不過，對於多近才算是太過靠近請小心拿捏。一般來說，貓咪單獨用餐會比較有安全感，別強貓所難地要求兩隻不熟的貓咪共享小空間一起用餐。即便介紹階段已經完成，貓咪仍然偏好在用餐時保持一定距離。

計時開始

讓互動保持短暫。每一回不到三分鐘就很足夠了。

如果一隻貓咪的進食速度比另一隻快，可以給貓咪有阻礙的碗（例如

給吃太快的狗狗使用的那種碗）。如果餵食濕飼料，可以將食物推到碗底或側邊，而不是在中間堆起，讓貓咪得花更多時間舔食。

每次訓練時不要提供太多食物。最好維持頻率高、時間短，以達到正面結果。

步驟三：讓嗅覺決定

交換襪子。很久很久以前，我發想出這個方法，在介紹新貓咪時效果非常卓越。這個方法很簡單，一雙乾淨的襪子就可以開始。

把一只乾淨的襪子放在手上，然後溫柔地沿著嘴邊磨擦新貓咪來搜集臉部費洛蒙。貓咪臉部四周的費洛蒙是「友善」的費洛蒙。貓咪會用臉磨蹭感覺舒適的地方。使用襪子時，我們會刺激貓咪釋出更多友善費洛蒙。

將沾染上氣味的襪子放在你家中貓咪的領土上。這會讓家中貓咪有機會自行初步調查新來的貓咪氣味。如果你有 Feliway 噴霧，快速在襪子底端噴一下（不要噴在有新來貓咪費洛蒙的地方）。Feliway 與 Feliway Multicat 相反，含有臉部費洛蒙的微量 F3，與自我認知、領域與熟悉感連結。理論上，當貓咪聞到這個合成費洛蒙，她會以爲這是自己的氣味。使用這種費洛蒙噴霧並非必要，但如果預算許可不妨一試，而且這可能會增加成功介紹的機會。如果你決定使用 Feliway 產品，在襪子上使用噴霧，然後用擴散器揮發 Feliway Multicat，這樣一來你可以將兩者效果極大化。

讓你的貓咪自行探索。我在介紹時使用響片訓練，在家中貓咪對襪子做出正向舉動時，我會打響片並獎勵她。我看到任何希望貓咪重覆的舉動時都會打響片，然後對所有不希望她做的行爲都視而不見。例如，如果貓咪聞了襪子，我會打響片並獎勵她，如果她走過襪子旁，連看都不看一眼，我會打響片並獎勵她。

我使用襪子是因爲可以在安全且受控的情況下，給貓咪充分時間熟悉另一隻貓咪的氣味。會聞氣味的貓咪可以安全地靠近，於是接下來進行行爲矯正時不必擔心貓咪們會受傷。

帶著家中的貓咪到襪子旁，然後磨蹭她來搜集臉部費洛蒙。接著將襪子放在新來貓咪的安全空間裡。

你可以盡可能的交換襪子。你不一定要採用響片訓練，如果不想使用，就在貓咪做出你想鼓勵的行為時，提供小零食給她。如果你不想給小零食，你可以使用她食物的一部分。這個方法適合按時餵食而非全天候自由進食的貓咪。如果你採取自助餐方式餵食，這或許是改成定時餵食的好時機。食物是進行行為矯正的強大工具，但如果貓咪不餓，這個方式就無法成功。

獎勵貓咪面對襪子時的行為，要謹記不一定要極好的行為才值得獎勵。她不必滿地滾才顯示這是正向的行為。我們試著找任何放鬆或接受的跡象。

也使用襪子來磨蹭環境中的物件。這能幫助新來的貓咪開始探索安全空間以外空間時，逐步建立熟悉感。

接著，是新來的貓咪偵察環境的時候了，她探索新環境並在周遭環境留下她的氣味。這需要安全地進行，因此你家中的貓咪必須被安置在另一個房間。然後再打開安全空間的門，讓新來的貓咪探索新世界，她走來走去時會四處留下氣味。一天進行數次這樣的活動。

視你家中貓咪反應情況而定，你也可以讓她探索安全空間。這時將新來的貓咪安置在另一個房間，讓她可以安全探索（或者將她安置在外出提籃裡，然後將外出提籃放在其他地方）。打開安全空間的門，讓家中的貓咪可以進去看看，準備好玩具或零食，隨時分散她的注意力。要不要讓你的貓咪進入安全空間，得看她的反應而定，因此你得作出判斷。對一些貓咪來說，進入不熟悉貓咪的安全空間有點太過頭；對某些貓咪來說，是安全深入探索氣味的機會，得小心謹慎。

步驟四：躲貓貓

下一步是在餵食期間短暫打開安全空間的門。在貓咪可以看見彼此的

情況下進食，但要保持不會感到被對方威脅的安全距離。提供極少量食物進行短暫會面，然後就將安全空間的門關上。最好一天進行多次短暫會面，可以導向正向的結果，而非以長時間會面考驗貓咪們的忍受度，讓戰爭一觸即發。如果一隻貓咪一直試著從門邊迅速逃走，就使用門擋來防止門完全打開。你可以暫時在門上設置鉤環。

步驟五：完全打開門

什麼時候才能進展到這個步驟呢？這得視你的情況而定。沒有明確時間規定應該在一個階段進行多久之後，才能進入下一個階段。如果你的貓咪無法完全適應在門半開的情況下進食，那麼你還沒有準備好進入到門全開的步驟。介紹貓咪的過程不應倉促，每一個階段都得慢慢來，觀察貓咪反應，決定是否該繼續進行。一個階段可能進行數日甚至數週，然後貓咪們可能會有所進步，然後再退步一些。

如果你認爲是時候打開安全空間的門，但你擔心其中一隻貓咪可能衝過來，或其中一隻甚至兩隻貓正打算這麼做，那麼你可以按下暫停鍵。在出入口疊放兩三個寶寶柵欄（防止跳躍），或安裝暫時的紗門（有安全寵物紗門）。這讓貓咪得以看到彼此而且避免衝突。當短暫餵食時間結束，就再次關上安全空間房門。如果餵食時你就站在門邊，你甚至可以只用一面寶寶柵欄，在情況惡化時便立即關上門。即使貓咪可能輕易地跳過柵門，也足以作爲屏障，讓兩隻貓咪得以放鬆地進食。

持續進行餵食時間訓練，讓貓咪們在用餐或吃點心時看見彼此。然後逐步增加時間長度。

真正的朋友或只是假象？

雖然期望兩隻貓咪成爲好朋友，但很有可能她們一直都只是維持著和平共處的假象。

持續進行響片訓練。當你逐步增加貓咪們彼此見面的時間，使用響片訓練；打響片並獎勵任何正向舉動。我會告訴客戶，只要沒出現不受歡迎的舉動就可以打響片。例如，如果貓咪沒有瞪著對方或走過另一隻貓咪身旁卻沒有發出嘶嘶聲或打對方，就值得獎勵。再次重申，如果你沒有使用響片訓練，可以提供小零食或口頭獎勵來鼓勵任何正向行為。

運用遊戲時間。運用互動遊戲時間幫助貓咪與彼此建立更正向的互動經驗。雙手分別持兩根釣竿類的玩具或由另一位家人來協助進行平行遊戲。如此一來，每隻貓咪都有自己的玩具。你不會希望貓咪為一個玩具競爭，或增加其中一隻貓咪害怕對方的可能。如果你使用兩個玩具，每一隻貓咪都可以享受遊戲時光，並在視線範圍內看到另一隻貓咪。

最後一個步驟：貓咪的環境

設置一個兼具安全感與娛樂性的環境，為每一隻貓咪保留充分的領域。在貓咪們花更多時間相處而不再被隔離的情況下，這是相當重要的。使用貓咪樹、休憩處和數個藏匿處來創造低、中、高的活動區域。如果你增加高處活動空間，就是大幅增加貓咪認知的私有領域。垂直領域讓貓咪很有安全感因為她知道不會被尾隨，還能好好地審視環境。一些貓咪也以垂直領域作為展現地位的一種方式，因而時常能避免肢體衝突。

增加環境豐富度，給貓咪數種方式來轉移注意力、發洩精力並好好玩樂！設置漏食玩具、益智玩具和其他機會來進行單獨遊戲時間。窗外的餵鳥器或一些讓貓咪攀爬玩耍的貓跳台或許能轉移她們對彼此的注意力，減緩劍拔弩張的緊繃感。

在公共空間裡設置一個以上的貓砂盆以及數個貓抓板。這些貓砂盆和貓抓板不應該放在同一個房間裡，因為你不會希望貓咪迫不得以踏上其他貓咪管轄的路徑。在每隻貓咪喜歡的地方放一些資源，讓貓咪有更多選擇以幫助他們和平共處。

持續進行餵食時間訓練，讓貓咪們在看見彼此的情況下用餐，但不要使用同一個碗。用不同的碗餵食比較好，未來如果其中一隻貓咪需要進行特殊營養規劃，他們會比較習慣。使用不同的碗也會減少她們必須緊靠著彼此進食的壓力，一般來說貓咪不太喜歡如此。

你的、我的與我們的

當你決定在家中養多隻貓咪，不論大小，你必須要確保每一隻貓咪擁有安全、安心且方便的通道可以取得各種資源。然後持續仔細觀察。

請謹記：不要操之過急。我總是會建議客戶根據最緊張的那隻貓咪的步調來進行。如果一隻貓咪已經準備好，也願意交朋友，但另一隻還沒有準備好，你必須依照不開心的那隻貓咪的步調進行。新進貓咪的介紹是很花時間的，但值得花時間幫助兩隻貓咪發展良好的關係，增加成功機率。

問題：我們的兩隻貓咪經常在起居室為了爭一張椅子，一天得打好幾次架。在夜裡，我兩歲大的貓咪優喜完全不在意那張椅子，但如果白天時謬迪試著跳上椅子，他們會大吵一番。為什麼我的貓咪們只會在特定時候打架？

潘媽的回答

貓咪是最擅長時間分享的動物。我不是指貓咪能在沙灘上的豪華公寓享受時光，而是能與其他貓咪共存的能力。貓咪會竭力商討出一個時間表，在不同時段分享家中領域或特定地點。如果你家中養了多隻貓咪而沒有紛爭，那麼你家中的貓咪們已經達成共識，有一個規劃好的時間表。

如果一隻貓咪將另一隻貓咪驅趕下椅子，或坐在床上防止同伴貓咪使用這個空間，那麼你家的空間分配時間表還沒有被商討出來。

時間分配機制。時間分配是如何運作的呢？就你家貓咪的例子來說，一隻貓咪在某個時段可能偏好某張椅子或休憩地點。雖然某隻特定貓咪可能會在白天待在某個地方，到晚間則另有其他喜歡的場所。

如果沒有足夠的精華地點給每一隻貓咪宣示主權，或是貓咪挑釁另一隻貓咪以取得那個地點，就會出現時間分配問題。這些挑戰有可能是因爲地位較高的貓咪想伸展肌肉，而讓另一隻地位較低的貓咪挪動位置。挑戰行爲也可能在飼主們在場時發生，例如，飼主的床在白天時由一隻地位較低的貓咪使用，但一到睡覺時間，另一隻貓咪就會來宣示主權，甚至對其他試圖跳上床的貓咪展現攻擊性。

觀察你家貓咪們互動的情況。觀察貓咪們時間分配的情況，然後確保有足夠的精華地點給每一隻貓咪。如果因爲兩隻貓咪都想要對椅子宣示主權而打架，那就設置一個靠窗的休憩點，一個甜甜圈形狀的貓咪床或在房裡放棵貓咪樹。這應該就足以創造出吸引人的選項。

舉止成熟點

貓咪在兩歲到四歲間達到社交成熟度，這時候有些貓咪會開始挑釁同伴。先前相安無事的貓咪們也可能開始爭吵。

每隻貓咪都能分配到充分的資源。如果在你養了多隻貓咪的家中有些微緊張感，別要求貓咪們分享資源，這會火上加油。

在你家裡看看是否能增加資源的數量或地點，來幫助解決時間分配的問題。很多時候，其實只需要你調整一下環境就可以減緩貓咪間的緊張。

問題：托馬斯是我家四隻貓咪中年紀最小的，目前八個月大，最近一到晚餐時間就會威嚇其他貓咪。我該如何遏止貓咪在用餐時間霸凌同伴？

潘媽的回答

霸凌在貓咪世界與在人類世界的意義大不同，所以我看待這種行爲的角度也不一樣。霸凌的行爲其實是在保護某種東西，而不是針對某人挑釁。在某些養了多隻貓咪的家庭裡，保護資源是非常明顯的。在其他家庭裡，視行爲的細微程度，可能很難被覺察。貓咪可能看起來相處得不錯，在同居生活的多數層面，或許都沒有問題。不過可能會有一、兩種情況，讓其中一隻貓咪爲了保護某樣東西而展現防禦姿態。

護衛食物。最常見的守護資源行爲發生在餵食區。爲防止其他同伴貓咪靠近食物，有時候最甜美的貓咪可能會變成兇猛老虎。她可能只會守護自己的碗，或是巡視所有的碗。如果你用一個共用碗餵食，她可能會守護著廚房出入口。展現防禦姿態的貓咪可能會將其他貓咪推開，搶先第一個開飯。如果一隻貓咪持續因爲食物碗而出現霸凌行爲，她應該學著等其他害怕的貓咪用餐結束後再開始進食。展現威嚇姿態的貓咪可能得坐在一旁或是學習完全不進入廚房，避免肢體衝突。

處理食物碗前的資源守護行爲。消弭資源守護行爲的關鍵是提供更多資源。當貓咪擁有選擇，就比較不會有壓力，覺得需要守護。

守護行爲若出現在餵食區，就在其他地方也設置餵食碗。如果你放食物讓她們自由進食，就將食物分爲數個小盤，然後分散放置，會對資源呈現防衛姿態的貓咪無法同時出現在所有地方。如果守護資源的行爲是因爲貓咪與另一隻貓咪分享一個碗，那麼在同一個地點放置更多碗應該可以解決問題。如果行爲越來越嚴重，只要展現防禦姿勢的貓咪在房內，害怕的貓咪就不會用餐，那麼可以在房子裡設置其他餵食區，在每一隻貓咪喜歡的地點各設置一個。選擇害怕的貓咪們感覺舒服自在的地點，將碗放在多個高處平台讓害怕的貓咪們覺得有安全感，因爲她們可以觀察到有沒有其他貓咪進入房間。

在白天使用益智餵食器，讓貓咪爲了食物獲得獎勵。狩獵會讓貓咪保持健康的心理狀態。幫助他們擺脫無聊、減緩緊繃感、避免潛在的攻擊性衝突，也防止貓咪們太餓。只要確保你在屋內設置了數量足夠的益智餵食器，每一隻貓咪都有機會享用這些餵食器。

守衛貓砂盆。守衛貓砂盆的行爲可能極度難以捉摸。貓咪或許會待在前往貓砂盆所在房間的走道上。她可能看起來很放鬆，但實際上正守衛著前往貓砂盆的路徑。其他貓咪必須穿越防守才能便溺。

如同守護餵食區的情形，選擇占了很重要的角色。別迫使她們只能共享一個貓砂盆，讓你的貓咪們處於劍拔弩張的狀態。即使你設置了一個以上的貓砂盆，如果將所有的貓砂盆都放在同一個房間，仍可能讓一隻貓咪守護著它們。將貓砂盆們放在屋內數個不同地點，這樣一來每隻貓咪都會有安全舒適的選擇。決定該在哪裡放貓砂盆時，精心選擇讓貓咪不必進入另一隻貓咪領域的位置。此外，當你注意到有一隻貓咪似乎會守衛貓砂盆，就儘量避免將資源放在其他貓咪必須走過狹窄通道才能抵達的地方，例如長廊。

在很多情況下都可能出現守護資源的行爲。一定要提供選擇，不要強迫貓咪們分享。你可能有一隻貓咪在互動遊戲時間會抓住玩具並威嚇其他貓咪不要靠近。想避免這樣的情況，就進行個別的互動遊戲時間，或是使用一個以上的玩具。

營造貓咪們得以成功的環境，她們不會讓你失望的。

問題：我住在一個大房子裡，但我的兩隻貓咪一直都相處不來。我該如何協助貓咪們和平相處？

潘媽的回答

貓咪在小公寓裡也可以非常地開心，房子的空間寬廣對貓咪來說並不如對人那麼重要。比較重要的是你如何安排屋內空間配置。你家貓咪們無法好好相處的可能原因可以列出一長串，包括缺乏社會化、社會化不佳、疾病因素、個性衝突等族繁不及備載。就我對許多待在我家中途的貓咪們的觀察，最常見的兩個原因是環境的設置以及飼主們沒有察覺到衝突的細微徵兆。

平靜的表面下其實暗潮洶湧。即使貓咪是社交動物，她們的天性也是獨自狩獵。她們不進行群體狩獵，追捕的獵物非常小——足夠一餐食用。即使你的家貓不進行戶外狩獵，也會竭力保護她的資源，而某些貓咪特別重視自己的資源。

你的貓咪之間的社交互動在不必爭取食物、安全便溺場所、安全休憩點以及飼主關注的情況下，可能會順利進展。然而在許多家庭中，我觀察到貓咪們身處於持續為資源競爭的環境中。緊繃感與衝突可能極細微以至於飼主根本沒有察覺或者是誤解訊息，直到一隻貓咪開始躲起來或展開全面戰爭，貓毛四處紛飛、驚聲尖叫。你可能沒有觀察到，在用餐時間某隻貓咪在另一隻貓咪進入房間時開始往後倒退。你也可能沒有注意到，在遊戲時間裡，你拿出一個互動玩具，某隻貓咪是主要參與者。或者是你已經習慣某隻貓咪在夜裡獨占你的床舖，不讓其他貓咪跳上來。

害怕的貓咪可能會開始住在床底下，或在家裡偷偷摸摸地趁著危機解除時尋找資源。更果斷的貓咪會加入守護資源的行列。她可能會嚇阻另一隻貓咪靠近餵食區、偏好的睡覺區域以及玩具；她可能會躺在前往貓砂盆的通道上，不讓另一隻貓咪通過。這種行為可能很不明顯，你根本沒有看到，也可能是明目張膽發出低吼、嘶嘶聲、肢體警告，甚至開始打架。飼主可以注意到明顯的攻擊性，但可惜的是多數衝突其實暗潮洶湧，持續多年卻未被處理。

如果多數注意力都在其中一隻貓咪身上或是飼主偏愛某隻貓咪，貓咪們之間就可能瀰漫著緊張感。貓咪不會不顧一切地胡鬧，但飼主若如此解讀並因為貓咪犯錯而打她們屁股、對貓咪吼叫，或朝貓咪噴水，這對貓咪間的關係都不會有幫助。一隻貓咪被另外一隻貓咪威嚇，可能會出於害怕而在貓砂盆外便溺。因為「行為不佳」而對貓咪吼叫或懲罰的飼主，可能讓貓咪原本就備受壓力的情況變本加厲。

從貓咪的觀點來看她身處的環境。飼主都會想要貓咪成為快樂家庭的一部分，但很多時候沒有考慮到貓咪天性對資源安全性的需求。你可能想要貓咪們在廚房共用一個食物碗或在洗衣間共用一個大的貓砂盆，然而這一、兩件事情可能就是觸發衝突的起因。貓咪與其他貓咪間多數的社交互動都與資源分配有關。在每隻貓咪都獲得充分資源的情況下，她們可以和平同居；但資源不足的情況下，就會有競爭與衝突發生，不論你家裡有多少房間。在這裡，尺寸不重要，數量才重要。即使你確定已經在碗裡放了足夠兩隻貓咪享用的食物，其中一隻貓咪可能不覺得如此，或是覺得在同一個碗裡用餐是沒有安全感的。即便你的貓砂盆足以給兩隻貓咪使用，地位較低的貓咪可能在踏入地位較高貓咪的領域時易感到不安。

在環境裡放置讓貓咪心神安定的費洛蒙，她們可能會建立更加正向的社交關係。

確保每隻貓咪都有充分的資源。觀察你先前可能忽略的細微緊繃徵兆。很多時候只要增加資源數量就可以輕鬆解決問題。如果你增加餵食區域的數量，你的貓咪們可能覺得更安心。某些情況下，直接給每一隻貓咪一個餵食碗，或者在數個地點設置餵食區。也不要只有一個如廁場所，須

在各處設置貓砂盆。另外，除非你的貓咪們喜歡共同合作一起玩耍，否則會建議分開進行互動遊戲時間；如果進行團體遊戲，就讓另一個家人專注在另一隻貓身上，如果你是一個人進行遊戲，就用兩手各持一個釣竿型玩具，這樣兩隻貓咪便無須互相競爭。

將你的注意力平均放在兩隻貓咪身上，即使你因爲一隻貓咪出現「霸凌」行爲或尿在地毯上而生氣，也不要偏愛其中一隻。你的注意力和愛，對貓咪們來說是珍貴的資源，而她們不該需要爲此競爭。

貓咪們可能表現得很不明顯

人們習慣狗狗顯示出攻擊性的徵兆而容易忽略貓咪的攻擊性，因爲可能不明顯。

垂直領域。我們居住在平面世界，但貓咪們住在多層次垂直世界，你在居家環境中創造越多垂直領域對貓咪們越好。地位高的貓咪特別喜歡待在最高處休憩，膽小的貓咪可能會因安全感以及視野考量而選擇高處，讓她在看見對手貓咪時能夠有多一點緩衝時間。如果你沒有垂直區域，貓咪們可能會爲了冰箱上方或書架等高處地點競爭。提供貓跳台、窗台，如果可以，也多架設幾個貓跳台來增加垂直空間。這是增加居家環境中貓咪活動空間的好方法。只要增加一些安全的貓跳台就可能撫平檯面下的波濤洶湧。

架設貓跳台的時候，提供一條以上的逃脫路線，如此一來就不會有貓咪覺得被困住。當貓咪們覺得被逼到角落而沒有退路時，就會發生衝突。面臨潛在威脅以及或戰或退的選擇時，貓咪情願選擇撤退而非宣戰。

貓咪們之間的紛爭可能會不時發生，但若你爲貓咪們設置了充分資源和安全感的環境，就大幅降低競爭與衝突的可能性。

問題：請幫幫我，潘媽！我的貓咪們處不來。她們沒有真的打起來，但我可以感覺到她們不喜歡彼此。我是否該為其中一隻找新主人？

潘媽的回答

你察覺到貓咪們處不好的細微訊號是好事。根據我的諮商經驗，我發現有許多飼主根本就沒發現他們的貓咪們處不來，因爲沒有明顯的敵意徵兆。貓咪們並沒有大打出手，弄得貓毛滿天飛或頭破血流，所以忽略了暗潮洶湧的細微訊號。一般來說貓咪寧願不正面衝突，這就是爲何她們會進行許多細緻的虛張聲勢動作。每隻貓咪都希望自己顯露出「我很兇狠，所以最好別惹我」的態勢來說服對手撤退。可能也有一些檯面下的威嚇情況發生，一隻貓咪可能會霸占通往貓砂盆的路徑或驅趕另一隻貓咪離開餵食碗。不是所有同伴貓咪都能百分百地好好相處，就像人類的人際關係一樣，注定會有一些誤解與溝通不良的情況。如果你注意到威嚇的情況，你家貓咪之間水火不容的情況可能比你想像中更糟。

找出原因。爲了消弭你家貓咪間的攻擊性，必須找出造成衝突的原因。如果侵略性是突如其來且異常的，那麼可能是潛藏的疾病，所以請帶你的貓咪給獸醫檢查。一隻貓咪可能因爲疼痛而對其他貓咪產生攻擊性。

如果貓咪們之前相處得不錯，但突然變成敵人，或許是「轉向攻擊」的因素。一隻貓咪可能看見戶外有不熟悉的動物，而將她的攻擊性轉向同伴貓咪。例如貓咪去了一趟動物醫院看診，回家後被同伴貓咪攻擊，攻擊者可能只是沒有認出她而展現攻擊性。這些是不同的攻擊性以及原因，所以你必須要發揮偵探技巧來找出原因。

做出一些改變。當貓咪們之間的關係呈現緊繃情況，但沒有到很嚴重或危險的地步時，你或許能開始進行行爲矯正計畫，讓她們相處時能放鬆

一些。創造一個富有安全感的環境。單純希望貓咪們能好好相處，或因爲他們對彼此示威而處罰，對事情並沒有幫助，只會讓情況變本加厲。是時候改變環境並且增加正向的連結。

分享並不一定是好事。看看貓咪們的生活環境，然後觀察你該怎麼創造更多個別的安全區域與安心感。例如，或許貓咪們一直共享同一個食物碗，而你注意到她們會爲出入口爭執，這種情況就給她們各自的食物碗。另一個值得注意的地方就是貓砂盆。基本原則是貓咪的數量再加一個，或許是時候在家裡多放一個貓砂盆。

垂直領域。在你的家中有一些精華地段沒有被使用到，這些精華地段攸關你是否擁有讓貓咪們快樂的環境。垂直區域提供貓咪一些可以安全休憩的位置，能俯瞰她們的領域。

你可以用許多方式來增加垂直領域。如果預算許可，你可以大膽創造令人眼前一亮的垂直空間，或是以非常經濟實惠的方式來打造環境。你的貓咪會喜歡任何垂直空間的改善，只要讓她們覺得安全、安心且舒適。

創造正向連結。這裡的行爲矯正從給予貓咪們喜歡彼此的理由開始。讓她們覺得看到彼此出現就有好事會發生。只有他們聚在一起且放鬆的情況下，才給她們零食。

給予每隻貓咪同樣關注，不要特別偏愛某一隻。你可能因爲認爲某隻貓咪挑起攻擊而對她生氣，但給予每一隻貓咪同等關注是很重要的。

安撫貓咪的費洛蒙。如果預算許可，不妨試試在環境中擺放 Feliway Multicat 空氣擴散器，幫助增加安定感、鼓舞社交行爲。你仍然需要整合適當的行爲矯正計畫。

遊戲時間是很重要的工具。運用遊戲時間作爲行爲矯正的工具。進行個別互動遊戲療癒時段，讓每一隻貓咪每天都有機會全神專注獵捕並享受遊戲。分別進行這些遊戲時段，如此一來貓咪們就不需要顧慮彼此。此外，進行平行遊戲時間，讓貓咪們可以「一起」玩，但不必爲了一個玩具爭執。情況允許的話，在你與一隻貓咪玩耍時，讓家人陪另一隻貓咪玩。貓咪會看到彼此在同一個房間裡，但沒有必要威嚇對方。如果你沒有其他家人可以幫忙，可以分別用兩隻手持釣竿玩具進行平行遊戲時間。一開始會很難操控，但練習後你會變得比較熟練。如果有事情可以讓她們不要專注在彼此身上，她們可能會放鬆一些。

冷靜。你的表現會影響貓咪們對彼此的反應。如果你預期她們在一起的時候情況會很糟，所以表現得很緊繃，她們會察覺到這點。爲了貓咪對同伴的反應而懲罰她，並不會幫助她們找到喜歡彼此的理由。保持冷靜，讓你敏感的毛孩們能更加放鬆。

當情況一發不可收拾。如果你家貓咪間的關係惡化到某一方可能會受傷，你該怎麼做？如果她們完全無法在同一個房間裡和平共處呢？這時就該重新爲她們介紹彼此。有時候修補關係的最佳方式就是從頭開始。與其繼續走這條目前明顯行不通的路，不如完全隔離貓咪，然後就像她們未曾見過彼此一樣，重新介紹他們。

情況不會一夕改善。要有耐心，幫助你的貓咪們改變對彼此的關係。

問題：我結婚的時候，將我的貓咪介紹給丈夫的貓咪。三年後她們仍然後經常吵架。我的丈夫已經厭倦了吼叫、嘶嘶聲與爭吵。他說得送走其中一隻貓咪，但我愛她們？我該如何協助我的貓接納新婚丈夫養的貓？

潘媽的回答

當你的貓咪們處不來，而且所有的行為矯正計畫都失敗了，就該是重新介紹的時候了。如果貓咪們之間的攻擊性強烈，她們甚至在看到彼此的瞬間就齜牙裂嘴，那麼重新介紹是最好的辦法。

什麼是「重新介紹」？重新介紹時，你隔離兩隻貓咪，然後以她們從未見過彼此的狀態重新介紹給彼此。這會給每一隻貓咪時間回到正常且不焦躁的狀態，於是你可以逐步幫助她們自在地適應彼此的存在。

當貓咪們持續出現在彼此的視線中，可能會造成反效果，試著為貓咪間嚴重的攻擊性畫上休止符。很有可能其中一隻貓咪會受傷或兩敗俱傷。重新介紹讓你獲得主導權，能控制貓咪的互動，不會有極端情況發生。

重新介紹得花上多久的時間呢？需要的時間依攻擊性的嚴重程度、你能主導進行行為矯正的時間以及貓咪們的接受情況而定。我也希望能告訴你時間表，但你得依照貓咪們的步調進行。每個情況都是獨一無二的。

重新介紹的方法。第一步是為其中一隻貓咪設置安全空間來隔離。如果你家裡的房間能為貓咪們自然分配各自的領域也可以，如果你打算設置一間安全空間，只需要找一間能關上門的房間。房內得備齊所有必需品——食物、水、貓砂盆、貓抓板、玩具和一些舒服的小憩空間。

如果你正考慮要將哪一隻貓咪安置在安全空間裡，而哪一隻貓咪得以享受在屋內盡情奔跑，一般來說我是這樣抉擇的：如果一隻貓咪明顯持續展現攻擊性，我通常會將那一隻貓咪安置在安全空間裡。如此一來，有攻擊性的貓咪就沒辦法覺得她成功趕走了另一隻貓咪，獲得精華地段。然而，如果「受害」貓咪壓力太大或對於在屋內奔跑覺得緊張，也可以選擇將她安置在安全空間，給她多一點安全感。你必須依照貓咪們之間的化學效應和各自的個性來做決定。最重要的事就是讓貓咪們分開。

隔離期間。隔離的主要目的是讓貓咪們再次放鬆，同時避免進一步的傷害或攻擊性。不要讓貓咪們覺得隔離的時期是監禁懲罰，這是很重要的。在安全空間裡面花上時間和貓咪好好相處，進行互動遊戲還有安靜的撫摸，盡可能地讓這段經驗成爲享受。

透過餵食時間進行行爲矯正。和介紹新的貓咪一樣，重新介紹的主要目的是給貓咪們喜歡彼此的理由。你不能只是延長貓咪們分開的時間，然後打開門就期望她們已經忘記彼此在過去數年間的死對頭關係。當貓咪們再次出現在彼此眼前時，你所進行的行爲矯正就是改變的關鍵，需要在看到對方出現時有好事發生，但讓她們待在自己的舒適範圍裡慢慢享受獎勵。這樣一來攻擊性再次高漲的可能性將會降低。在看見彼此的時間裡，你可以運用一個非常有價值的行爲矯正工具：食物。記得一個古老的箴言，「要抓住一個男人的心，得先抓住他的胃」嗎？這對貓咪來說更是金科玉律。食物可以加速接受彼此的過程。

將食物碗分別放在關閉的安全空間房門兩側來餵食貓咪。距離房門多遠將視貓咪們的反應而定。在接下來的階段，你會逐步將兩個碗之間的距離縮短，但絕不要放得太近。貓咪們喜歡獨自進食，所以別操之過急。即使是最好的貓咪朋友，被要求在身旁一起用餐也會變得緊張。

營造氛圍。費洛蒙療癒可以增加安定的氛圍，在進行重新介紹時，可

以協助抑制攻擊性與緊張感。別將這視為快速的解套方案而省略行為矯正，這只能協助讓貓咪們感覺自在，進而考慮某種程度的社交互動，即使她們一開始仍保持分隔的狀態。

交換氣味。氣味是貓咪間非常重要的溝通方式，當你的貓咪們被分開時，讓她們的氣味持續瀰漫在屋內是很重要的。你想讓氣味保持新鮮，可以交換房間。得以在家中自由奔走的貓咪可以隨意留下氣味，但我們得確保待在安全空間的貓咪也能如此。每隔一段時間就進行氣味交換，讓待在安全空間裡的貓咪出來散布她的氣味。在此之前，暫時將另一隻貓咪安置在另一個房間裡；可以是浴室，只是一下子而已。然後再將貓咪帶到安全空間，讓她也在那裡留下氣味。

在氣味交換期間，稍微注意一下每一隻貓咪（別緊盯著，不然可能會讓他們緊張），如果緊繃程度提升，你可以用互動玩具分散其中一隻貓咪的注意力。你不會希望氣味交換的過程產生焦躁感，這個動作的重點是溫和而非大動作地提醒貓咪們，另一隻貓咪還在。

你可能不會想讓氣味交換的時間過長。時間長度視你貓咪們的反應，以及過去她們之間攻擊性嚴重程度而定。

社交餐聚。到了在用餐時稍微打開安全空間門的階段，讓貓咪在彼此的視線內用餐，但保持不會感覺被威脅的安全距離。只提供少量食物，讓這些餵食時段保持簡短且導向正面結果的進行方式，要比時間長卻可能挑戰貓咪們極限的方式來得更有產值。

房門大開。當你覺得在上一個階段時，貓咪們都顯得很自在，那麼就可以進行到這個階段。如果不確定是否該進入這個階段，就在上一個階段停留久一些。這裡沒有確切的時間表，你希望貓咪們回到友善或至少中立的關係。

如果把安全空間房門完全打開的想法讓你驚慌，因爲擔心其中一隻貓咪會來挑釁，那就在出入口附近疊起兩三個寶寶柵欄。另一個選項是安裝一個暫時的紗門。貓咪們能夠看到彼此卻不能打架。如果你選擇這個過渡階段，在用餐時間結束後，確保你關上了安全空間的房門。

隨著餵食階段進展，你就可以逐步增加貓咪們看見彼此的時間，開始讓她們更常開晃。

響片訓練。隨著你增加貓咪們和彼此相處的時間，可以開始搭配響片訓練。利用響片獎勵任何正向舉動，不論是多細微的動作，只要沒出現不受歡迎的舉動就可以打響片。例如，如果貓咪沒有瞪著對方或走過另一隻貓咪身旁，卻沒有發出嘶嘶聲或打對方就値得獎勵。再次重申，如果你沒有響片，也可以提供小零食或口頭獎勵來鼓勵任何正向行爲。

運用遊戲時間。運用互動遊戲時間幫助貓咪與彼此建立更正向的互動經驗。雙手分別持兩根釣竿類的玩具或由另一位家人來同時協助進行遊戲。如此一來，每隻貓咪都有自己的玩具。你不會希望貓咪爲一個玩具競爭或增加其中一隻貓咪害怕對方的可能。如果你使用兩個玩具，每一隻貓咪都可以享受遊戲時光，並在視線範圍內看到另一隻貓咪。

微調環境。是時候重新檢視你家貓咪的環境，看看能做些什麼來增加環境豐富度以及安全感。你創造越多的室內領域，每一隻貓咪就能越輕易地找到足夠的個別空間。在室內，貓咪們的個別空間多數都互相重疊；盡你所能的幫助她們改善這點會很有幫助。使用貓咪樹、貓跳台和數個藏匿處來創造低、中、高的活動區域。如果增加高處活動空間，就是大幅增加貓咪認知的私有領域。垂直領域讓貓咪很有安全感，因爲她知道對手很難在這種情況下尾隨她。從各方面來看，垂直領域讓貓咪能輕易地看見接近的對手。以貓咪的觀點而言，能好好地審視環境中的領域是一大加分。

有許多小方法可以轉移貓咪們的注意力、幫助她們發洩精力並好好玩樂！設置漏食玩具、益智玩具和其他機會來進行單獨遊戲時間，例如窗外的餵鳥器或一些讓貓咪攀爬玩耍的貓跳台。

如果之前只有設置一個貓砂盆和一個貓抓板，那麼你應該增加數量。在貓咪們被隔離的時期，你已經增設了資源的數量，在貓咪們重新聚在一起時也要保持如此。貓咪必須分享、競爭的機會減少，爭執的機會自然也就會隨之降低。

至於用餐，即使她們重新聚在一起也要爲每一隻貓咪準備分開的食物碗，這會減少競爭與霸凌的機會。在某些情況下——你的特定情況——創造一個和平共處情境的最好方式，是在用餐時間於不同的地點進行餵食。

請謹記選擇的重要性。感到被威脅的貓咪會覺得自己別無選擇。感覺被逼到牆角的貓咪，會出現攻擊性或不討喜的舉動。在進行重新介紹時，請將選擇對貓咪的重要性銘記於心，並在每一個階段提供關鍵的必需品。

問題：該如何讓貓咪和狗狗打成一片？

潘媽的回答

要讓貓咪和狗狗都安全，你得先做些功課，全面檢視家中原有寵物和預計進入家裡的新寵物兩者的個性。試著找到可以相處的夥伴。一旦你選擇了一個同伴，就得進行完善的介紹。如果你只是將貓咪和狗狗放在一起讓他們「順其自然」，你便創造了一個危險，甚至是致命的局面。

營造勢均力敵的局面。考量你家中寵物的個性和性情。如果你有一隻會一直追逐松鼠、貓咪、鳥兒或兔子，擁有強烈狩獵本能的狗狗，那麼在家中增加一隻貓咪可能不是明智的抉擇。如果從過去的經驗中發現你的狗狗對貓咪有攻擊性，這同時也顯示養一隻貓咪可能會很危險。如果你的貓咪過去對狗狗有攻擊性，或者是非常害怕，增加一隻狗狗可能會爲她的生活帶來莫大的壓力。如果你養了一隻大狗或者是玩耍時非常粗暴的狗狗，那麼考慮在家裡養一隻成貓而非小貓。

試著找互補的個性。不要找一隻膽小的貓咪來陪伴一隻難以控制的狗狗。不要爲緊張的狗狗找一隻總是躍躍欲試的小貓。尋找個性和性情能夠良好互動的夥伴，而非相反。

進行彼此介紹。在你開始介紹兩隻寵物給彼此之前，修剪貓咪的指甲，讓意外事件發生時傷害可以減低。帶你的狗狗好好散步或進行遊戲，讓他放鬆不要總是躍躍欲試。

現在準備好進行正式介紹：讓狗狗戴上狗鍊。假使你的狗狗沒有進行狗鍊訓練，就不要嘗試進行介紹，你需要額外的控制措施。將貓咪安置在圍著寶寶柵欄的房間裡，以防狗狗在你疏忽時衝進去。和你的狗狗一起坐在房門外，然後在他專注於你身上而非貓咪身上時，以零食和讚美獎勵他。你也可以爲他準備玩具。響片訓練在這個情況下是很好的工具，你可以在他呈現放鬆狀態，或將注意力放在你身上時，打響片並獎勵他。如果狗狗變得緊張並開始瞪視貓咪，就轉移他的注意力；但他不再瞪視貓咪，就打響片並獎勵。如果狗狗覺得不舒服，就離貓咪的安全空間遠一些。等到狗狗覺得比較適應，就可以靠近一些，一次幾公分的距離。保持讓過於緊張的寵物可以感到安心的距離。

讓狗狗在安全空間前來來回回走動，如果他將注意力放在你身上並聽從你的指示就可以獎勵他。如果他撲到寶寶柵欄前，嗥叫、吠叫，或者是停下步伐瞪視貓咪，就帶他離開柵門，直到他放鬆爲止。他會學到冷靜的行爲讓他得以靠近寶寶柵欄，而粗暴的行爲會讓他必須離開現場。過程中不要對你的狗狗喊叫或猛然拉扯項圈；單純將他帶離現場讓他之後再次嘗試。如果他反應變大，就再次離開。他最終會了解冷靜才是最好的選擇。

持續進展。在介紹階段（過程需要經歷多次訓練階段），如果狗狗嘗試挑釁追逐貓咪，或者貓咪呈現危險的攻擊性，那麼就不是安全情況。如果你不確定情況會不會有所進展，聯絡合格的行爲專家與您一起進行。

在介紹階段持續隔離貓咪和狗狗，除非你在現場監看。讓狗狗戴上項圈直到你完全確認每一隻寵物對彼此的存在都感到舒坦爲止。如果你不確定他們是否已經建立了安全的關係，絕不要在沒有人監看的情況下，單獨留下貓咪和狗狗相處，即使只是數秒鐘。這可能得花上數天甚至是數週。

不分享

貓咪的飲食比起狗狗需要更多的蛋白質和脂肪，你的狗狗可能會想偷吃一點貓咪的食物，因爲氣味很吸引人，但讓狗狗吃貓咪的食物是很危險的。設置分開的餵食地點。

應該進行環境調整來保持安全，即使在貓咪和狗狗得以自由走動後亦是如此。爲貓咪準備充分的撤退選項，例如高而穩固的貓咪樹或其他高處空間，讓她可以在被狗狗追逐時棲身。即使寵物們成爲朋友，貓咪可能會覺得狗狗一直試圖想玩很惱人。必須讓貓咪能隨時逃到高處。

問題：我該如何讓我的狗不要去玩貓砂盆？

潘媽的回答

這對我們來說是超級噁心的事。爲何家裡的狗狗會想要偷偷摸摸地跑到貓砂盆裡，然後偷點小零食？而且每天在家都會發生。許多狗狗就是喜歡吃貓咪便便！

理解這樣的行爲。對於爲何狗狗會有這樣的行爲——食糞症或說吃便便——有許多理論包含強迫行爲、無聊和營養價值。這是狗狗的常見行爲。在小狗身上比較普遍，然而有一些狗狗沒有隨著成長擺脫它。

如果你的狗狗出現這樣的行爲，連絡你的獸醫確認不是營養問題，同時也討論其他可能潛在原因，尤其你的狗狗若會吃自己或其他狗狗的糞便。你的獸醫可能會給你氣味抑制產品，或提供一些訓練狗狗的指導，或推薦行爲專家給你。

這會對你的貓咪造成什麼樣的影響。貓砂盆以你家貓咪觀點來說是神聖的地方。如果她發覺有些糞便散落在地毯上，或更糟，發現狗狗把頭埋在貓砂盆裡，貓咪不會覺得舒坦。如果狗狗可以隨心所欲將鼻子放進貓砂盆裡，貓砂盆對她來說可能不再安全。他可能會開始跟著你的貓咪到貓砂盆，希望能獲得新鮮的零食。如果你使用的是有蓋貓砂盆，若狗狗站在出入口，貓咪可能會覺得被困在裡頭。

創造沒有狗狗的貓砂盆區域。當你試著找出原因並爲狗狗進行必要的訓練，同時也該調整貓砂盆設置。如果狗狗無法取得貓咪的糞便，就無法吃掉它。就是這麼簡單。貓砂盆一定要對貓咪而言很便利，但對狗狗來說不易接近。

讓狗狗無法靠近貓砂盆最簡單的方式，就是把貓砂盆放在碰不到的地方。如果狗狗體型比貓咪大，就在通往房間的走道上放個有鉸鏈的寶寶柵欄，但距離地面幾英吋，讓貓咪可以輕易通過。你也可以在柵欄中間裁出一個小型出入口，這樣貓咪就可以穿過去而狗狗不行。如果你是用網格柵欄，就裁出適合貓咪通過的方形，然後在一旁架上木框以免鋸齒狀的網格裸露在外。

如狗狗體型小，可以通過柵欄，就將寶寶柵欄放置在一般高度，但放一個箱子、凳子或其他物件在房間裡，在柵門欄另一側，這樣貓咪就可以跳過去並且有地方可以著陸。如果貓咪可以輕鬆攀爬或跳躍，那麼還有另一個選擇。若你有一隻小型犬，你可以直接將貓咪盆放在某種平台上。

如果貓砂盆被架高，而你的貓咪需要一點幫忙才能接近貓砂盆，那就在一旁放一棵貓咪樹，讓她輕鬆攀上並跳躍到貓砂盆所在地。貓咪樹上如果是有鋪設毯子的跳台，她可以輕鬆抓附住。如果選擇在貓砂盆旁放一棵貓咪樹，也確保在距離貓砂盆遠處有另一棵貓咪樹，讓她有安全高處可以休憩，而且不會離廁所太近。沒有人喜歡在廁所睡覺。觀察你的貓咪接近貓砂盆的行動能力。如果行動力下降，就必須設置一個不必過多攀爬就能到達的位置。

不要做的事。不要消極地使用有蓋貓砂盆或將貓砂盆塞進裝有寵物門的櫥櫃裡。貓咪們確實喜歡有點隱私，但那不等同於有蓋的貓砂盆或是被隱藏在櫥櫃裡的貓砂盆。這些貓砂盆的撤退路線有限。當貓咪只有一條出入貓砂盆地路徑，她可能會被另一隻寵物夥伴埋伏襲擊。許多有蓋貓砂盆可能會讓貓咪在準備辦事時覺得很擠。

問題：我的兒子想要養一隻沙鼠。我要如何訓練我的貓咪不要接近牠？

潘媽的回答

雖然有不少多種動物共同生活的家庭，但我強烈建議別要求掠食者與獵物住在一起。貓咪一咬或一抓都可能輕易造成鳥兒、沙鼠、老鼠或其他迷你寵物傷殘或死亡。

混亂的訊息。我想這樣的情況傳送了一個迷惘又沮喪的訊息給貓咪，她可以追逐、猛撲並攻擊像鳥兒的玩具，甚至可以到戶外狩獵，但卻必須與一個獵物同住而不能攻擊牠。

壓力因素。即使你能訓練貓咪不要靠近獵物，想像鳥兒、沙鼠或其他日日同住的寵物承受的壓力。那隻小動物不知道自己是安全的，這個小寵物只知道可以看到、聞到，並聽到一旁有掠食者。鳥兒雖待在高掛貓咪上方的鳥籠裡或老鼠待在鼠窩裡，卻仍能感覺到掠食者存在於身旁的龐大壓力。

第十一章

躲貓貓

說服愛貓出來見人

問題：我的貓總是很緊張，我該擔心嗎？

潘媽的回答

當我向一些人說明所謂「緊迫」（stress）對貓咪的影響時，有時候會接收到一些非常奇怪的表情。當我剛開始從事貓咪行爲諮詢工作時，理解貓咪感覺緊迫的想法幾乎是前所未聞。我甚至記得當我開始爲客戶說明貓咪緊迫時被嘲笑了。貓咪感覺到緊迫？眞是胡說八道！這些年來，獸醫界爲了教育客戶貓咪緊迫的相關資訊，做了越來越多努力，而且獸醫盡可

能地降低診所內的壓力。然而即使有這麼多的資訊說明壓力如何影響貓咪，但對一些飼主來說，承認他們嬌寵的貓咪會因爲任何事情感到緊迫是很荒謬的。這眞的很荒謬嗎？完全不會。所有動物都會對壓力有反應，而這可能產生危險性，所以了解相關徵兆並評估你家貓咪的情況，看能否做些什麼來讓壓力值降到最低是很重要的。

了解貓咪緊迫。所有人，甚至是你的貓咪，都不免在生活中累積一些壓力。事實上，爲了生存，有些壓力是必要的。如果你的貓咪感受到立即性威脅，急性緊迫反應會刺激決定或戰或逃（或靜止不動）的賀爾蒙分泌。畏懼即將來臨的威脅與其觸發的緊迫反應，讓貓咪準備好奮力一戰或立即撤退。這種急性緊迫是短暫的，只要威脅消除，貓咪的生理系統就會恢復正常狀態。

飼主能辨識出急性緊迫——貓咪的耳朵朝後平放，瞳孔放大，然後身體蹲伏；這時貓咪可能會嘶嘶叫或咆哮。只要想想多數貓咪在獸醫辦公室診療台上的模樣，或是當戶外貓咪與不熟悉的貓咪面對面時的模樣，你就可以理解了。

慢性緊迫。慢性緊迫經常被飼主忽略。當貓咪不只因爲單一事件，而是長時間持續處於不安的狀態下，就可能產生慢性緊迫。想像一隻貓咪被迫每天與另一隻持續展現敵意的貓咪一同生活，或是住在一個貓砂盆很髒又沒有吸引力的環境裡。在流浪動物中途之家待上數月，被關在籠子裡的貓咪感覺又是如何？自由進出室內與戶外活動的貓咪搬到新的區域，然後每天被放在外頭，卻沒有安全的避難處可以讓她有回到家的安心感？這些都只是部分舉例，事實上有許多其他情況可能會造成慢性緊迫。從你家貓咪的觀點來看她所身處的世界是很重要的。運用你的貓咪智慧技能來找出造成緊迫的根源。注意你家貓咪的行爲舉止。你的貓咪是絕佳的溝通者，她的行爲模式以及肢體語言提供大量資訊。問題是多數時候我們都太過忙碌而疏於注意，或是我們陷入貓咪不需要太多照顧或不善社交的假設模式，而忽略了這些行爲上的改變。

貓咪的身體可以掌控短期緊迫。慢性的長期緊迫可能造成行爲問題甚至是疾病。貓咪的身體天生無法處理持續性、沒完沒了的壓力。

慢性緊迫的徵兆非常容易被飼主忽略。貓咪可能會開始經常躲藏，或者有食欲降低的情況。也許貓咪使用貓砂盆的行爲開始變得不一致。因爲這些行爲多數都是逐步隨著時間改變，很容易被忽略或歸究於其他原因。

相較於其他貓咪，有些貓咪處理壓力的能力比較好。基因組成影響你的貓咪處理壓力或緊迫的能力。她的社交情況也扮演重要的角色。環境中充斥大量畫面、聲響以及人群的小貓，相較於其他沒有這類訓練的貓咪，可能比較會處理壓力。母貓感受到的緊迫感也可能會轉移到小貓們身上。另一個重大因素是環境，我發現許多人沒注意到這個因素。人類可能帶了貓咪回家，給貓咪全面的安全感和最好的健康照顧，卻沒有意識到忽略環境豐富性可能造成緊迫。或許飼主並沒有察覺居家環境的噪音和混亂對貓咪來說是很可怕的，日復一日累積下來會造成持續性的緊迫。即使是最具愛心的飼主也可能沒有意識到，對於剛離開流浪動物中途之家、初來乍到還顯得害怕的新領養貓咪，以急切且不恰當的方式進行互動，會讓貓咪覺得備感威脅。強制接觸下沒有放鬆餘地，貓咪會產生慢性緊迫。

個性

不要假設家中所有的貓咪都能夠承受相同程度的壓力，或是以同樣方式表現出緊迫相關的行爲問題。

☆潘媽的貓咪智慧語錄

如何幫助緊張兮兮的貓咪？第一步是找出緊迫根源。你可以爲你家貓

咪提供一個充滿愛與溫暖的美好家園，但如果因爲其他貓咪不停伏擊而讓她覺得身處敵營，那麼這樣的環境不管有多舒服，對她而言就是充滿緊迫感。以你家貓咪的視角來審視她身處的環境。想像一下，如果你覺得你家並不安全會是什麼情況。想像你必須在每次踏入廚房或浴室時擔心受到攻擊。如果某人總在用餐時間欺負你，讓你感到非常害怕而必須偷偷摸摸潛入廚房，在四下無人時吃東西，那種壓力有多大？或是日復一日被迫使用一個骯髒的廁所？從你家貓咪的觀點來看你的世界，你會驚訝地發現竟然有這麼多緊迫根源——多數都可以被矯正或排除。沒錯，你無法消弭你家貓咪所有的緊迫感，但如果你開始以她的角度思考，你會發現許多小的（還有一些大的）調整可以產生巨大改善。

這裡有些建議幫助你開始著手：

- 幫助貓咪適應外出提籃，讓貓咪在車子行進間不會如此害怕
- 帶你家貓咪到致力創造友善貓咪治療環境的獸醫診所
- 在情況變得更糟以前，立即開始處理家裡多隻貓咪的緊繃情勢
- 確保每隻貓咪都有充分的資源，降低競爭與保護行爲
- 維持貓砂盆良好的衛生情況
- 在家中創造豐富環境
- 讓你的貓咪逐步開始參與社交，然後溫和地讓她接受新的刺激
- 讓你的貓咪逐步接受生活上的轉變，不要突如其來地改變
- 讓你的貓咪受到完整的醫療照護
- 讓你的貓咪每天進行互動遊戲時間
- 新寵物的介紹要循序漸進且正向
- 提供好品質營養
- 爲貓咪準備舒適的藏匿處小憩
- 增加垂直領域
- 教育家庭成員了解貓咪需求

■ 訓練要有一致性

■ 提供選擇

每一個情況都是獨一無二的。這個清單只是讓你對你的貓咪可能需要什麼有個概念。最重要的是觀察你家貓咪的情況並找出是什麼可能造成持續性的緊迫。在很多時候，只需要一些微調就能讓她感到更有安全感。在比較嚴重的情況下，持續對壓力作反應會造成她情緒上與身體上的傷害。如果你覺得貓咪太過緊迫，就請獸醫推薦合格的動物行爲專家。

☆潘媽的貓咪智慧語錄

是什麼造成貓咪緊迫呢？就像某些人們一樣，一些貓咪比較容易感覺緊迫。你可能有一隻一直很膽小又害怕的貓咪，即使是小小緊迫根源都會讓她備感脆弱。你應該假設的緊迫根源都非常細微，你的貓咪甚至沒有注意到會造成緊迫，例如：

■ 安裝新地毯

■ 大聲播放音樂

■ 骯髒的貓砂盆

■ 更換食物品牌

■ 更換貓砂品牌或類型

■ 旅行

■ 新傢俱

■ 不被允許進入某些特定藏匿處

■ 陌生的貓咪出現在庭院裡

■ 吠叫的狗狗

■ 家裡有客人

■ 屋內正進行修繕工作

大的緊迫根源比較容易被辨識出來，因爲通常是也會造成**我們人類**感到有壓力的事情，例如：

- 離婚
- 家庭成員逝世
- 搬新家
- 大規模裝潢
- 新生寶寶
- 疾病
- 虐待
- 家中增加貓咪或狗狗成員
- 天然災害
- 受傷

然而有時候，我們忙著處理自己的壓力危機而疏於關切，這也對貓咪造成影響。

問題：當我小的時候，我的父母養了一隻有分離焦慮症的黃金獵犬。我現在養了一隻貓咪，我確信她也有同樣的問題。貓咪也會有分離焦慮症嗎？

潘媽的回答

許多人有錯誤的印象，認爲貓咪是孤獨的存在，不需要陪伴，但事實上她們善於社交且會與人類家庭成員、動物夥伴建立很強的羈絆。如果獨處的時間太長，他們會感到孤單和焦慮。

造成分離焦慮的原因。從小就是孤兒的貓咪比較可能會罹患分離焦慮症。太早斷奶也可能是因素之一。我會建議爲你的貓咪進行可以建立自信心的互動，對貓咪友善的環境也相當關鍵。如果你的貓咪沒有其他活動和方式可以建立自信心，一直對你跟前跟後，很有可能有分離焦慮的情況。我認爲許多飼主變相鼓勵貓咪黏人、渴求的行爲，卻又沒有讓貓咪進行適當的社會化，因而強化分離焦慮的情況。

你的貓咪適應你每天來來回回，沒有什麼問題，但是突然間你工作時間改變、出門渡假或離婚，都可能會引發分離焦慮。

貓咪分離焦慮的跡象。當飼主出門時，貓咪可能會不停喵喵叫。也可能會發生在貓砂盆外便溺的情況。貓咪可能會在飼主的床上或外出家人的衣物上尿尿或排便。這樣的行爲很容易被解讀爲惡意，但事實上貓咪是試圖混合自己的氣味與你的氣味來安撫自己，並表達自己對你不在感到不安。貓咪可能也在嘗試幫助你找到回家的路。

其他分離焦慮的跡象可能包括當飼主不在時，貓咪過度梳理毛髮，進食速度太快，或完全不吃。

治療分離焦慮。在斷定你的貓咪有分離焦慮以前，先帶她給獸醫檢查是很重要的。她的行爲可能是潛在的疾病因素造成。一旦貓咪被診斷出有分離焦慮症，可以採用一些行爲矯正技巧來幫助她減輕壓力，並在你外出時增加刺激。

增加環境豐富度。如果你希望你不在身邊時，貓咪可以感到滿足、愉快且有安全感，她所身處的環境必須要能夠達到這些目標。透過豐富環境來提升她的室內周邊環境。結合益智餵食器、迷籠、遊戲時間、高處空間、藏匿處，以及更多鼓勵她找到方法來激發並滿足狩獵本能的方式。環境越豐富且安全，你的貓咪獨處時就越自在舒適。要讓環境豐富度好好發揮作用，別在你出門前直接把益智餵食器和玩具丟在地板上。首先，當你在家的時候將這些活動整合到你家貓咪的生活裡。讓這些玩具成爲她的日

常作息一部分，感到完全自在，甚至期待它們出現。如此一來，在你走出門上班前設置好這些玩具，就很有機會成功。

對你太過思念的貓咪

如果直到你回家的時候，益智餵食器原封不動，那可能表示你的貓咪憂慮到吃不下。請謹記玩具、益智餵食器與環境配置並無法取代飼主互動與恰當的社交活動。貓咪是社交動物。

貓咪樹對貓咪來說是很重要的。這裡可以休憩、玩耍、攀爬並抓磨，而且如果貓咪樹就在窗邊，還可以是觀賞鳥景第一排。只要沒有其他貓咪闖入庭院的威脅，可以考慮放一個戶外餵鳥器讓你的貓咪待在貓咪樹休憩時，還能觀賞一流的餘興節目。

矯正她的行爲同時也矯正你的。

在你與你的貓咪互動時要儘量鼓勵她。

不要在她喵喵叫又表現固執的時候關注她。而是在她表現出你希望的模樣時，以撫摸、小零食、稱讚和關注來獎勵。在她安靜時獎勵。當她自己找樂子玩的時候獎勵。當她做出你想要的行爲時獎勵，但避免強化你不樂見的行爲。

每天讓你的貓咪進行互動遊戲時段。

如果可以的話，最好一天兩次。互動遊戲時間能讓你的貓咪純然享受作爲全能獵人的樂趣。對貓咪而言，能夠忠於狩獵本能並享受獵捕成功的樂趣是最終極的愉悅與滿足。

別將外出這件事小題大作。

如果你預期你的貓咪將遭受分離焦慮所苦，你過度誇張地告別將會讓情況變本加厲。你的貓咪會覺得你即將離開一個月而非八小時。輕鬆寫意地說再見。貓咪很容易感受到其他家人的情緒。如果你心煩意亂，你的貓咪可能也會變得心煩意亂。

練習進進出出。

如果你的貓咪在她聽見你拿出鑰匙或伸手至錢包、外套時會開始變得緊繃，就練習每天多做幾次這樣的動作，但沒有眞的離開家裡。拿出你的鑰匙，再將它們放下。多做好幾次。晚一點的時候，走到門口再進來。也重覆數次。現在結合兩個動作——拿出鑰匙，走到門口，然後回來。再稍晚一點，穿上你的外套，然後再脫掉。接著做一整套動作——穿上你的外套、拿你的鑰匙，然後走到門口。一直重覆到實際走出門然後馬上回來。每一次你走回房裡，若無其事地跟你的貓咪打招呼，或是進行一小段遊戲。分別在白天或晚上進行這個訓練。逐步增加在門外停留的時間。

電視與音樂。有一些娛樂貓咪的 DVD，播放有關鳥兒或其他有趣小動物的節目。你也能在你準備出門時播放一支影片。設定好電視計時器，讓它在 DVD 播完後自動關機。至於音樂，可以轉到播放古典樂或輕音樂的電台。當戶外出現可能造成焦慮的噪音時，背景音樂能作爲緩衝。「流淌在貓咪耳際（Through a Cat's Ear）」CD 是另一個選項，這是能創造平靜感的心靈音樂 CD，在網路上可以買到。

假使需要用藥。某些情況下行爲矯正需要與藥物雙管齊下。你的獸醫或動物行爲專家會依貓咪個別情況來給予建議。如果有開立藥物處方，必須與適當的行爲矯正一併進行。不應該視爲減輕貓咪焦慮行爲矯正計畫的替代方案。

問題：我該如何協助我的貓咪不要那麼害怕？我養了一隻典型的膽小貓咪。

潘媽的回答

許多事物都可能讓貓咪感到害怕，例如：

- 缺乏社會化，如小貓
- 成爲其他動物攻擊目標
- 疼痛或生病
- 成爲受虐對象
- 備受壓力的居住條件（太多貓咪、環境髒亂、家庭關係緊張等）
- 移動到不熟悉的環境（新家、被遺棄到流浪動物中途之家或被重新安置）
- 家中有成員變動（新飼主、死亡、離婚或新生寶寶）
- 持續過量的噪音

這裡有一些爲膽小貓咪創造安全感的點子：

藏匿處。害怕的貓咪如果知道她不會被看見會感覺比較安心。諷刺的是，擁有安全的地方可以時不時地躲起來，反而會讓她更常出來晃晃。應該在她經常出現的所有房間裡都設置藏匿處。如果你想要鼓勵你的貓咪從床底下出來探險，你需要爲她設置舒適的選項。A 字框架貓咪床可能是很好的藏匿處，如果貓咪想要可以偷看外面，但她知道不會被從背後攻擊。周邊高起的甜甜圈床也很好。貓咪喜歡能夠蜷縮成緊密小球的樣子，然後感覺到床的周邊環繞著她們。

也能以紙箱自製藏匿處。將箱子側放，讓一面蓋子垂下，這樣就可以半遮掩開口。爲箱子墊上毛巾或貓咪床。

貓咪樹對貓咪來說是很好的精華地段，但如果她感覺害怕，可能覺得待在跳台上不夠安全。如果是這樣，可以選擇至少有一個半密閉跳台的貓咪樹，或者放一張 A 字框架床鋪在其中一個架子上。一些膽小的貓咪其實很喜歡高處的開放式跳台，因爲給予她們視線上的優勢。看到有人接近時，有較多餘裕應對。待在貓咪樹的高處跳台也可以避免害怕的貓咪背後受到攻擊。

以貓咪的步調互動。如果你認爲你可以幫助你的貓咪擺脫害怕，而強迫性地將她抱在懷裡，或是堅持讓她與家人互動，那麼就大錯特錯了。你所做的一切只是讓建立信任的過程嚴重倒退。

害怕的貓咪需要的是選擇。如果她認爲自己可以選擇是否要更靠近並檢查物件或是與你互動，那麼她會比較放鬆。覺得沒有選擇的貓咪會一直退到牆角，尋找機會快速逃脫躲藏。

因爲一些膽小的貓咪會靜止不動而不是溜走或打架，你可能會誤解這樣的行爲是冷靜。在你假設貓咪是放鬆狀態以前，小心翼翼地評估肢體語言與當下環境。呈現飛機耳、瞳孔放大、低下頭，蹲伏姿態以及緊繃的身體姿勢都顯示你的貓咪一點也不冷靜。

提供獎勵。在手上放些零食，只要當你的貓咪做出細微的正面舉動，就以美味的食物獎勵她。響片訓練也適用於這種情況。你可以打響片並獎勵任何你希望再看到的行爲，例如走進房裡或從床底下探出頭來。

如果你膽小的貓咪不敢從你手上拿走零食，就溫和地丢在她附近。如果零食是濕食，就放一點在筷子上，讓你和貓咪之間保持一些距離。很多時候，爲了膽小的貓咪，我會用膠帶在筷子末端黏上軟頭的寶寶湯匙，讓貓咪可以吃到比較多的濕食，卻又不必靠得太近。

平心靜氣

將你家貓咪的食物碗放在讓她有安全感的地方。不要將餵食區安排在窗戶或玻璃拉門附近。戶外動物的出現可能會讓你的貓咪感覺到威脅。

遊戲時間。使用釣竿型的玩具來鼓勵你的膽小貓咪玩耍。釣竿讓你和貓咪間有一段距離，所以她可以待在自己的舒適區域裡。如果她覺得半躲在床下或椅子後面比較自在，你還是可以用釣竿來進行一些遊戲。不過你也該注意不要瘋狂晃動玩具或玩得太過火。膽小的貓咪不想要將玩具視作對手。讓你的動作保持低調，讓她容易征服她的獵物。進行遊戲的時候坐在地板上或椅子上，你就不會在你的貓咪上方造成威脅。

根據你家貓咪的個性來選擇互動玩具。如果她極度害怕，你可能需要從羽毛之類的東西開始，然後逐步進行到更有挑戰性的玩具。

吸引她的擺設。如果你想要你的貓咪覺得能自在地從床底下出來探險，就爲她創造通道前往各項資源，例如貓砂盆、貓抓板與餵食區域。如果她覺得不安全，你白天就絕不會看見她，因爲她只會在家人們都睡著的大半夜出來吃東西或使用貓砂盆。多方設置資源讓貓咪不必穿越整個房子才能找到它們。你甚至可以沿路製造一些小隧道讓她隱藏起來。你也可以使用軟的織品隧道（在住家附近寵物用品店或網路上都可以購得），或者剪開幾個紙袋的底部自行製作，也能使用箱子或大的紙板。

肢體語言。觀察並尊重膽小貓咪的肢體語言，尊重她的溝通訊號。如果她的肢體語言表示：「請不要靠近」，而你持續往她的方向移動，她很快就會學會在你靠近時快速逃離。害怕的貓咪通常會呈現蹲伏姿態。

環境豐富度。除了藏匿處、貓咪樹和互動遊戲時間外，創造一個整體而言更加有趣的環境來激起她的好奇心並引發她想玩的欲望。放置一些益智餵食器，分散擺放一些有趣的玩具讓她獨自遊戲時可以拍打。這些可以幫助她對周邊環境建立正面連結。

問題：我的貓咪害怕雷雨。該如何協助怕打雷的貓咪？

潘媽的回答

雷雨可能非常令人不安。當大自然開始進行聲光秀的時候，狗狗通常會是開始發抖、叫喊或躲藏起來的那個，不過貓咪也有可能變得緊張。如果雷雨讓你的貓咪焦慮，這裡有六個小技巧幫助你在暴風雨時保持平靜：

1. **注意你的肢體語言**

   如果暴風雨讓你緊張，你的貓咪很可能接收到那焦慮感。貓咪是解讀肢體語言的大師，她們知道我們的行爲舉止並非正常狀態。我總是形容貓咪是小小的情緒海綿，確保你沒有展現無形的緊張行爲讓你的任一隻貓咪吸收殆盡。盡你所能地維持平靜。

2. **準備舒適的藏匿處**

   或許讓你家貓咪度過暴風雨最舒服的方式，就是蜷縮並躲起來。爲她準備數個舒適的藏匿處，讓她不必蹲坐在床底下或櫃子的角落。金字塔型的床舖也許能爲焦慮的貓咪增添安全感。如果在你經常待的地方有貓咪的藏匿處，可能會鼓勵你的貓咪與你一同待在那個房間，而不是獨自躲在床底下。如果貓咪寧願獨處，考慮爲她設置一間避難小屋，裡面有一些可以藏身的地方和必要的資源。

3. **安慰，但不要強化恐懼**

   你可以撫摸並安慰你的貓咪，但以傳遞平靜訊號的方式進行。如果你太溺愛她，可能會傳送一個強化恐懼的訊號給她，讓她以爲害怕

是正常的。你不會想強化害怕的行爲或獎勵這樣的行爲，這是出乎意料容易犯的錯誤。

4. 費洛蒙療癒

使用市售的費洛蒙產品，如 Feliway 能模擬貓咪感覺平靜的天然臉部費洛蒙。你可以在你住家當地的寵物用品店、獸醫診所或網路上購買。只要噴一些在房裡的物件上，或是使用擴散器散播在空氣中。如果你知道即將要有雷雨，就先將擴散器開啓。如果使用噴霧，就先噴在貓咪通常會磨蹭的物品角落。讓貓咪先待在房外三十分鐘，讓產品中的酒精成分揮發。一旦揮發後，對人類來說是沒有氣味的。

5. 焦慮緩解衣

有一種壓力緩解衣叫 Thundershirt，以溫和的壓力帶來如同束縛嬰兒可以達到的平靜效果。就如同費洛蒙療癒一般，一些飼主表示緩解衣很有效果，但有些人覺得完全無效。緩解衣有一套完整的使用說明，遵循這些指示很重要。丈量你家貓咪，確保你買到正確的尺寸。尺寸是依照體重與胸腔大小決定。

焦慮緩解衣的問題是貓咪可能只是靜止不動；或許她看起來很冷靜，事實上她還是很焦慮。你最了解你的貓咪，所以如果你使用緩解衣，確保貓咪眞的感覺到平靜。我曾看過一些例子在使用 Thundershirt 後立即產生效果，但有些卻沒有效。如果你的貓咪對暴風雨感到非常恐懼，這值得一試。

6. 聲響治療

你可以用大雷雨 CD 讓你的貓咪慢慢不再如此敏感。在進行互動遊戲時以非常低的音量播放 CD。逐步在訓練時將音量放大。泰瑞・萊恩（Terry Ryan）出版「聽起來不賴（Sounds Good）」系列CD，用以幫助狗狗克服聲響相關的恐懼，不過在貓咪身上同樣管用。其中一張 CD 就是大雷雨的聲響。

在我家貓咪們還有孩子還小時，我會播放新世紀音樂 CD，背景有下雨和打雷的聲響。音樂讓我們全部都很平靜，而且讓他們適應雷聲。播放音樂的時候，我會讓大家一起玩遊戲，或者是一起吃點心。

問題：瑪蒂在動物醫院會變得很激動。看獸醫時我該如何降低貓咪的緊張感？

潘媽的回答

不難理解動物醫院在貓咪喜歡場所的清單中排序並不高。貓咪毫無預警地被塞進外出提籃，放上車，然後飛奔到一個聞起來、看起來，甚至聽起來很可怕的地方。在檢查室裡，她被移到貓提籃外，放到冷冷的檢查台上，然後被又戳又刺的。想當然爾會讓她竭盡全力確保永遠不必再回到那個地方。

避免將貓咪帶到獸醫院自然不是個好點子，所以你得想一個計畫。如果你目前的計畫是追著你的貓咪滿屋子跑，把她逼到角落，然後免不了與貓劍客大戰一番才能將她趕到貓提籃內，那該是想出 B 計畫的時候了，因爲 A 計畫糟透了。有更好的方法。這是我建議的該／不該做清單。

找一間友善貓咪的獸醫診所。找一間擁有獨立的貓咪等候區以及貓咪專屬檢查室的診所。甚至有貓咪專門的獸醫診所。

不要只是依便利性選擇診所。事前先造訪診所並與獸醫會面，確認這裡適合你家貓咪。

仔細注意你家的貓咪如何被對待。獸醫是否有花時間好好與貓咪打招呼並試著讓她感覺舒服？是否立即束縛而沒有先評估「少即是多」技巧？是否對你家貓咪較有效果或沒那麼緊迫？獸醫是否有詳細說明情況？

不要只是在要造訪動物醫院時才拿出外出提籃。這當然會造成你的貓咪恐慌，因爲一看到外出提籃就讓她聯想到不愉快的事。將外出提籃一直放著，讓它成爲環境中的中立物件。

訓練你的貓咪對外出提籃感到舒適。在靠近外出提籃的地方給你的貓咪小零食或餵食，最後在提籃裡進行這樣的動作，如此一來她會將外出提籃與正面經驗產生連結。

不要趕在最後一刻抓你的貓。將貓咪硬是從床裡下拖出來肯定會造成緊迫。預先計畫，讓你能用輕鬆的方式進行，也不必在保健箱裡儲備大量的繃帶備用。在外出提籃內噴灑 Feliway 噴霧，或在將你家貓咪放進去的前二十至三十分鐘用 Feliway 濕紙巾擦過提籃。

在利用車輛移動前，確實花時間安撫你的貓咪。將貓咪放在外出提籃中，然後將提籃放入車內數分鐘。接下來的步驟是啓動引擎，然後在附近街區繞繞。要幫助貓咪在車子行進時感到放鬆，目的地不應該總是前往獸醫診所。

不要因爲她在診所的反應而放棄你家貓咪的醫療照護。例行到動物醫院進行體檢對你家貓咪的健康至關重要。

當貓咪待在外在提籃內，請小心提放。請小心保持提籃穩定，不要一直搖晃或撞到東西。車子行進時，儘量溫和順暢地轉彎與停車。你家貓咪最不需要的就是你對她太過關切，以致於沒注意到紅綠燈近在眼前而緊急剎車。

別一直用對寶寶說話的語調來嚇你家貓咪。你用高頻的聲音或寶寶用語只會讓你家貓咪更緊張。也別將手指伸進外出提籃裡撫摸她。讓她在裡面安頓好，就像是隱身其中一般。如果你的貓咪變得非常恐慌，可以在車子行進時播放「流淌在貓咪耳際（Through a Cat's Ear）」CD。

定期安排時間造訪動物醫院，讓你家貓咪對環境越來越自在。短暫停留期間讓診所員工跟貓咪打招呼、撫摸貓咪，或許能幫助貓咪在接下來幾次看診時不會那麼恐懼。如果你正在訓練小貓，這樣做特別有幫助。

不要將看診時間安排在醫師最繁忙的時段。除非你沒有其他選擇，否則請避開週六時段。

遮蓋外出提籃。用一條毛巾蓋住出外出提籃，不要讓你的貓咪感覺曝露在外。多帶幾條毛巾，你可以放一條在診療台上，一條在貓咪身上。有一點熟悉的氣味加上得以維持隱藏狀態，多少能讓貓咪感覺比較自在。

不要讓其他人或狗狗湊到貓提籃前。有禮貌地向靠近的小孩們說明你家貓咪很緊張，需要一點屬於她的空間。

帶上小零食。點心、有趣的玩具或者甚至是一些貓草，可以在看診時讓貓咪比較冷靜或分散她的注意。

不要把貓咪拖出提籃。不要傾斜提籃，也不要把提籃拉到半空中把貓咪搖晃出來，而是將提籃門打開，讓貓咪自己選擇出來探索或冒險，不是

被猛然拉出來。

進行多數檢查時儘量讓貓咪可以選擇是否想繼續待在提籃裡。如果你使用掀蓋式外出提籃，就將上蓋拿開，讓貓咪繼續待在開蓋的提籃裡。也在她身上放一條毛巾，讓她覺得自己隱藏起來。

不要對貓咪大聲吼叫。不要因爲她嘶嘶叫、咆哮或出現抓刮動作而對她大叫或責罵她。如果你的貓咪出現負面行爲是因爲害怕，處罰只會加深恐懼。

了解你的機會之窗，知道貓咪忍耐極限在哪裡。不要在檢查後與獸醫談話時，讓貓咪繼續待在診療台上。讓她回到外出提籃內，而非讓她在那裡坐立不安，感覺更加緊迫。

別假設只有一個解決方案。身體檢查時，有些貓咪比起診療台，更喜歡待在飼主的大腿上。

將貓提籃移到視線外。如果貓咪在診療台上做檢查，她就不會在獸醫準備進行檢查時，掙扎著想逃回提籃內。

不要讓貓咪待在平滑、冰冷的診療台上。先鋪上一條毛巾、羊毛墊或其他墊子。也可以先放一塊橡膠墊在診療台上防止毛巾四處滑動。讓她覺得有東西能抓，會讓你家貓咪更有安全感。

前置作業越多越好。寫下有關你家貓咪健康問題或行爲的各種疑問或考量。你甚至可以用智慧型手機拍攝一些影片，可以完善呈現特定行爲或問題。

不要期望你家貓咪馬上恢復互動。你回到家以後，她可能需要一點時間來梳理自己並再次對她身處的環境感到自在。

給你家貓咪一點獨處的時間。氣味是貓咪之間重要的溝通形式，對於待在家裡的貓咪來說，同伴身上帶著動物醫院的氣味會產生威脅感。如果你家裡養了多隻貓咪，讓剛回來的貓咪自己待上一段時間。

不要讓動物醫院的氣味散播各處。在將外出提籃放回貓咪周邊之前，先清洗提籃和毛巾。你家貓咪不希望回家後診所的氣味還繚繞不散。

生命的價值

許多貓咪被救援、無償領養或是有人在門廊發現母貓和她的小貓們。無論是什麼方式，這些貓咪都需要終身的醫療照護，一如從繁殖場買回來的昂貴純種貓咪。

你家貓咪一輩子都需要良好的醫療照護。貓咪每年都必須要接受身體檢查，年邁的貓咪則需要一年兩次的身體檢查。除了規律的健康檢查，當有潛在健康問題出現時，接受獸醫治療也是相當重要的。你可能無法完全消除貓咪在獸醫診所或交通期間感受到的緊迫，但你可以稍稍減緩那些恐懼，每一點都至關重要。

行動獸醫診療。如果將你家貓咪帶到獸醫診所完全不可行，就找找行動獸醫診所服務。在你的所在區域可能會有行動獸醫可以直接到府進行診療。

☆**潘媽的貓咪智慧語錄**

做一個好獸醫顧客的八個小技巧：

1. **將手機關機**。在診療室中請不要接電話或傳訊息。全神專注在你家貓咪身上還有醫師所說的話與所做的事。除了沒有禮貌外，你也很有可能錯過獸醫想傳達的重要資訊。

2. **提前做好準備**。寫下你想問獸醫的問題。當你進入診療室後，很容易會忘記你想要問的問題。如果你有特定行爲問題想要詢問，若能讓你的獸醫實際看到那個行爲會非常有幫助，因此可能的話，請用智慧型手機拍下影片。

3. **準時**。尊重獸醫以及其他顧客的時間，善盡你的職責準時到場。你的獸醫可能會因爲急診而比較晚到，請容忍延遲的情況。

4. **移動時讓你家貓咪待在外出提籃裡**。不論是硬殼塑膠有蓋提籃或是軟質行李箱型提籃，都可以大幅降低你家貓咪的緊迫並確保她的安全。在車輛內沒有束縛的動物可能對駕駛造成重大危險。沒有受到拘束的動物在診所會變得非常緊繃，也可能增加周邊其他動物的焦慮感。將你家貓咪運送到診所（或任何其他地方）最安全的方式就是使用外出提籃。

5. **別向櫃檯人員抱怨診療費用昂貴**。首先，並不是櫃檯人員設立的收費標準。此外，動物們的生命得以延長是因爲獸醫醫學的進步，這是有代價的。最先進的科技與藥物當然比較昂貴，如果你無法負擔治療方案，與獸醫討論款項清償方式。如果你認爲你被坑了，請與診所管理人員或獸醫討論；假使你還是很不滿，就找另一間診所。獸醫師並非靠顧客致富，診所採用的最新先進科技是需要相應代價的，你有權利質疑費用，但也請你以想要被對待的方式對待他人。站在櫃檯前大聲抱怨會令整間診所的人都感到不愉快。

6. **做筆記**。如果獸醫交代了一長串的指示，詢問是否有紙本指示或你可以自行筆記，你也可以錄下來。你不會想打電話給診所只因為你忘記了一些東西。

7. **遵循獸醫的指示**。遵循指示對於你家貓咪居家照護的效果有很大的影響。不論是特定餵食指示、身體運動、貓籠休憩、行為矯正或用藥，都請確保遵照醫師指示。

8. **溝通**。如果你對服務感到不滿意，就與獸醫談談，給他或她一個機會修正問題。你的獸醫可能沒有注意到診所裡的一些狀況，像是你的貓咪如何被對待或診所員工與你互動的情況。相對地，讓獸醫知道你很滿意也是很重要的。如果診所員工做得太過火，確保你讓對方與獸醫知道應該要多小心注意。

問題：為什麼我的貓咪這麼喜歡梳理自己？我的貓是不是快把自己的毛弄禿了？

潘媽的回答

這種症狀的學名是「精神性脫毛症（Psychogenic alopecia）」，貓咪會過度理毛變成一種強迫性的行為，這遠比一般貓咪過分講究外觀的情況嚴重。起初是想減緩緊迫而開始的移轉行為。有時候過度舔毛最後會變成扯下一團團的毛，甚至是咀嚼皮膚。

有許多情況都可能會觸發這樣的行爲。這裡有一些可能情況：

- 家中多了一隻貓咪
- 搬新家
- 家裡進行整修裝潢
- 新增一個家庭成員
- 死亡或離異
- 居住在混亂的環境中
- 缺乏環境刺激
- 無聊
- 沮喪
- 受限制（例如住院或搭乘交通工具）
- 貓砂盆問題
- 改變貓砂盆設置或地點
- 更換食物
- 不健康的居住條件

談及可能造成精神性脫毛症的壓力因素時，請謹記這因貓而異。一隻貓咪或許能撐過環境的重大變動，而另一隻貓咪卻可能因爲你將傢俱往後移動就需要這樣的移轉行爲。有些事情你並不覺得是壓力，但事實上可能會造成你家貓咪承受莫大的緊迫感。每一隻貓咪的容忍程度都不一樣。

了解移轉行爲。有許多移轉行爲——例如過度理毛在貓咪的世界是很正常的，有一些情況下這種行爲能幫貓咪降低焦慮感。在貓咪無處發洩焦慮感的時候就會出現這種問題，貓咪會開始出現移轉行爲來自我安慰。持續產生焦慮感卻無處發洩的情況，會讓貓咪的移轉行爲惡化到不可收拾的地步。

其他造成過度理毛的原因。在將情況標籤爲精神性脫毛症之前，請先排除其他造成過度理毛的潛在因素是很重要的：

- 皮膚狀態
- 疼痛
- 外部寄生蟲
- 過敏
- 甲狀腺官能症
- 膀胱炎或其他尿道問題

你必須帶你家貓咪給獸醫診斷，來排除任何可能造成這樣行爲的潛在疾病因素。除了診斷檢查，貓咪舔毛的部位或許也能看出端倪。如果診斷結果是精神性脫毛症，你的獸醫可能會爲你引薦行爲治療醫師或其他合格行爲專家。

精神性脫毛症的治療。有三項主要元素可以幫助精神性脫毛的貓咪：

- 減緩壓力
- 製造安全感
- 增加環境豐富度（例如，讓生活再度充滿樂趣）

審愼評估你家貓咪的生活條件，試著找出令她焦慮的可能原因。貓咪不喜歡變動，如果你餵食的時間沒有一貫性或沒有勤奮維持貓砂盆整潔，就有可能形成焦慮。如果你的工作時間表改變，或者你開始一段新的感情而讓你家貓咪獨處時間變長，突如其來的改變與孤獨時間的增加可能是問題的根源。

養了多隻貓咪的環境能爲貓咪帶來很棒的夥伴關係，但其他貓咪也可能會成爲持續性的壓力或恐懼來源。如果過度理毛的貓咪與其他寵物同住

一個屋簷下，是時候仔細檢視他們之間的關係，看看是否有敵意或恐嚇的情況。或許貓咪覺得害怕而不敢通過另一隻貓咪喜歡的區域去接近資源。

如果你對壓力來源完全沒有頭緒，可以考慮設置一個監視攝影機，讓你能捕捉到可能發生的原因，因爲這些事情通常都發生在白天或是晚上你不在家的時候。

一個豐富而有趣的環境對貓咪生活也至關重要。貓咪是掠食者。她們生來就會探索、狩獵並運用各種感覺。精神性脫毛或許單純是你家貓咪完全無事可做的結果。設置益智餵食器、貓迷籠還有一些可以獨自玩耍的遊戲，讓貓咪白天有事情做。確保有各種恰當的攀爬選項，如貓咪樹、貓跳台或窗邊休憩處。輪替玩具避免貓咪玩膩，然後將玩具藏在家中各處，讓貓咪可以來場尋寶遊戲。

一天至少進行兩次互動遊戲時段，讓貓咪能夠運動、娛樂，並與你建立情感連結。

藥物。如果你的貓咪對行爲矯正的反應不佳，你的獸醫或動物行爲專家可能會建議增加藥物。假使如此，藥物應該與行爲矯正雙管齊下，所以假如有開立處方藥物，別誤事，這是人類家庭成員爲幫助貓咪痊癒應該著手進行的工作。

第十二章

不要這樣

訓練愛貓別再做那些令你很煩的動作

問題：我非常愛我的貓咪米德奈，但我不懂她為什麼這麼壞。我的貓不聽話是因為生氣嗎？

潘媽的回答

在處理行爲問題時，如果我們預設立場覺得貓咪是出於惡意、生氣或愚蠢，那麼一開始就注定會失敗。我可以向你保證，你的貓咪並沒有在角落謀劃著如何毀掉你的生活。當貓咪出現「不當行爲」時，事實上她也正嘗試解決問題。

是不當的行爲還是你誤解了？貓咪的每一個行爲都有意義，不然不會一直重覆。動物不是笨蛋。成功矯正行爲的關鍵是找出造成這種重覆行爲的背後原因，了解貓咪爲什麼這樣做才能進行改善。要改變結果就得先改變計畫。

有效的行爲矯正能讓貓咪和不當行爲相較下，選擇可以獲得同樣或更多價值的行爲。不勉強訓練，而是讓貓咪在有選擇的情況下，獲得需要的東西，這樣才容易成功。動物在沒有選擇的情況下，所有反應皆出於恐懼。有許多貓咪因爲那些其實可以被矯正的行爲問題，被送到流浪動物中途之家，趕到戶外、棄養或甚至安樂死。

請學著了解貓咪並理解這些不當行爲並非失常。你可能不喜歡這些行爲，但貓咪不是發瘋或懷有惡意，只是單純回應本能。如果貓咪抓花傢俱，不是意圖拆了你最愛的椅子，而是有磨爪的本能需求，自然會想找到可以這麼做的最佳目標。如果貓抓板不符合需求，貓咪聰明的小腦袋就會帶領她去找到更合適的替代品。

矯正不當行爲的四大步驟。對貓咪動機產生錯誤假設，貓咪飼主時常聽從不專業的人的不正確建議。這眞的很可惜，因爲多數行爲矯正其實都是常識：

- 找到根本原因
- 找到貓咪這麼做可以得到什麼（報償）
- 提供她與當前行爲一樣好或更好的替代行爲
- 在貓咪進行正確行爲時獎勵她

爲何懲罰沒有效果？許多人因爲「不當行爲」責備貓咪。比起專注於貓咪需求並幫助貓咪，這些貓咪飼主因爲挫折感而選擇懲罰貓咪。想像貓咪爲了在貓咪世界其實正常且必要的行爲而受到懲罰，貓咪會因此承受多大的壓力。

以貓砂盆問題爲例，若貓咪不再使用貓砂盆並開始在飯廳地毯上尿尿。採用懲罰方式的貓咪飼主，指著貓咪的鼻子罵她、打她、對她大呼小叫，隔離貓咪或將貓咪趕進貓砂盆，這麼做只是將貓咪生理上和心理上的恐懼與壓力提高到不健康的程度。有沒有可能貓咪在貓砂盆外便溺是因爲她有尿道問題而感到疼痛，並將那疼痛感與貓砂盆作連結？而處罰之後，貓咪只會將懲罰與便溺的需求連結，不只是因爲疾病而痛苦，同時也害怕且不確定該在哪裡大便和尿尿。作爲貓咪飼主，你試著傳遞訊息告訴貓咪便溺場所的選擇是不對的，但事實上她接收到的訊息是**尿尿是壞事，會帶來懲罰與恐懼**。一旦她的膀胱滿了，終究還是得尿尿，她會變得緊張且試著盡可能憋尿。這對身體很不好。她或許會找一個更隱祕的場所便溺，避免受到責罰。不論是哪一項，都可能對已經很緊繃的貓咪造成更大壓力。

貓咪不是狗狗或毛絨絨的小孩。許多行爲問題是一開始就可以被矯正或避免的，只要人類別再把貓咪當作小孩或狗狗的替代品。貓咪應該被愛著且珍惜著，但當你忘了她是貓咪，更明確地說，你忘了正常的貓咪需求無法以人類條件衡量，你就注定要失敗。你領養了一隻貓咪卻期望她像狗狗一樣，然後當她沒有像狗狗一樣與你互動，你就失望了，如此一來你創造了一個雙輸局面。將貓咪視爲美麗、聰慧、有趣且喜歡交際的動物，重新認識貓咪會讓你驚奇不斷。你絕對有機會與貓咪發展出很棒的關係，只要好好以貓咪的觀點來看她身處的世界，不要再期待她成爲其他生物。

問題：我該如何讓我的貓不再咬室內盆栽？

潘媽的回答

許多家中植物對貓咪來說是有毒的。毒效可能是極輕微的刺痛，嚴重可能會致命。吊掛更增加植物對貓咪的吸引力，因爲小貓或貓咪喜歡嬉戲

拍打植物，然後將它咬下。一些身處在環境豐富度不足的貓咪，可能會因爲無聊而習慣玩植物或咬植物。

哪些植物是有毒的呢？有毒植物的清單可以參考美國愛護動物協會（ASPCA）網站。網站上有提供照片可以協助辨識。以下是美國愛護動物協會列出對貓咪毒性最強的十七種植物：

- 百合
- 大麻
- 鐵樹
- 鬱金香/水仙花球
- 映山紅/杜鵑
- 夾竹桃
- 蓖麻子
- 仙客來
- 長壽花
- 紫杉
- 孤挺花
- 秋藏紅花
- 菊花
- 常春藤
- 和平常春藤
- 柑子
- 鵝掌藤

有些常見的植物，例如萬年青，在輕咬幾口後，就可能造成強烈灼熱感與舌頭腫脹。如此一來可能導致呼吸困難。但我發現這類植物經常被當作禮物贈送。

徹底避免貓咪接觸到任何潛藏危險性的植物很重要。無論你求援有多麼快速，有些植物可能會造成立即死亡的後果，所以請盤點家中植物並移除那些對貓咪具危險性的。

植物中毒的徵兆。視吞食的植物種類而有不同的徵兆，一些跡象可能包括：

- 過度流涎
- 嘔吐
- 呼吸困難
- 腹瀉
- 發燒
- 腹痛
- 口腔及喉嚨潰瘍
- 發抖
- 心律不整
- 嘴邊皮膚泛紅發癢

植物中毒治療。如果你認爲貓咪嚼食有毒植物，請立即與獸醫聯絡。如果已經過數小時，且附近並沒有動物急診醫院，請撥打美國愛護動物協會毒物管控熱線。治療方式視植物種類而異。如果你無法辨識出植物種類，可以帶著整株植物或一部分到動物急診醫院，院方或許可以辨識出來。你的獸醫並不一定是植物園藝專家，但如果你帶著植物讓他們試著辨認，貓咪獲救的機會可以大幅提升。

保護好貓咪。在我家，家人覺得不值得冒險所以室內並沒有種植任何植物。如果你決定保留所有植物或選擇保留無致命毒性的植物，用帶有苦味的防吞食噴霧噴在這些植物上。噴灑時，確保葉面下方也要噴到，小心

不要殘留在手上，我建議戴上拋棄式手套，因爲這些噴霧味道**眞的**很糟糕。如果你在室內噴灑，記得在盆栽周邊鋪上報紙以保護地板和地毯。有時候你得在數週內重新噴灑。

另外也請將掛吊植物剪短來降低對貓咪的誘惑。請謹記你的貓咪喜歡在窗邊曬太陽和觀看鳥兒，要降低誘惑，得確定你的貓咪有數個安全、沒有植物的窗邊休憩區。在你貓咪最喜歡的窗戶準備窗邊休憩處，或在旁邊放個貓跳台。

轉移貓咪注意力到更有趣的事物上。如果啃咬植物是出於無聊，可以試著增加環境的豐富多樣性。以下有一些例子：

- 一天至少進行兩回遊戲療癒時間
- 結合益智玩具和餵食功能
- 輪流使用玩具以維持新鮮度
- 在一些箱子或開放紙袋裡放入玩具
- 設置一個穩固的貓跳台，擺放在窗邊
- 將居家壓力維持在一個限度以下
- 提供貓咪可以安全啃咬的物件（例如貓咪護牙啃咬產品）

種植安全的植物來滿足貓咪啃咬的欲望。如果你的貓咪熱愛啃咬植物，試著種植一些適合貓咪的綠色植物來滿足她的動物本能。你可以在網路上或當地寵物店購得這些物件。黑麥、小麥或燕麥草都可以在當地有機雜貨店購買。你也可以從種子開始種植，不要使用草坪的草，因爲上面有化學肥料、除草劑，且可能含殺蟲劑。

問題：我在使用電腦時，貓咪總是咬我，不過不是很用力，或者她會將東西從桌面推下去。當貓咬我的時候，是為了要吸引我的注意嗎？

潘媽的回答

兩個字：沒錯。一般來說，貓咪會採取各種方式來吸引你的注意。典型的行爲包括：

- 喵喵叫
- 不斷抓撓
- 跳到你的面前
- 在你的雙腳間走動
- 偷拿物品
- 把東西從桌面上推下去
- 啃咬（通常是輕輕咬，並不會傷及皮膚）

造成貓咪尋求關注的原因。這樣的行爲可能源自於另一個基本的行爲問題，例如健康因素，或可能只是單純贏得你關注的手段。受分離焦慮或認知問題困擾的貓咪也時常出現尋求關注的行爲。如果這樣的行爲源自於潛在疾病，貓咪可能會吸引你的注意力來減輕她的疼痛感，也可能是她正爲身體上的不適感到困惑。

矯正尋求關注的行爲。困難點在於：多數貓咪飼主強化了他們不喜歡的那個行爲，因爲當貓咪做出這個行爲時，飼主的表現被貓咪當成是一種關注。當貓咪跳上桌子並開始喵喵叫，貓咪飼主幾乎總是會看著貓咪、與貓咪說話或拍拍貓咪。即使你責罵貓咪，也給予了某種程度的關注，而這就是貓咪想要的。要矯正尋求關注的行爲有三個步驟：

- 忽視那個你不樂見的行爲

- 爲貓咪的精力和注意力找其他發洩管道
- 當貓咪安靜或舉止恰當時才給予關注

如果尋求關注的行爲是出自無聊或分離焦慮，確保你的貓咪擁有豐富多樣化的環境。這裡有些例子可以參考：

- 在窗邊放一個貓咪樹讓貓咪攀爬並觀察鳥兒
- 使用益智餵食器和益智玩具作爲遊戲獎勵
- 可以玩耍和休憩的架高平台
- 供貓咪抓磨的貓抓板
- 提供適當的攀爬機會
- 固定的餵食時段
- 定期進行貓砂盆清潔
- 每天的互動遊戲療癒時間
- 給予貓咪喜歡的東西（視貓咪喜好而定）與互動
- 一貫性、安全感與刺激

如果你的餵食時間、清潔貓砂盆時間、遊戲時間、訓練時間，甚至一天結束你回到家的時間都不一致，貓咪會感到無所適從，她會更常隨機地要求事物。主動安排固定且可靠的時間表，貓咪就不會出現尋求關注的行爲。如果你每隔幾天才陪她用互動性玩具玩耍，不難理解她爲什麼會試著尋求你的關注。貓咪是擁有敏銳感覺的獵人，需要適當的精力發洩管道；同時也是慣性動物，依賴規律的日常生活。試著結合規律帶來的安全感與每天獎勵遊戲的樂趣。

問題：為什麼我的貓會吸吮布料？

潘媽的回答

我知道這聽起來不像是貓咪（或其他生物）會做的事，吸吮毛衣、鞋帶，或浴室地墊和地毯是非常奇怪又沒有吸引力的活動。最常見的物件就是地毯和毛衣。某些情況下，貓咪甚至會吸吮另一隻貓咪的尾巴和其他身體部位。

一些貓咪甚至開始會咀嚼或吃進那些東西，這時毛織品吸吮轉化爲異食行爲（吃進非食物物件）。異食症可能導致腸道問題。

吸吮毛織品通常見於一歲以下的貓咪。一般貓咪長大就不再如此，但有些貓咪沒有經過行爲矯正或環境改變而繼續這樣的行爲。

一些導致吸吮毛織品的因素如下：

突然斷奶或太早斷奶。吸吮毛織品可以被視爲是育嬰期的一個轉換過程。有許多理論探討爲何貓咪長大後仍持續這樣的行爲，其中一個可能因素是小貓突然斷奶或太早斷奶。理想的情況是讓幼貓待在母貓身邊直至十二週大爲止。然而，很多時候幼貓在六週大時就早早被斷奶，只因爲她們可以開始吃固態食品。很不幸的，她們生理上和精神上都還沒有準備好離開母貓或手足同胞。斷奶應逐步進行，即使幼貓已經能吃固態食物仍應如此。這幾週的時間裡，幼貓需要學習一些即使成長後仍然受用的社交須知。很可惜地，有時候不知情的人類或某個悲劇而讓小貓成爲孤兒。

如果你救援了一隻八週以下的小貓，她可能會有吸吮毛織品的行爲，特別是在舒適的姿勢下，例如在你的大腿上或雙臂間。她可以開始吃固態食物並不表示她已經準備好結束吸吮母親乳頭的舒適感（或是這個案例中，你的毛衣）。毛毯或毛衣柔軟溫暖的感覺在沒有母親的情況下，成爲次之的選擇。

分離焦慮或壓力。壓力或突如其來的變化，例如新生兒的來臨，某位家族成員的突然缺席，搬新家、家中貓咪眾多密集度高，或居住狀況不整潔，都可能造成吸吮毛織品的行爲。

品種關聯。吸吮毛織品行爲在東方品種中較常見。

其他因素。其他因素可能包括缺乏環境刺激、營養不足、缺乏膳食纖維以及其他潛在疾病因素。

阻止吸吮毛織品的技巧。過程中首要且最簡單的步驟是避免或至少減少與誘引物件接觸的機會。如果沒有毛衣，貓咪就無法吸吮。這眞是清理房間的好理由！

請帶你的貓咪至動物醫院檢查，排除任何疾病造成這種行爲的可能性。若醫生覺得可能跟飲食相關，那麼請跟獸醫討論貓咪的日常飲食。

提供其他活動來轉移貓咪的注意力，尤其是可以培養自信心的活動。遊戲時間就是完美的選擇。當你注意到貓咪擺出準備吸吮毛織品的姿勢，就以培養信心的活動來轉移她的注意，例如互動遊戲。你也可以運用益智餵食器和獨立遊戲玩偶讓她自己玩耍。

透過爲她增加攀爬、抓、玩耍與休憩的空間來增加環境豐富度。貓咪樹可以讓貓咪眺望戶外鳥兒餵食器或其他令貓咪感興趣事物，是很理想的選擇。準備麻製貓抓板，讓她可以透過抓磨粗糙表面來轉移焦慮或其他情緒。如果她喜歡看電視，就找一支貓咪娛樂 DVD，有關獵捕與其他貓咪感興趣生物的影片。

減少焦慮和壓力源，確定貓砂盆的狀態是潔淨、具吸引力且放置於貓咪感到安全且放心的地點。處理家中貓咪眾多的問題，讓每隻貓咪都覺得更有安全感。

如果問題根源是分離焦慮，就必須透過適當的行爲矯正來處理（詳情請見第十一章）。

問題：我的貓咪是小偷！任何可以用嘴巴叼走的東西都會被她偷走。我要如何阻止貓咪偷東西？

潘媽的回答

你並不孤單。許多人都與手腳不乾淨的貓咪們一起生活。

偷取食物。貓咪是掠食者，多數貓咪對食物充滿熱忱。許多誘人的食物香氣一天數次自貓咪鼻子前飄過，對飢餓的貓咪來說是難以抗拒的。對於正進行特殊飲食而無法感到滿足的貓咪來說更是如此。

偷食物有可能源自於在晚餐桌邊被餵食的經驗。如果你曾經在用餐時分享了一部分食物給貓咪，或是當家人用餐時她在一旁討食而被你餵食，你可能在她腦中灌輸了一個想法，她不需要等待別人餵食——她可以自己找食物。桌邊餵食也可能養成她對本來沒興趣食物的關心，例如甜食。

如果沒人注意的吧台或桌上放著未吃完的食物，也可能會引誘貓咪偷取。如果你知道你養了一隻貓小偷，確保沒有殘餘的食物被放在桌上，避免對貓咪造成誘惑。

要想減少或杜絕食物遭竊，可以在貓咪固定吃飯時間搭配益智漏食玩具。不論你餵食濕貓糧或乾貓糧，都可以購買或架設益智餵食器鼓勵貓咪慢慢吃或在用餐時享受額外的玩樂時光。對貓咪來說，爭取食物是很自然的，而益智餵食器是讓她爭取食物的簡易工具。

如果你是依照時間餵食，而每餐中間有大量的空檔時間，飢餓可能會促使貓咪偷食物。貓咪的胃很小，她們在野外可能每天狩獵並享用數次小量進食。如果你一天只餵食一到兩次，你的貓咪可能會覺得餓，每天將食物分三到四餐餵食，不要增加分量，只要增加餵食次數。

如果你認為你餵食貓咪的分量不足，請尋求獸醫的指導。在寵物食物

包裝上的標示是一般原則。你的獸醫可以協助你根據貓咪目前體重、年齡、健康狀況與活動力決定餵食量。

爲好玩而偷食物。一些貓咪偷食物只是爲了想玩食物。某些物體很輕，用爪子輕觸就很容易移動，對愛玩耍的貓咪來說，是不容錯過的小遊戲機會。在你發現之前，橡皮筋、迴紋針以及瓶蓋早已被蒐藏在沙發和桌子底下。

不幸的是，許多貓咪會偷的物件都可能有潛在危險性。如果你的貓咪在玩橡皮筋、耳環或其他小型物件，然後決定咀嚼，最後可能吞下它。貓舌頭有倒勾，一旦將東西放進嘴裡，就無法輕易吐出來。

防止貓咪偷東西的最佳解決方案是把誘人的物件放到別處，然後提供更安全的選項。可以用兩種方式達到目的：第一，確保你的貓咪每天都有數次互動遊戲時間；互動療癒遊戲是讓你控制貓咪行動的好方法，同時也滿足貓咪的狩獵衝動。再來是增加家中的玩樂元素，一步步增加環境豐富度；白天你外出工作時，讓貓咪有事情可以做，她就不需要透過偷東西來緩解無趣的生活。我知道你一定準備了許多獨自可以玩耍的玩具給貓咪，不過可能都散落各處積灰塵，不如嘗試增加環境豐富度會更加有趣：

- 在空的面紙盒中放一隻毛絨絨的玩具鼠
- 在一些開啓的空紙袋裡放玩具或小點心
- 在貓跳台上放玩具
- 放一些毛毛的老鼠（當然是假的）在傢俱下，讓他們的尾巴露出來
- 利用漏食玩具和其他益食餵食器
- 在窗邊設置一棵貓咪樹
- 架設一些貓咪隧道（或用紙袋做一些）
- 安裝一些貓跳台
- 找一個很好的麻繩貓抓板
- 在窗外設置一個餵鳥器，讓你的貓咪可以恣意觀賞

- 每月輪替玩具，保持新鮮感
- 一週使用一次貓薄荷
- 設置一個貓咪噴泉飲水器
- 播放狩獵主題的貓咪娛樂影片

爲得到關注而偷。有些貓咪會爲了得到關注而偷東西。貓咪飼主的反應可能強化了這樣的行爲，即使是責罵也是一種關注。如果你看著貓咪玩那個物件，或甚至是參與遊戲後才將東西拿走，你可能也強化了偷竊行爲。如果貓咪覺得偷竊可以讓她得到關注，她會更常這樣做。

如果你的貓咪把偷竊當作獲得關注的方式，在取回物件時千要不跟她有所互動，應該與先前提到的遊戲療癒時間整合來進行行爲矯正。給你的貓咪一個適宜恰當的玩樂機會來取代這種獲取關注的行爲。

爲紓緩壓力而偷。如果你的貓咪偷取某些特定物件，有可能是因爲這些物件在她感受到壓力時能爲她帶來安慰。有些貓咪會透過吸吮毛織品來自我安慰，所以被偷的物件可能也包括襪子或其他衣物。你的貓咪可能會偷某些東西來安慰自己，只因爲上頭有某位家族成員的氣味。貓咪在決定要偷取什麼物件來安慰自己的時候，質地也占了很重要的因素，她可能特別喜歡腳掌觸碰某個特定物件的感覺或放在嘴裡的感覺。

如果你懷疑是壓力造成，請與你的獸醫洽談，首先確定不是有潛在的疾病因素，尤其貓咪出現吸吮毛織品的行爲。然後試著搞清楚壓力的來源——請謹記貓咪的壓力源以人類的觀點來看，可能是非常小的事情，即便是你的工作時間改變或你最年長的孩子開始在下課後打工，都有可能是潛在壓力源。試著減輕壓力或增加玩樂元素，讓貓咪找到適當移轉目標。玩樂時間與環境豐富度都是建立自信的方式，讓貓咪展現自然而然的天性行爲，如狩獵、攀爬、跳躍、跟隨與跑步。貓咪的環境越豐富，就越能爲她的精力找到具有建設性的發洩管道，也越能與她的週邊環境產生更多正

向連結。

掠食者行爲。貓咪可能會偷一些東西並帶著它們走來走去就像捕獲的獵物，帶著它們在屋內走動時，可能會低鳴甚至是展現防衛姿態。如果你的貓咪因爲執著於某些物件而對某個家族成員或其他夥伴動物展現侵略性，請與你的獸醫洽詢引薦具有合格認證的行爲專家。

☆潘媽的貓咪智慧語錄

解決貓咪行爲問題的必備清單。沒有人會領養、救援或購買可能有行爲問題的貓咪。你憧憬與貓咪一同展開新生活，相互陪伴、她表現良好，而且你們會如此長長久久。然而不幸地，事情可能不如預期，你會發現與自己生活的貓咪已然養成一個或數個不被喜歡的行爲。這相當令人挫敗，對所有人都是如此——尤其是貓咪本身。

面對行爲問題，一些貓咪飼主會自行假設，複雜化或低估情勢。換言之，我們自認爲知道貓咪爲何胡鬧，問題是，這樣反而容易誤解這些行爲，結果「解決方法」不但沒奏效，情況還變得更糟。例如貓咪飼主假設貓咪是對某件事生氣而想報復時就可能如此。設想非人類的動物會計畫懲罰性的行爲，將會破壞貓咪飼主與貓咪之間的關係，一旦貓咪飼主將貓咪視爲敵人，關係就開始變質。

另一個極端的情況是貓咪飼主全心致力於補償被惹毛的貓咪並贏回她的心。與此同時，貓咪飼主錯過了行爲問題的實際原因，白白浪費可以用來尋找正確解決方法的寶貴時間。

造成貓咪行爲問題的特定原因和細節不能在這裡評論，因爲個別狀況要視你的貓咪獨特的環境而定。然而，最普遍且最棘手的行爲問題有：

- 排斥貓砂盆
- 亂尿尿作記號
- 抓花傢俱

- 對人類有攻擊性
- 貓咪間的攻擊性
- 壓力
- 恐懼

1. **是時候找獸醫了**。不論你有多確定這是行爲問題或貓咪是出於憤怒、刁難，你要做的第一件事是打電話給你的獸醫。這種令你困擾的行爲有可能是健康因素造成。例如：

- 貓咪可能在你撫摸她時出現攻擊性，因爲她感覺到身體上的疼痛
- 貓咪可能因爲尿道問題而在貓砂盆外便溺
- 貓咪可能因爲視力問題而變得懼怕人類
- 過度舔毛的貓咪可能受甲狀腺官能症困擾

一旦排除健康因素，以貓咪的需求來衡量問題。當前的情況能讓貓咪發揮天性或是製造了壓力？這裡有一些例子讓你往正確的方向思考：

- 貓咪不再使用貓砂盆，因爲另一隻貓咪可能會在那裡埋伏攻擊她
- 排斥貓砂盆可能是因爲有太多隻貓咪但沒有足夠的貓砂盆
- 貓咪可能因爲有新貓咪進入家庭而噴尿
- 貓咪對來訪的客人展現攻擊性，因爲她沒有好好與人類社交
- 貓咪害怕地躲起來，因爲沒有將家裡的狗兒妥善且安全地介紹給她
- 貓咪可能抓花沙發，因爲沒有合她心意的貓抓板
- 貓咪可能無預警地攻擊同伴，因爲同伴剛從獸醫那裡回來，氣味變得不一樣

2. **儘快採取行動**。行爲問題不能等，別期望問題會自己消失。如果你有兩隻貓咪，而她們不能好好相處，你卻期待她們能自己處理好關係，事實上你可能爲她們製造了終身的緊張關係。如果你的貓咪尿

在地毯上，你假設這是一次性的事件，便可能錯過了貓咪已經在許多未察覺的地方尿尿的情況。別等待，你越早處理問題，成功的機會就越大。

3. **做個偵探**。除非找到原因，否則你無法解決行爲問題。如果你的貓咪在貓砂盆外便溺，問題可能不在貓砂盆本身，而是因爲她在前往貓砂盆的路上被同伴貓咪埋伏攻擊。在這種情況下，若你已獲得需要的資訊則可開始矯正行爲計畫，不只是在安全的地點增設更多貓砂盆，還得處理貓咪間的關係。要處理行爲問題，必須先找出原因（盡你所能）然後量身打造行爲矯正計畫或適當地改善環境。

4. **永不懲罰**。任何形式的懲罰，無論是打屁股、搖晃她、抓後頸、用水噴她、電子矯正、直指著貓咪的鼻子指責她的錯誤或對她大小聲，都只會讓你的貓咪壓力更大。這並不會讓貓咪明白她的行爲是不對的，只是讓她覺得因爲肢體懲罰的威脅，所以應該要懼怕你。這種改正問題的方式只會破壞你和貓咪間的關係，增加她的恐懼，甚至導致更嚴重的問題，例如攻擊性。如果她現在不確定伸向她的這隻手會撫摸她還是會打她，她可能會出於防衛而攻擊你。

5. **建立發展藍圖**。相較於因爲不應該的行爲而懲罰貓咪，不如打造一個計畫來清楚定義該怎麼做。這不表示只是放一個貓抓板在房裡，就能神奇地讓貓咪不再抓花傢俱，這表示得建立一個貓咪智慧發展藍圖。你設置的貓抓板必須符合貓咪的需求才能讓傢俱不再成爲目標。如果你的貓咪在貓砂盆外便溺是因爲貓砂盆不乾淨，此時打貓咪並不會解決問題，清潔貓砂盆才是正確答案。爲貓咪提供更好的選擇來誘使她做出你希望的行爲，幫助她成功。

6. **重新贏得信任**。如果你曾懲罰貓咪或是她正受到行爲問題的壓力與焦慮困擾，是時候用心重新建立信任連結。你可能沒有心情陪她玩，發想有趣的遊戲，拍拍她或做一些讓她覺得穩定有安全感的事，但這些都是現階段應該做的。不管你相不相信，她正在經歷的行爲問題，不論是什麼都讓她備感壓力。需要讓她明白你是她安全舒適的港灣。

7. **保持冷靜**。即使你的貓咪剛在你超級名貴的沙發上尿尿，別驚慌，你的毛小孩會將你的壓力照單全收。如果她已經因爲某件事壓力大到在沙發上尿尿，當她看到你憤怒發狂的樣子，只會讓她更加堅信她所熟悉的世界已經坍塌。她的焦慮程度會提高，而我幾乎可以保證行爲問題只會更多，憤怒並不會解決髒污。

8. **記得稱讚她**。當貓咪做對事情時，得明確地讓她知道。簡言之，建立有效的發展藍圖。無論是多小的一步，只要她朝正確的方向邁進一步，就獎勵她，例如稱讚、拍拍、陪她玩或是給她點心。

9. **知道何時該求援**。有些行爲問題超出貓咪飼主的能力範圍。如果問題太嚴重、危險或讓你摸不著頭緒，就該尋求合格認證專家的援助。網路上有許多自稱爲專家的人，但其中有些人缺乏必要的道德、教育背景和專業經驗。不合格的人選只會讓問題更糟，如果有疑惑，就詢問你的獸醫並請獸醫推薦合格的貓咪行爲專家。

10. **不要放棄**。你的貓咪是家庭的一分子，值得你花時間和精神處理困擾她的問題。沒有神奇的立即解決方案。要好好處理，需要你投入精力，但絕對值得。太多貓咪最後被送到流浪動物中途之家，因爲家人們沒有意識到行爲問題是可以透過矯正改善的。當我們將貓咪

們帶入生命中，就是承諾照顧這些珍貴的動物們快樂生活成長。令人慶幸的是，這一路上你並不孤獨，有許多資源可以利用，世界各地也有許多合格的行爲專家且數量持續增加中。

問題：該如何讓貓咪不要跳到吧台上？

潘媽的回答

有許多有效及沒有效的方式可以阻止貓咪跳到廚房吧台上。沒有效的方法就是朝她噴水、對她大小聲、打她嘴巴或抓住她，這些方法只會讓她害怕你。她很快就會知道，你在的時候不能夠到吧台上，她會等到你出門以後，再重新跳上吧台。有更好的方式來訓練你的貓咪，在過程中你不必扮黑臉。

第一步是釐清吧台上有什麼吸引了你的貓咪，因爲這對規劃解決方案相當重要。

美食與誘人香氣。吧台上有多種誘人香氣，視時間而定，有一堆美味食物等著飢餓的貓咪來享受隨興的自助餐。

鳥瞰視野。在許多居家環境中，廚房窗外的景致很有趣，尤其是你在安裝了餵鳥器，或透過窗戶可以看見戶外活動，如孩童們在秋千嬉戲。

安全視野優勢。貓咪待在越高的地方，就越能確保視野優勢，能看見另一隻貓咪進入房內。貓咪不想被埋伏攻擊。

尋求關注的行爲。有時候貓咪跳上吧台只是爲了吸引你的注意力。通常她會達到目的，因爲你可能發出驅趕聲要她離開或跟她說話。從貓咪的觀點來看，這個方法是有效的，即使她得到的關注是負面的。

有效的替代方案。這個計畫有兩個方面：讓吧台變得不具吸引力並提供一個更有吸引力的選項。如果你的貓咪是被吧台上的食物吸引，確保廚餘有收拾好，移除誘惑因子。設置漏食玩具讓她玩，如此一來她在用餐時間也可以有些樂子。如果你認爲她在吧台是爲了眺望窗外，在窗邊架設貓咪樹或在另一扇窗邊設置休憩處。

在養多隻貓咪的家庭，如果你的貓咪試著確保視野優勢，就爲她創造替代方案。設置一棵有多個跳台的貓咪樹。如果你有兩隻以上的貓咪，也可以考慮架設第二棵貓咪樹，這樣一來每隻貓都會有足夠的空間。

高度是安全感的重要考量，貓咪樹就是一個絕佳選擇，將貓咪樹放在位置好的地點。假使你的貓咪偏好家庭起居室或靠近特定窗戶，不要把貓跳台藏在遠處的房間。你也可以藉由在高處放置一些舒適的貓咪床舖來創造安全區域。

如果到吧台晃晃是爲了尋求關注，那麼她跑到吧台時，要避免與她有眼神接觸或任何類型的交流或撫摸。如果她在吧台上，而你需要將她移開，直接把她抓起來，然後放在地板上，但不要有其他任何形式溝通。她待在地板上或其他允許範圍的高處時再關注她。這會讓她知道，想獲得關注只有待在應該待的地方時才會有。

訓練的另一部分是讓你的吧台不再如此吸引貓咪，讓她們休憩或閒晃。到你家附近的五金行購買一捲塑膠地毯保護墊。如果可以，購買一面有凸起小腳印的。攤開塑膠墊並將它剪成數小塊符合吧台形狀。如此一來一面保護吧台，一面方便你做事。

將保護墊放在吧台上，讓凸起小腳印的那面朝上。你的貓咪會覺得吧台不是走動的好地方。這類不直接參與的訓練方式可以避免你與這種不愉快的事件產生連結。

如果貓咪無視於地毯保護墊仍舊跳上吧台，試著放有雙面膠的墊子。放幾條雙面膠在餐墊上，然後散布在吧台週邊。

只要是沒有使用吧台時，都得放一塊塊的地毯保護墊或是黏黏的墊子在那裡。然而如果要眞正成功，你得提供她其他替代地點。貓咪生活在垂直空間世界裡，高度對他們來說很重要。如果你不讓貓咪使用特定高處，就得提供她更有吸引力的選擇。

問題：為什麼我的貓會在凌晨三點叫我起床？

潘媽的回答

起床、起床！玩耍的時間到了！好吧，如果你是一隻貓咪，玩耍的時間確實到了，但你是個想睡覺的人類，玩耍並不在選項中。所以爲什麼每天晚上都會重覆這樣的模式呢？爲什麼你的貓咪規律地在清晨時分咬你的腳指頭、抓你的臉或有系統性地將床頭櫃上的東西推下去？你可能不喜歡這個答案，但在這種情況下，這其實是非常正常的行爲。貓咪在黃昏時段和清晨時分的精神最好。對多數人而言，一天的結束是我們放鬆下來的時候。我們下班回到家、吃晚餐、查看電子郵件、與家人一起休息、和貓咪窩在一起，然後才準備上床睡覺。可憐的貓咪已經睡了一整天；當你在傍晚六點鐘踏進家門，她已經準備好要開始玩耍。如果在白天沒有豐富環境的適當刺激，而且傍晚你也沒有陪她玩耍，那麼在鬧鐘響起前數小時中的某一刻你會感受到八磅重量壓在你的胸口上試圖叫你起床。

作息改變（她的，不是你的）。如果你的貓咪在深夜或破曉時吵醒你，有幾個方式可以讓你「重設」這個毛絨絨的鬧鐘。首先，也是最困難的步驟——當她做出令人困擾的行爲時，必須忽視她。如果你起床並在她碗裡放飼料，試圖讓她不要再叫，你只是成功地強化了這個行爲。如果你在貓咪以這種行爲尋求關注時對她付出注意力，她現在明白這個方法是有效的，她會每晚重覆。如果你對她大小聲，對她而言仍然是種關注。假裝在睡覺，不要有任何反應，我知道這似乎很奇怪，但保持你的眼睛閉上，不要移動，完全忽略你的貓咪。她需要發現自己的方式並不奏效。

活動周期。流程的第二個部分很簡單。貓咪作爲天生掠食者，有典型的活動周期：狩獵、進食、梳理、睡覺。

這樣的動作循環是根據貓咪在野外生活的天性，用這樣的方式刺激家貓會幫助她感覺滿足，她會享受順從天性的刺激活動以及食物獎勵。這對她來說相當順理成章，最終你得以重獲缺乏已久的睡眠。以下是四大階段的運作方式：

首先，貓咪在狩獵的身體活動中消耗體力。在戶外，不會有獵物自己送上門來，所以貓咪必須要狩獵、追蹤然後猛撲，如果獵物逃脫就得繼續重覆。貓咪不是食腐動物，所以必須持續尋找新鮮獵物。狩獵對貓咪的生理和心理都有幫助。

第二，貓咪捕獲獵物可大快朵頤。好好完成任務的獎賞是飽餐一頓。

用餐後，貓咪獵人會梳理自己的毛髮，清除獵物殘留在毛髮上的痕跡。這是很重要的，因爲獵人不會希望讓其他獵物察覺到自己的存在，也不希望自己因此成爲大型掠食者的獵物。由於體型的關係，貓咪同時是獵人也是獵物。

消化是下一步驟，由於貓咪擁有完整的胃，這表示她可以小睡片刻，爲下一次的狩獵儲備體力。

☆潘媽的貓咪智慧技巧

以下是妥善利用這種行爲循環的方式：只要在睡前用釣竿類的玩具，跟你的貓咪進行互動遊戲。在這裡技巧很重要，不要四處瘋狂地揮舞桿子，讓貓咪無法捕捉到任何東西，讓貓咪因爲達不到目標而感到挫折，而是將玩具當作沒有意識到埋伏的獵物般移動，讓貓咪有機會跟蹤、飛撲並且獵捕。遊戲應該持續十五分鐘，但你可以依照貓咪個別情況變動。依照貓咪的生理狀況，年齡和健康來調整遊戲。請謹記遊戲時間兼顧生理與心

理狀況，所以請給她足夠的機會來捕捉她的獵物，在遊戲的最後請把步調逐步放緩，讓貓咪放鬆，不要太興奮。最後的放鬆步驟非常重要，讓貓咪感覺滿足，就像是她眞的捕獲獵物一樣。

一旦獵捕遊戲結束，就是享用大餐的時刻。如果你定時餵食貓咪，從她的日常分量裡分一些出來，作爲遊戲後的點心。如果你是提供自助式用餐，在傍晚時分將食物收起來，然後在遊戲時間後再將食物放進碗裡。

用餐後，你的貓咪可能會開始梳理毛髮，然後準備睡覺。

準備晚間專用玩具。如果你發現你的貓咪仍然想要互動或不夠放鬆，遊戲後你可以拿出只有晚上才會玩的玩具。可以是漏食玩具、其他益智玩具或任何你的貓咪喜歡獨自玩耍的玩具。

你的貓咪會做夢嗎？

貓咪跟我們一樣，睡眠時會經歷眼動期（快速眼動期）。人類在眼動期時做夢，所以貓咪們很有可能也會如此。她們會做什麼樣的夢呢？貓咪不會告訴你，但我猜夢境裡會有些老鼠和鳥兒。

將環境收拾整潔。爲了進行四個步驟的行爲循環，爲貓咪準備好適當的環境，如果她晚上在屋子裡閒晃找更多刺激，就有事可做。將點心藏在益智餵食器或箱子裡（例如空的面紙盒）。你也可以用水瓶或廁所捲筒衛生紙的滾筒來自製益智餵食器。

架設一棵貓咪樹、窗台、吊床或其他休憩區給貓咪，讓她觀賞晚間戶外的活動情形。視你居住地區而定，或許你可以將一扇窗的窗簾開著。

在室內增設靠牆面的貓跳台、貓咪高空步道和其他讓貓咪攀爬或休憩的室內裝潢設施。視預算而定，可以購買堅固的高空步道或自行架設打造。貓咪喜歡高處，因此可以增加垂直領域，讓你的貓咪有更多機會攀爬並玩耍。

對似乎無法適應夜間屋內突然一片寂靜的貓咪，可以播放廣播、使用夜燈或設定自動熄燈。

請謹記，你的貓咪自然會尋找刺激與活動，請確保提供給貓咪適當的環境豐富性，並且不要跳過日常互動遊戲的療癒環節。

底線是忽視那些令人困擾的行爲，但也請意識到她的天性、自然的需求，並創造機會讓他們獲得滿足，才能成功擺脫那些令人困擾的行爲。

問題：除了將浴室的門保持關閉，該如何讓我的貓費許提克別再玩捲筒衛生紙？

潘媽的回答

費許提克走進浴室裡，看到難以抗拒的東西……捲筒衛生紙就懸掛在馬桶旁。她靠近並用腳掌觸碰它，然後發現一個嶄新的遊戲：攤開捲筒衛生紙然後撕碎它。幾分鐘內，你的浴室就會像被暴風雪掃過一樣。我有好好地描述那個畫面嗎？

你可以做什麼。要戰勝貓咪碎紙機有什麼選擇？這裡有些技巧：

在將新的捲筒衛生紙放進去掛軸前，擠壓一下捲筒衛生紙，讓中間紙板滾筒不要這麼完整地呈現圓形。這樣當貓咪試圖攤開它時，衛生紙就不會這麼輕易地順著滾筒攤開。

將捲筒的抽取方向換成從下方後滾抽取，而非由上方前滾拉取，這樣一來貓咪就無法單以爪子勾住滾筒下拉後就輕鬆攤開捲筒衛生紙。

市面上可以買到一些兒童安全捲筒衛生紙架，徹底防止貓咪接觸捲筒衛生紙。你可以在商店的兒童安全商品區或網路上購買。有些設計是只有在蓋子被掀起時才能拉開衛生紙。其他也有一次只能拉取數張的設計。

增加娛樂元素。如果費許提克覺得無聊，就增加環境中的娛樂元素，

讓她有其他活動可以選擇。設置益智餵食器、其他活動玩具、開放的紙袋與其他有趣的玩意兒，讓貓咪保持忙碌而不是搞破壞。也讓你的貓咪在白天進行互動遊戲活動。

問題：馬克仕是完完全全的家貓，但她不斷在我們開門的時候試圖衝出去。我們擔心她最終會迷路或被車撞。我該如何預防我的貓衝出家門？

潘媽的回答

衝出門是具潛在危險性的行爲。對於單純生活在居家環境的貓咪而言，從門口逃脫至戶外可能造成立即悲劇。即使是被允許進行戶外活動的貓咪，在前門開啓時飛奔而出也可能造成很糟糕的結局。

逃出戶外的誘惑。從貓咪的觀點來看，逃出門外是尋找更多刺激所在。當前門打開後，就會有一堆誘人氣味飄進來。對於居家／戶外活動貓咪而言，掌控自己進入室內以及走到戶外的時間表相當具有吸引力。門是敞開的而且室內沒有什麼事情可以做，於是貓咪把握機會外出獵尋一些鳥兒和花栗鼠。

不習慣戶外的貓咪極有可能被車撞到、被其他動物攻擊、迷路或誤食有毒的東西，還可能陷於其他危險中。即使你的貓咪衝出門外，通常只是坐在前廊或前庭裡一樣有危險。

會暴衝出門的幾種貓咪類型。一些貓咪對於脫逃計畫的表現相當明顯且會不斷嘗試。她們坐等任何時機——不論是有客人來訪或離開、貓咪飼主抱著一大堆雜貨進門，或是小孩準備去上學時。明顯的脫逃者企圖心昭然若揭，即使你盡力阻擋她的逃脫路線，她知道你何時會掉以輕心，然後就可以背著你脫逃。

接下來是隱藏的脫逃者。她們是最危險的，因爲貓咪飼主常常根本沒有察覺貓咪不見了。她躲在房裡的某處，準備好神不知鬼不覺地溜出去。可能直到晚餐時間，貓咪沒有像往常一樣在你打開罐頭時出現在廚房喵喵叫，你才開始覺得事有蹊蹺。

嗨，我的名字是……

讓你的貓咪植入晶片，如此一來，在她溜出去且迷路後可以增加被辨識出的機會。

如何重新訓練你的脫逃貓。首先，確定你沒有在門口處給她任何關注。通過門邊時蹲低與貓咪打招呼是正常的，很有可能她一聽到你轉動鑰匙的聲音，就在那裡等你，你現在得在門口處徹底忽視她。所有的招呼得在出入口以外的地方進行。

在房子的另一處設置一個歡迎和告別的特定地點，可以是貓跳台、窗台、椅子或任何貓咪喜歡坐下的地方。從訓練她到那個定點開始。你可以呼喚她的名字，然後在她抵達時用點心獎勵她。如果你的貓咪喜歡被撫摸，把她叫到定點，然後在她抵達時立刻撫摸她；如果你用響片訓練，可標的訓練她前後定點。確保你提供的點心都非常美味而令貓難以抗拒，在選擇溜出去或津津有味地品嚐特別獎賞時，應該讓她無庸置疑地選擇點心。

當你在一天結束後進到家門，不要看向你的貓咪或與她打招呼，直到你到達特定招呼地點，這時你就可以盡情地給予關注。

另一個選擇是在你走出門的時候，提供益智餵食器給她，益智餵食器會帶給你的貓咪娛樂，同時爲她的努力給予獎賞。分散她的三餐分量，然後在早上出門以前設置數個益智餵食器。

問題：為什麼我的貓會想咬家中的襪子？她在我兒子的學校襪子上咬破好幾個洞。

潘媽的回答

「異食症」是攝取非食物物品的專有名詞。最常見的異食症物件是羊毛——毛毯、毛衣、襪子以及外套——但有些貓咪會啃食雜貨店的塑膠袋或任何算垃圾的東西。

是什麼造成異食症？有許多造成異食症的可能原因：

- 三餐攝取不足。一些獸醫和行爲專家相信脂肪或纖維攝取不足，可能會讓貓咪渴望從其他不可食用的來源攝取這些營養素。一些貧血的貓咪可能會吃垃圾。
- 無聊或壓力。居住在壓力環境中的貓咪可能會以異食症來自我安慰。無聊的貓咪沒有接受適當的心理與生理刺激可能會啃食非食物的物品，只是爲了找事做。
- 潛在的疾病問題。某些疾病或大腦功能失調可能與異食症相關。
- 遺傳。一些東方品種容易有吸吮毛織品的行爲，有可能就是異食症的先兆。

阻止異食症。帶你的貓咪給獸醫檢查。如果有潛在健康問題，就應該被診斷並處理。

- 調整飲食。你的獸醫可能會建議你爲貓咪的食物增加一些纖維營養補給。不要在未與獸醫討論的情況下，任意進行飲食調整，在飲食中增加不恰當分量的纖維可能會造成嚴重腸胃不適。
- 消弭誘惑。如果貓咪啃食襪子或衣物，確定這些誘惑元素都被收在抽屜、衣櫥或附蓋的洗衣籃裡。如果你的貓咪會嚼食植物，就將它們移到室外環境。盡你所能地消除各種對貓咪誘惑的元素。
- 提供心理與生理的刺激。無聊的貓咪可能會找事做，包含咀嚼任何可以吃的東西。透過設置益智餵食器、活動玩具、貓抓板、貓跳台以及其他刺激物來增加環境豐富度。如果你認為你的貓咪喜歡到戶外走走，可以考慮購買或打造安全的戶外活動空間。有些貓屋不大，可以直接安裝在窗戶上，也有一些造型好看的或附貓咪步道的貓屋可供選擇。

- 互動遊戲療癒。讓你的貓咪每天都有幾個互動遊戲療癒時間。使用釣竿類型的玩具，你可以控制動作讓貓咪身心都真正達到滿足。她可以當一個強大的獵人，享受尾隨、飛撲以及獵捕的樂趣。
- 安全咀嚼的替代方案。除了益智餵食器外，也能嘗試種植一些貓咪可以食用的綠色植物，你可以在當地寵物用品店購買，也可以在有機食物店購買一片片的牧草皮。
- 減輕壓力。運用你的偵察技能找出她生活中的壓力來源。是另外一隻家貓造成她的緊繃嗎？家中有什麼壓力源嗎？你對貓咪的環境做了什麼改變嗎？壓力的起因可能顯而易見，但也可能對人類來說不算什麼而被忽略。確保她擁有一片舒適的小天地可以躲起來小憩，有高處可以讓她審視環境，富安全感的用餐區域以及具吸引力的貓砂盆區塊。
- 尋求專家協助。如果你無法找出造成異食症的原因，或者是無法導正貓咪的行為，可以請獸醫推薦合格的動物行為專家。

問題：為什麼我的貓咪會攻擊我的腳踝？

潘媽的回答

你的貓咪纏上你的腳踝是因為它們是移動的目標物。如果沒有其他樂子或刺激，你的貓咪就會找現成可玩的東西。穿越或離開貓咪視線範圍的東西會勾起她的狩獵本能。如果你的貓咪沒有獲得足夠的刺激或充分的遊戲時間，她就會自己找東西來取而代之。不幸地，以你的例子來說，這個

替代品會帶來一些痛楚。

有建設性的刺激。想讓貓咪不再攻擊腳踝，應該提供貓咪更好的替代方案——用適當的互動玩具進行遊戲。一天至少進行兩次以上的遊戲時間，同時增加環境豐富度，有技巧地設置可以獨自玩耍的玩具與益智餵食器，讓你的貓咪有機會消耗那些精力。

如何處理腳踝攻擊。如果你的貓咪用腳掌環繞你的腳踝，然後牙齒嵌入你的皮膚，不要將她拉開或跑掉，而是讓她感覺混淆。輕輕地推她的嘴巴，然後站直，這個動作會讓她感到困惑，然後她會鬆開你。一旦她放開，繼續站直並忽視她，她很快就會明白咬到你的肉會讓玩樂快速終結。

問題：我有一隻九個月大的貓咪，她會爬上我的耶誕樹然後將裝飾品都推到地上。我該如何讓貓咪不要靠近耶誕樹？

潘媽的回答

你的貓咪可能覺得你是全世界最棒的貓咪飼主，因爲你讓環境豐富度達到最高點。你設置了貓咪的天堂樂園！

從不該做的事項開始。我看過許多人爲了讓貓咪不要靠近而用箔膜繞著耶誕樹，或是用折疊的狗狗圍欄圍住耶誕樹。雖然許多貓咪可能不喜歡踏上鋁箔的感覺，但如果這是她們和無法抗拒的耶誕樹中間的唯一阻礙，她們不會將鋁箔看在眼裡。圍欄可以阻止你的狗騷擾耶誕樹，但只能夠延緩貓咪數秒鐘，然後你就會看到她快樂地在樹枝間磨蹭。

我發現有些貓咪飼主會在耶誕樹周邊架設電子干擾器。無論是產生噪音的裝置或衝擊墊，你可能得以成功阻擋你的貓咪，但會讓她感到痛苦。

在多貓環境裡，我特別討厭這些裝置。產生噪音的裝置可能讓根本沒有企圖靠近耶誕樹的貓咪或狗狗感到心煩意亂。任何干擾器都可能讓貓咪反應不良，飛撲另一隻同伴貓咪。你家中不應該有這些東西。

讓耶誕樹保持直立。從爲耶誕樹選擇最好的位置開始，你可能決定最好的選擇是貓咪無法進入的房間。可能的話，將耶誕樹設置在可以關上不讓貓進來的房間；如果沒辦法，就放在你可以固定的東西附近。例如，假設牆上有一大幅畫，移開它然後將耶誕樹放在那個位置上；使用釣魚線和環眼螺栓將樹靠牆面固定，這會讓耶誕樹很難被推倒，當耶誕節結束，再將那幅畫掛回去。任何你需要用來固定樹而多打的洞，在耶誕節後都會被掛畫擋起來。

如果你有用環眼螺栓在天花板吊掛植物，也可以用同樣的技巧。用金屬絲線或釣魚線將樹尖固定到吊環上，如果這樣看來還是不夠堅固，你可以用金屬絲線或繩索固定樹幹來強化支撐。之後你只要用傢俱擋住小洞就可以了。

選擇設置耶誕樹的場所時，角落是比較安全的選項。環顧四周，確認一旁沒有很靠近的桌子或傢俱可以讓貓咪作爲跳板，藉此跳到樹上。

樹枝。在裝飾耶誕樹之前，爲防止你的貓咪啃咬樹枝，可以在樹上噴灑一些帶苦味的防吞食噴霧。如果你是用活生生的樹，這更重要，因爲你絕對不想要你的貓咪吃進那些刺，而且不確定樹上是否有殘留先前噴灑的阻燃劑、防腐劑或殺蟲劑。

貯水器。如果你是放眞的樹，要將貯水器蓋住以免你的貓咪在那裡喝水。樹的汁液有毒，你可能加入水中的任何樹木防腐劑也都有毒。阿斯匹靈常被用於水中來讓樹木保持鮮活，這對貓咪而言是劇毒。使用網子或盆栽用的 Sticky Paws 來遮蓋貯水器。如果你使用 Sticky Paws，將貼條以十

字交錯的方式放置，這樣一來你仍可以澆水，但貓咪無法將頭探進去。有些樹架在貯水器週邊有蓋子。

考慮人工耶誕樹。雖然我非常喜歡眞樹的氣味，但自從我們將第一隻貓咪帶回家後，家裡就只有人工耶誕樹。雖然假的樹枝仍然有可能讓貓咪噎到或貓咪啃食人工樹幹時可能會吃進有毒物質，但機會大幅減少，因爲要貓咪對人工樹幹夠有興趣才會這麼做。你也可以用帶苦味的防呑食噴霧噴灑人工樹枝來降低對貓咪的吸引力。如果你買了一棵擁有閃亮樹枝的人工耶誕樹，貓咪可能受到光線反射的吸引，所以採購時，請選擇看起來像眞樹的人工樹。

耶誕樹燈。將耶誕樹燈放到樹上前，在電線上噴灑帶苦味的防呑食乳。我建議戴上拋棄式手套來處理這些電線，這樣一來你就不用擔心在還沒有機會洗手前，手指頭碰到嘴巴，將可怕的味道沾染上去。拋棄式手套是一種提醒，提醒你正在處理味道噁心的東西。

將燈放上耶誕樹時，將電線緊緊地纏繞在樹枝上，不要有任何電線懸掛在半空。對貓咪來說，這會讓樹看起來沒那麼具吸引力。

不要讓耶誕樹燈整晚亮著或是你不在家時亮著。沒有使用時最好完全不要插電。

從耶誕樹到插座爲止的電線要包覆起來。使用預縫管防止貓咪有任何機會碰觸到電線。

規律檢查曝露在外的電線，看看有沒有齒痕或絕緣皮被破壞的情況。此外，規律檢查你的貓咪，特別在她是小貓或有表現出對耶誕樹的興趣時。檢查她的嘴巴看看有沒有燒傷痕跡。找看看有沒有燒焦的毛髮或鬍鬚。同時也觀察她的行動，看看有沒有失去胃口、呼吸變化、需要站起來才能呼吸、咳嗽或任何看起來不對勁的情況。如果你懷疑你的貓咪呑進耶誕樹燈，就帶她去看獸醫或立即送到動物醫院急診室，那有可能產生一些外表看不出來的內部損傷。

點綴與裝飾。這些閃閃發亮又搖搖晃晃的物件，就像是渴望被貓咪拍打賞玩的玩具一樣。易碎的飾品更是加倍危險，因爲細碎的部分可能會被吞食，而且你的貓咪可能會因爲踩上碎片而讓腳掌受傷。將細緻或易碎的裝飾品留待明年，等小貓對耶誕樹裝飾品的興趣降低的時候。當（或如果）那個時刻來臨，將所有易碎裝飾品都牢牢綁在樹枝上，朝著樹幹而不要吊掛在樹枝尖端。爲了降低誘惑，不要將裝飾品放在下方的樹枝上。

可以吃的裝飾品，例如一串串的爆米花、造形餅乾、蔓越莓等，看起來都很漂亮但對貓咪來說很危險。貓咪很難抗拒那些從耶誕樹上傳來的誘人香氣。

使用金屬裝飾品掛勾要小心，如果貓咪用力拍打，掛勾可能很容易從樹上掉下來。如果你的貓咪決意要玩裝飾品，用綠色栓線將裝飾物牢牢地固定在樹枝上。最好是不管貓咪多用力拍打，裝飾物都會待在原處。

如果你家的是小貓或熱愛爬樹的貓咪，考慮今年用（從貓咪的觀點來看）完全不吸引人的飾品點綴耶誕樹。紙製或木作的飾品與花環看起來很美，具懷舊感，而且對貓咪來說或許沒什麼吸引力。

金箔與花環。千萬別使用金箔。金箔很輕而且容易從樹上掉下來，如果被你的貓咪吞下肚，可能會造成腸道堵塞。如果你用了花環，放上耶誕樹前，先在花環上噴灑帶苦味的防吞食產品。

提供貓咪其他更好的選擇。貓咪只是想要玩，你現在已經完成各種防範工作，任務的另一半就是給貓咪找其他更好的事做。我知道這是很忙碌的時節，這個時候你可能常常跳過與貓咪玩樂的時間，但她現在眞的很需要玩耍。一天至少要有兩個互動遊戲時段，讓貓咪發洩精力，也可以降低她對耶誕樹的興趣。在遊戲時段中間的空檔，提前給貓咪一些耶誕禮物，

例如好玩的益智餵食器或其他增加環境豐富度的玩具，甚至是幾個紙袋隧道，裡面放安全玩具，都可能讓她興致盎然而忘了耶誕樹。

因爲貓咪喜歡攀爬，確保你的耶誕樹不是家裡的唯一選項。如果你還沒有堅固的貓跳台，我會積極建議你投資一個貓跳台作爲耶誕禮物。

貓咪長大後。通常小貓和年幼貓咪對耶誕樹比較有興趣，你可以在一兩年後降低嚴格的防護和準備。不過有一些貓咪從不放棄挑戰。

問題：我的貓咪會咬電線。我該如何阻止貓咪咬電線？

潘媽的回答

動物靠口腔來了解他們的世界。對小貓來說，咀嚼是玩耍的一種或是緩解長牙疼痛的方式。對成貓來說，或許單純因爲無聊或試圖緩解牙痛。確保帶你的貓咪去給獸醫檢查牙齒。雖然有時候她們咀嚼的東西是不會造成傷害的，很多她們關注的物件都可能造成危險。

對一隻貪玩的貓咪來說。晃動的電線是在邀請她去拍打，不幸的是電線就是貓咪可能咀嚼的最危險物件。貓咪鋒利的牙齒可以輕易地穿過保護層，直接觸碰到內部的電線。

你可以在網路上、附近五金材料行或辦公室用品店家購買到電線蓋，這些電線蓋可能是彈性軟管並且已經預開溝槽。你還可以試看看彈性編織管，非常平價。不過如果是愛好咀嚼的貓咪，你最好買堅固一些的。

我不推薦廣告說帶柑橘香味、聞起來像清潔劑的那種。許多貓咪都排斥強烈的人工氣味。

將沒有套進軟管的電線用夾子固定在一起，這會讓它們看起來沒那麼有吸引力，當你的小貓碰觸它們時不會輕易移動。將從燈具或電話垂懸而下的電線固定在傢俱的四腳上；沿著護腳板週邊的電線，可以購買特定地點專用塑膠電線蓋。

裸露在外面的電線就噴灑帶苦味的干擾劑，這些干擾劑有乳狀、膠狀以及噴霧式的，在寵物用品零售店或透過獸醫都可以購得。在電線上最好用乳狀和膠狀的，因爲比較不會把周遭弄得一團亂。如果你決定使用噴霧式，就把不想噴到的地方用紙或塑膠覆蓋起來再噴。

定期環顧周遭環境，並檢查貓咪身體狀況，看看有沒有吃進任何沒有包覆電線的跡象。

第十三章

心情不好

如何處理貓咪的攻擊行為

問題：我的貓有點攻擊性，但不確定是什麼造成的。請問要如何處理貓咪的攻擊行為？

潘媽的回答

攻擊行爲的確很恐怖，不只對受害者是如此（不管是人或是其他動物），對於貓咪本身也是如此。貓咪基本上應該會竭盡所能地避開各種需要用武力對峙的衝突。只有在貓咪覺得自己被逼到角落毫無選擇的情況下，才會祭出爪子和牙齒。一般來說，首先映入貓咪腦海中的方式，應該

是搜尋逃脫路線落跑。此時，爲了要避免實際的肢體衝突，貓咪會用許多防備性姿勢來告訴對方她們不好惹，或是試圖讓對方知道自己不是威脅，應該要和平相處。當這些肢體語言沒有辦法順利傳達訊息的時候，貓咪才會因爲沒有退路而開始出現攻擊性。

我是大壞蛋

當貓咪露出像萬聖節貓咪般的姿勢，整隻貓的背都拱起來時，表示貓咪準備要打仗了，但還是給對方打退堂鼓的機會。這樣的姿勢可能是攻擊性或防禦性動作，端看貓咪發出的其他肢體訊號而定。

溝通。貓咪在某些情況下可能會展現攻擊行爲，但這並不表示她是一隻具攻擊性的貓咪。人類通常太快爲貓咪貼上具攻擊性的標籤，事實上貓咪可能只是覺得無路可逃，而且肢體姿勢訊號沒有被成功理解。很多時候，人類家庭成員被貓咪咬是因爲他們誤解貓咪的肢體語言，或選擇忽略貓咪傳遞的明顯訊號。關鍵是在你家貓咪變得害怕或激動時就立即注意到這樣的情況，如此一來你或許就能在情況惡化爲攻擊性前平息一切。

有時在養了多隻貓咪的環境裡，飼主可能沒有直擊某些貓咪對其他貓咪產生攻擊性的場面。或許出現許多恐嚇、以眼神恫嚇甚至是噴尿行爲。

攻擊行爲不一定要表現得很明顯才能被歸爲攻擊性。攻擊行爲可能是出於害怕；貓咪可能感覺被威脅。她可能害怕被傷害或感到拘束，或者可能覺得自己的資源岌岌可危，又或者是一隻母貓試著保護她的小貓們。貓咪可能因爲環境中出現不熟悉的貓咪或陌生人而感覺地盤受到威脅。攻擊性也有可能是疼痛、懲罰、認知功能障礙、甲狀腺機能亢進、關節炎或其他數種潛在疾病造成。攻擊性也有可能轉向根本不是預定目標的某人身上。攻擊行爲可能是貓咪對於知覺受損產生的反應，有很多可能原因讓貓咪感覺需要發動攻擊。

處理攻擊行爲。視出現的攻擊行爲而定，採取特定行爲矯正技巧。貓咪並非因爲單純想攻擊而攻擊。正確辨識出這種行爲背後的潛藏原因至關重要。

請帶你的貓咪讓獸醫進行全面檢查來排除所有可能的疾病因素。

在辨識出原因之後，處理攻擊性的方式是盡你所能地改變環境，讓貓咪不再覺得受到威脅。小心注意觸發行爲的原因或造成你家貓咪有所反應的線索。可能的話，調整環境讓你家貓咪感覺到她總是有所選擇，絕不要因爲出現攻擊性而懲罰她，那樣只會加深她的恐懼，並且對任何試圖進行的訓練造成反效果。懲罰，不論是身體上或口頭上的，都可能讓情況急轉直下，讓貓咪的行爲變本加厲。

冷靜下來

貓咪可能在表現出攻擊性之後仍持續維持反應狀態，應該給予她們充分的時間自行冷靜下來。試圖以輕撫或擁抱的方式來安撫或安慰貓咪，可能只會強化這樣的行爲。

由於攻擊性是很可怕的，而且具有潛在危險，你的獸醫可能會介紹合格行爲專家給你。如果你決定尋求專業協助，確定你選擇眞正從事貓咪行爲領域工作的合格人員，例如動物行爲醫師，合格應用行爲專家或合格貓咪行爲諮商師。

尋找線索。貓咪通常會發出一些視覺上或聽覺上的訊號警示接下來將出現的攻擊性。如果你學會識別出這些訊號，就可能大幅降低受傷的可能。當你看到或聽到這些警訊時，就立即撤退，如此一來可以降低你家貓咪當時緊迫的程度。

攻擊性可能是主動攻擊性或防禦攻擊性。如果是主動攻擊性，貓咪是在溝通，告知即將攻擊對手；而防禦攻擊性的情況，她是在表示將會自

衛，但寧願不要開戰。潛在攻擊的警告訊號可能包括：

- 直勾勾瞪視
- 耳朵靠著頭平放
- 鬍鬚緊靠臉側
- 鬍鬚僵硬地攤開
- 瞳孔放大
- 瞳孔收縮
- 露出爪子
- 毛髮豎立
- 低吼
- 身體僵硬
- 擺動尾巴
- 四肢僵直站立
- 發出嘶嘶叫或吐唾沫
- 嚎叫
- 身體呈蜷伏姿勢，尾巴緊靠身側

即使你能靠排除狀況來避免一段攻擊性小插曲，仍需要找出原因。例如，你的貓咪是否在守護某個特定區域或是阻擋靠近某些特定區域的路線？如果你有一隻以上的貓咪，具攻擊性的貓咪是否瞪視著她、擋住她通往資源的路線，或者是在受害貓咪已經躲避的情況下還追逐她？攻擊性是否出現於貓咪受到戶外某些事情刺激時，或是她從戶外回來後？貓咪是否在家中有訪客時或是在他們離開後出現攻擊性？你與你家貓咪進行遊戲的方式是否強化了攻擊性？尋找行爲模式。獸醫行爲學家或其他合格行爲專家可以幫助你識別行爲模式並提供恰當的行爲矯正。關鍵是找出原因並創造讓你家貓咪不再感到被威脅的環境，可能是某一種情境觸發攻擊性，或者是你家貓咪認爲她必須在任何情況下，時時保持高度警覺狀態。因爲攻擊性有許多種，而行爲從輕度到重度都有，如果你無法順利辨識出觸發原因，或無法改變當前環境來減輕貓咪感受到的威脅，最好和獸醫談談並請他引薦行爲專家。

問題：阿尼與艾比平常是最要好的朋友，但我帶艾比到動物醫院清理牙齒，回到家後阿尼攻擊了她。為什麼我的貓在看完獸醫後會攻擊其他貓？

潘媽的回答

在多貓家庭中，這是相對正常的行爲問題。一隻貓咪從獸醫診所回家後因爲沒被認出來，不是被同伴貓咪發出嘶嘶聲警告，就是被攻擊。對毫無防備的飼主（和被攻擊的受害貓咪）來說，這種無來由的攻擊相當恐怖。很難想像待在家裡的貓咪會認不出她最要好的朋友，但即使回來的貓咪看起來一樣，從貓咪的角度來說，她的氣味會讓她難以辨認。這對人類來說可能很奇怪，但當你了解到氣味溝通對貓咪而言有多重要，你就知道這樣的行爲，不論多麼地嚇人，事實上都是正常的。幸運的是，你可以採取一些步驟來預防這樣的行爲。

氣味的重要。要進一步了解回家的貓咪被攻擊的情況，你必須要意識到貓咪們如何進行溝通。她們是溝通大師，運用發出的聲音、視覺訊號以及，沒錯，氣味來進行溝通！事實上氣味無疑是排行榜的第一位。

貓咪從氣味分泌腺發出的費洛蒙可以提供其他貓咪大量的訊息。每一次你家貓咪以臉頰磨擦物件，她是在儲存氣味；當貓咪們磨蹭彼此側臉，是在交換雙方氣味；當貓咪友好地爲另一隻貓咪整理毛髮，她也會留下氣味。在貓群中，這樣透過互相理毛、磨蹭臉頰等行爲混合氣味，對於貓群的安全性與和平是很重要的，因爲這樣的行爲可以製造出共同氣味。

你是否曾注意到你家貓咪聞你鞋子的氣味，或是當你回到家時聞你的

衣服？那是因爲你可能帶著不熟悉的氣味進入地盤。如果你在家和另一隻貓咪待在一起，你家貓咪也可能會極認眞地到處聞來聞去，盡可能地搜集氣味。所以請想像對於待在家中的貓咪遇見氣味陌生的貓咪從外出提籃中出現，那是多麼具威脅性的情境。事實上，如果她覺得身上的氣味聞起來不像自己，這時情況會更糟，因爲氣味來自對貓咪而言極具威脅性的地方。回到家裡的貓咪聞起來不一樣，而且甚至帶著令其他貓咪聯想到恐懼的氣味。不太有貓咪會期待到動物醫院去。

主動攻擊性或防禦攻擊性。待在家裡的貓咪可能會發動攻擊，回到家的貓咪感覺突如其來，於是她會採取防禦姿態。回到家的貓咪如果已經因爲去了一趟動物醫院和生病、受傷、疾病因素，又或是待在車裡感覺不開心而備感壓力，她的反應可能會更激烈。

如何預防這種類型的攻擊性：

- 如果是爲了定期打疫苗或身體檢查而造訪動物醫院，就爲兩隻貓咪都安排預約。如此一來她們就都會有類似的氣味。
- 在排定的預約門診前數天就開始使用安撫貓咪的 Feliway Multicat 費洛蒙擴散器。
- 如果你只帶了一隻貓咪到獸醫診所，在離開前拿一雙乾淨的襪子，然後溫柔地磨蹭她全身上下包括雙頰來搜集費洛蒙。將這些襪子放進塑膠袋裡。
- 當你從獸醫診所回來時，將回到家的貓咪隔離在一個房間裡，然後關上門。拿出塑膠袋裡的襪子，再次溫和地磨蹭她全身，將她自己的氣味散布在她身上。將她獨自留在房間裡，或至少將她與家中其他寵物隔離，這個獨處的機會可以讓她理理毛，消除身上多餘的陌生氣息然後重新散布她自己的安心氣味，這樣在房裡獨處的時間也可以給她機會獲取一些家裡的一般氣味。

- 請注意：用襪子磨蹭回到家的貓咪之後，不要再用它們磨蹭待在家裡的貓咪。這不會有好結果。你絕對不會想要將獸醫診所的氣味散布到其他貓咪身上。直接將這些襪子放進洗衣機。
- 當貓咪被隔離的時候，將外出提籃洗乾淨，消除獸醫診所的氣味。
- 當你覺得隔離時間差不多了，想要重新引薦貓咪給彼此，先觀察她們的行爲，直到你確定她們都回到正常狀態爲止。進行互動遊戲時間，然後提供正餐或小點心來分散注意力。然而，如果情況還是很緊張，就再次隔離貓咪們，並將隔離時間拉長。

問題：為什麼我的貓有時會在我撫摸她的時候咬我？

潘媽的回答

我接到越來越多飼主的電話，搞不清楚爲什麼他們在撫摸貓咪時會被咬。事情一開始都很正常，然後突然間一點預警也沒有，貓咪就伸出牙齒或爪子。安靜的撫摸與感情交流時光瞬間變得暴力，因爲貓咪將牙齒嵌入撫摸她的那隻手上。

以下有五個辨識並矯正撫摸引致攻擊性的步驟：

1. **造訪獸醫診所**

   如果不只是偶爾發生，爲了安全起見，請帶你家貓咪給獸醫檢查，因爲突如其來的攻擊性可能是因爲疼痛。在你撫摸她身上某些部位時沒有關係，但如果你摸到脆弱的部位，可能會引發她的攻擊性。

2. **心情很重要**

   有時候你家貓咪在你撫摸她時咬你，可能是因爲你誤解了她一開始接近你身邊的意圖。她接近你實際上可能是想請求你一起玩遊戲，而非要求你撫摸她的身體。或許她已經盡可能地忍耐，讓你摸她幾下，但如果她在遊戲狀態，輕撫只是增加對她的刺激。

3. **讀懂肢體語言**

即使看起來你家貓咪的攻擊毫無來由，通常她已經有發出一些肢體語言訊號，而飼主常常忽略掉這些訊號。她的攻擊性看似突如其來，但從她的角度來說，她已經給你無數次明顯的警告。在撫摸她時觀察她的肢體語言。你不能輕易分心，否則很可能錯過這些肢體警告訊號。

以下是一些你家貓咪即將達到撫摸極限的肢體訊號：

- 停止發出愉快的呼嚕聲
- 搖尾巴
- 尾巴拍打地面
- 皮膚抽搐
- 換姿勢
- 喵喵叫
- 發出咆哮聲
- 呈現飛機耳
- 耳朵靠著頭平放
- 貓咪回頭看你的手
- 瞳孔放大

4. 以正面感受收尾

想幫助貓咪在被撫摸時覺得比較舒服自在，要注意她的容忍程度，讓你可以在被攻擊前停止撫摸。注意她的肢體語言，在警告訊號開始出現前就停止撫摸。例如，如果你知道通常在她咬你之前，你可以撫摸你家貓咪大約三分鐘的時間，為了將這段經驗以正面感覺結尾，大概在一分半時就停止。讓你家貓咪更想要被撫摸。當你停止撫摸時，這段經驗仍然是正面的，你家貓咪不會再覺得為了結束這個過程得要出現攻擊性。

注意你家貓咪喜歡被摸的身體部位以及不喜歡被碰觸的部位。她可能喜歡被摸頭部後方，但不喜歡被摸尾巴根部處。撫摸某些部位事實上會造成過多刺激。

5. **絕不要懲罰**

貓咪不是因為壞而咬你；她會咬你是因為覺得自己沒有其他選擇。從貓咪的觀點來說，已經用盡各種方式與你溝通卻都失敗，她已經毫無選擇。如果你觀察她的肢體語言，撫摸她喜歡的部位，在接近她忍耐極限前就停止撫摸，你就很有機會改變貓咪對肢體接觸的看法。懲罰是不人道而且會造成反效果的。

問題：我下班回家後發現我家的兩隻貓咪大戰過一場。為什麼我的貓會在一夜之間相互攻擊？

潘媽的回答

沒有實際直擊你家貓咪之間發生的狀況，我只能提供一般的建議。有種常見的攻擊性會造成貓咪被某種東西刺激煽動後，發洩在最接近的人類、貓咪或狗狗身上。移轉性攻擊性經常被誤診，因為貓咪可能會持續保持反應一陣子。當飼主看見攻擊行為時，已經沒有明顯觸發原因。

是什麼造成轉移性攻擊？造成移轉性攻擊最常見的原因是不熟悉的貓咪出現在庭院。你家貓咪從窗戶往外看，看見入侵貓咪在餵鳥器旁閒晃。無法靠近令她焦慮的目標，家裡的貓咪變得非常激動。家庭成員路過時可能一如往常地撫摸貓咪，或是家裡的同伴貓咪走過來，以為一切安好，結果莫名其妙成為張牙舞爪貓咪的目標。產生攻擊性的貓咪不是因為誤認她的同伴貓咪為目標而猛擊，而是因為她相當激動卻突然被打斷。

與你的獸醫討論。如果你的貓咪突然產生攻擊性而你並沒有看到最初

的觸發點，可能不見得是移轉性攻擊，最好帶你家貓咪給獸醫檢查。

非故意結果。當貓咪移轉性攻擊的目標是同伴貓咪，可能會發展出相互攻擊的循環，受害貓咪常常完全一頭霧水，不懂爲什麼同伴突然攻擊。可以理解感到困惑的受害貓咪出於防衛而出手反擊，爲這個情況火上加油。現在兩隻貓咪都不是很明白爲什麼她們在打架；她們只知道彼此是敵人。如果攻擊行爲越演越烈，可能對受害貓咪造成巨大的恐懼與長期後遺症。

持續循環。在一開始移轉性攻擊的小插曲後，兩隻貓咪可能開始擺出防衛姿態，情勢每況愈下。一開始作爲受害者的貓咪可能開始養成時常躲藏起來的習慣。

飼主某天下班回家可能突然發現兩隻曾是好朋友的貓咪，現在對彼此張牙舞爪。因爲最開始引起煩亂的原因（或許是戶外貓咪、某個在戶外工作的人，或其他數種可能的觸發因素）早已消失得無影無蹤，飼主對於貓咪間的關係爲何惡化至此完全沒有頭緒。

處理移轉性攻擊性。首先確定她們都處於安全的狀態。隔離貓咪們，讓她們都有充分時間可以冷靜下來。接下來，如果不知道原因爲何，盡你所能地找到移轉性攻擊源頭。

是時候冷靜下來。在我從事貓咪行爲諮詢的這些年來，我發現越早隔離貓咪們，就越容易讓她們再次重修舊好。如果她們一直刺激彼此，你只會讓敵意越演越烈終至一發不可收拾。只要溫和（且安全地）隔離貓咪們，不要企圖挑釁具攻擊性的貓咪，因爲你可能會因而受傷。使用一大塊紙板或一條毛巾來阻擋貓咪們的視線，不要讓她們看見彼此。如果她們在打架，一連敲打幾下鍋子或是製造其他大的聲響來嚇退她們。接著安全地將她們隔離開來。

當她們看似都恢復到正常狀態（進入正規日常作息，例如吃飯、玩耍，使用貓砂盆，沒有躲藏起來或嘶嘶叫），你就能重新介紹兩隻貓咪。

時間的問題

移轉性攻擊的小插曲過後，貓咪可能兩天都維持著激動的狀態。

重新介紹。如果剛發生爭執，且並不嚴重，而你能立即隔離貓咪們，重新介紹的過程就不會太久。然而，假設爭執發生在數天前，而貓咪們仍然大打出手，那麼過程需要循序漸進。經過特別激烈的爭吵後，重新介紹的過程勢必也較長。讓每一隻貓咪都感覺到安全是最重要的，關鍵是給她們再次喜歡彼此的理由。對方出現在視線範圍內時提供餐點和小零食，讓兩隻貓咪得以待在自己的舒適圈裡，循序漸進地慢慢來。依照最害怕的那隻貓咪的步調來進行，獎勵她們的行為，例如不再對彼此瞪眼時就獎勵她們。因為直挺挺瞪視是種威脅，如果攻擊者看向其他地方，就給他小零食獎勵。基本上獎勵任何沒有出現威脅的行為。

結合運用安撫貓咪的費洛蒙來幫助緩解衝突。

導向人類家庭成員的移轉性攻擊。不要試圖擁抱或安慰激動的貓咪。讓她獨處冷靜下來。將燈光調暗，拉上門簾，然後給她時間躲藏並緩解緊迫感。如果你試圖安慰她，可能會引發更多攻擊，此外你也可能受傷，現在安慰貓咪會讓她的激動程度保持高漲，而且實際強化了你不樂見的行為。

當你的貓咪冷靜下來，你可以提供食物或開始以互動玩具來進行溫柔、低強度的遊戲時間來改變她的心態，將負面心態轉為正面心態。

透過響片訓練安全進行

以響片訓練來處理攻擊性相關問題非常有效率，因爲這讓你在訓練過程保持安全距離。

持續的移轉性攻擊。如果你知道你家貓咪對某些事情產生反應，然後經常引發移轉性攻擊這樣的行爲模式，你需要一個長期計畫。如果戶外有隻貓咪，你可能得阻擋她的視野。如果戶外貓咪持續來到你家庭院，你可以架設一個移動感測的灑水器來避免她靠近。

逐步爲你家貓咪對噪音或其他造成緊迫的觸發因素進行降敏和反制約。以非常低的程度開始，這時你家貓咪仍感到相對自在，然後提供小零食或遊戲。接著你可以開始緩慢增加她曝露於觸發因素下的時間。

如果通常在家裡的特定地點出現移轉性攻擊，貓咪這時對於該區域可能已經構成負面連結。如果你不能改變對那個區域的負面連結，最好的方法就是擋住通往該區域的路徑。

☆潘媽的貓咪智慧語錄

讓失控貓咪冷靜下來的十個小技巧。貓咪間的攻擊性可能有很多原因，但有些小技巧可以處理這些氣呼呼的貓咪：

1. 造訪一趟動物醫院很重要，若你家貓咪開始出現可能暗示攻擊性增加的任何行爲改變。你越快察覺到這些改變，並讓獸醫檢視，成功避免攻擊性變本加厲的機會就越高。
2. 如果你知道你家貓咪覺得不舒服，或從肢體語言可以看出她處於激動狀態，不想互動或感覺緊迫，爲她提供一個安全的地點。主動提供一個安全的地方讓她冷靜下來，不要挑戰貓咪的容忍限度。
3. 如果是養了多隻貓咪的家庭，不時會出現小爭吵，隨時準備有用的小道具在手邊，準備隔離爭執不休的貓咪們。放一些毛巾或紙板在一旁，這樣一來你就可以阻擋她們的視線，不要看見彼此。有時候避免貓咪瞪視彼此，可能就足以平息攻擊性。如果情勢越演越烈，或許便需要進行重新介紹。

4. 年幼的小孩與寵物絕不該在沒有監控的情況下獨處。即使你知道你家寵物的忍耐度極高且友善，但尾巴被拉或是一大撮毛被扯掉都可能讓貓咪一瞬間爆怒。疼痛的動物，特別是出乎意料的情況下，可能會出現防禦行爲。
5. 如果你有年幼的小孩，應該有高處平台可以讓貓咪逃出去。直到小孩夠大，確保他們了解家裡有些僅屬於貓咪的區域。跳躍或攀爬至安全處通常是貓咪躲避衝突的第一個反應。小朋友應該也要明白貓咪們需要自己的空間，例如用餐時、睡覺時或使用貓砂盆時。
6. 教導孩童撫摸家貓的恰當方式。教孩子把手攤開順著毛流方向撫摸。當孩子長大一些，教他們貓咪的肢體語言，讓他們在貓咪表現出清楚警告訊號時避開貓咪並保持距離。
7. 如果你家貓咪處於激動狀態，給她一點時間。最好的作法是讓她獨處。燈光調暗，給她時間安定下來，不要試圖安撫與安慰她，因爲你的靠近可能更會增加貓咪的焦慮。
8. 絕對不要因爲出現攻擊性而懲罰貓咪。懲罰只會增加她對你的恐懼，並增加攻擊性程度。動物不是爲了展現攻擊性才這樣做，而是因爲感覺威脅。找出潛在的原因，移除威脅，並且讓貓咪平靜下來——這才是安全而有效的作法。
9. 結合安撫貓咪的費洛蒙來增加正向社交連結並減緩緊張感。
10. 如果你擔心你家貓咪的行爲，尋求合格專家協助來處理持續攻擊性問題。從你的獸醫開始著手，先進行評估；然後獸醫可能會爲你介紹合格的行爲專家。

問題：為什麼我的貓偶爾會攻擊自己的尾巴？我也有注意到她皮膚痙攣的情況。這是嚴重的問題嗎？

潘媽的回答

你的貓咪需要獸醫評估來排除是疾病因素造成疼痛或受傷。獸醫會需要評斷你家貓咪是否正經歷感覺過敏。這也稱作「皮膚滾動症候群」。這種症狀通常出現在年幼的貓咪身上。感覺過敏症候群的原因仍不明確，但一些專家將此描述爲焦慮時期大腦神經傳導物質失能所致。這並非常見病症，但如果你家貓咪正經歷這樣的病症，對大家來說都相當驚惶不安。

感覺過敏會造成貓咪對於碰觸極度敏感。脊背和順著尾巴這些部位是最脆弱的。居住環境中持續有緊迫感的貓咪罹患風險較高。

感覺過敏症候群的徵兆。若有感覺過敏，你會注意到貓咪進行過度理毛。通常貓咪會專注在脊背和尾巴，有時候持續惡化至自殘的程度。其他生理徵兆包括擺動尾巴與皮膚顫搐或起皺折。很多時候，突如其來的事件都可能會惡化爲攻擊性。貓咪可能攻擊其他寵物或是人類家庭成員。或許貓咪看起來完全沒事，然後突然展現攻擊性，像是被按到開關一樣，甚至出現類似癲癇的行爲。其他徵兆可能包括瞳孔放大、咬尾巴或叫聲變大。

治療感覺過敏症候群。診斷感覺過敏症候群，必須先排除其他潛在情況，例如癲癇症、膿瘡、癌症、脊髓問題、受傷或其他皮膚狀況。

通常採用抗焦慮藥、抗癲癇藥或抗憂鬱藥物進行控制。環境因素也必須要一併處理，減少觸發貓咪焦慮的機會。增加環境豐富度也很有幫助。

問題：我想我需要一個專家來幫助我處理我家貓咪的行為問題。我該如何尋找行為專家來協助我的貓？

潘媽的回答

自從 Cesar Millan 著名的節目「報告狗班長」走紅電視圈，許多人都宣稱自己擁有了解狗狗或貓咪心理的特殊能力（或兔子、青蛙、沙鼠或雪貂的內心）。與貓咪相關的電視節目也增加不少。問題是在這個沒有明確法律規範的領域，任何人都可以宣稱自己是貓咪專家、馴貓專家、貓咪治療師、貓咪心理醫師或貓咪諮商師；任何人都可以架設一個網站，宣稱有某種專業能力，然後放上見證，但你怎麼知道他們的專業能力是眞的？問題就是，你無從證明。如果你家寵物有行爲問題，而你的家庭生活因爲這個問題處於危機關頭，你可能會被宣稱「保證」結果或許多見證（可能不一定是眞的）吸引，但錯誤的選擇可能會讓情況更糟。

從獸醫診所開始。如果你覺得需要專業人士協助處理貓咪行爲問題，要如何選擇對的專家？首先要從你家獸醫的辦公室開始。我知道聽起來不如向宣稱自兩歲起就與貓咪有某種特殊連結的人諮詢那麼有意思，但許多行爲問題可能都源自於潛在疾病問題。你會對有多少貓砂盆問題可能肇因於下泌尿道疾病、腎衰竭或糖尿病感到驚訝。我曾經看過有些攻擊性案例，追根究柢是牙周病、脊椎疼痛、膿瘡、甲狀腺機能亢進或關節炎造成。

做好功課。行爲矯正是強而有力的工具，如果正確進行，會是改變不樂見行爲的有效方式。這是有科學根據的，並非什麼神奇魔力。訓練有素的專業人士能解釋如何運作、爲何應該這麼做，以及背後的科學根據。有道德的專家不會保證結果，因爲行爲矯正的成功多半得依靠客戶的配合與個案的各別情況而定。合格的專家不會保證快速有效、每一個個案都是獨

一無二的。你家鄰居的貓咪有同樣的行爲問題，比起你家貓咪可能得花上兩倍的時間來進行矯正。

找尋有良好紀錄的合格專家。從眾多所謂的專家中保護自己的最佳方式，是請你的獸醫介紹合格的行爲專家。應用行爲專家受到動物行爲協會（Animal Behavior Society）認證。動物行爲醫師則由美國動物行爲研究學會（American College of Veterinary Behaviorists）認證。也有其他專業組織認證的專家，例如國際動物行爲諮詢師協會（International Association of Animal Behavior Consultants）。

請選擇在自己專業領域有實戰經驗的專家。確認這個人是眞正的貓咪行爲專家，除了自吹自擂的功蹟或光鮮亮麗的產品外，擁有實戰紀錄。你選擇的人是否受到同業認可爲專業人士呢？你家貓咪無法爲自己發聲，所以得靠你來找到一位合格的專家，而不是一個將當前動物行爲諮商的熱門情勢當作墊腳石的人。從事這個行業多年的我們，知道進入這個行業實際上是爲動物福祉全心投入。

可以期待的是：

- 不要猶豫，詢問你正在考慮的行爲專家相關的背景經歷。這個人是否有在這個領域展現出眞正的專業技能，或者只是架設了一個看起來很厲害的網站並宣稱因爲養過很多隻貓咪而擅長與貓咪相處？網站上的廣告是否會令人誤解，或者是提供具專業知識的眞實資訊？最近我看見一些網站上充斥著非常不正確的主張。讓我爲貓咪們感到心碎。
- 眞正具有專業知識的專家堅守嚴格的道德標準。他們不會做自己專業領域外的宣言，他們會尊重你的隱私，而且不會恣意評斷或責怪。行爲專家不應該進行醫學診斷（亦沒有獸醫學歷證照），而且絕不該保證結果。

- 在諮詢行爲專家時應該感覺到舒服自在，對於提案的行爲矯正方案亦是如此。爲了讓行爲矯正成功，方案應該符合你的能力、時間表與生活型態。合格的專家應該與你一同制定出適合你與你家貓咪的客製化方案。行爲矯正方案不應該千篇一律。
- 行爲專家應該解釋爲何提議這樣的行爲矯正方案，以及說明背後的科學根據。
- 不論你是進行到府諮詢、到診所諮商或遠端影片諮詢，你應該會收到一份行爲與就醫紀錄問卷。這份就醫紀錄表格相當重要，可以幫助行爲專家盡可能獲得背景資訊。即使表格上的問題看似不重要，也該盡你所能地回覆，以幫助行爲專家完成完整拼圖。
- 照片與影片極有幫助。但不要刺激你家貓咪只爲了拍攝出現攻擊性的影片，應隨時將你的手機準備好，在不樂見的行爲出現時可以即時拍攝下來。如果行爲專家無法到府造訪，環境相關照片與影片相當重要。拍下問題發生的場所以及貓砂盆區域、餵食區、貓咪最喜歡的休憩地點，以及可能幫助評估的其他區域。

第十四章

外界影響

如何讓愛貓知道外面的野花沒有更美

問題：把貓咪養在室內是否很殘忍？

潘媽的回答

我對於貓咪應該過室內或戶外生活抱持相對強硬的立場。我認爲室內生活比較安全、健康且快樂。思考一下這十二項讓貓咪住在室內的理由：

1. **室內貓咪普遍活得比較久**。一般來說，終生在室內生活的貓咪（以下稱爲室內貓咪），比起被限定在戶外生活的貓咪（以下稱爲戶外

貓咪），壽命多了好些年。如果你的貓咪得以在室內、戶外進進出出，她或許能比僅能在戶外生活的貓咪多活數年，但仍然得面對健康與安全的加劇風險，並可能因此縮短她的生命週期。

2. **室內的貓咪不會被車輛撞到**。戶外貓咪一直有被車輛撞到的風險。即使最具「街頭生存智慧」的貓咪也可能在追逐獵物或被其他貓咪或狗狗追趕時分神。貓咪被車輛撞上的比例極高，而且即使貓咪存活了下來，受到的傷勢通常都非常嚴重。

3. **中毒的危險**。戶外貓咪曝露於中毒的危險中，乙二醇（防凍液）、草坪殺蟲劑、垃圾桶裡變質的食物、滅鼠藥，還有人們放在戶外誘殺貓咪的有毒食物。雖然在室內也有中毒危險，但至少你比較能掌握情況，並移除有毒的植物、化學藥劑和其他具危險性的物品。

4. **戶外等於動物擂台**。戶外貓咪因爲與另一隻貓咪、狗狗或其他動物打架而受傷或惡化成疼痛又嚴重膿瘡的情況並不少見。即使你已爲你家貓咪結紮或絕育，外面有許多沒有絕育的貓咪，她們都極度重視地盤。

5. **大幅降低疾病風險**。如果你的貓咪沒有曝露於其他戶外貓咪面前，感染傳染性疾病的風險將大幅降低。

6. **大幅降低寄生蟲風險**。如果你家貓咪一直待在室內，染上跳蚤、蜱或體內蠕蟲的機率將大幅降低，因爲她不會接觸到具傳染力的糞便、獵物、草或土壤。

7. **沒有掠食者的威脅**。貓咪對一些狗狗來說是潛在的獵物，而且如果你居住在美國某些區域，貓咪也有可能被野狼或貓頭鷹攻擊。

8. **控制飲食**。你可以控制室內貓咪吃什麼。如果你的貓咪跑到戶外，你就不知道她會不會吃進鄰居後院裡留給當地野貓的廉價食物。

9. **沒有受虐待的風險**。在戶外，你的貓咪可能很容易成爲討厭貓咪鄰居的受害者，有些人覺得虐待一隻無助的小動物是很好玩的，或者有些人拿貓咪來做不可告人的壞事。

10. **你總是可以知道你家貓咪在哪裡**。如果你的貓咪在室內，她迷路、掉進陷阱裡或被偷走的風險就大幅降低。

為什麼貓咪會被卡在樹上

因爲前爪弧度是往後勾的，很方便爬上樹但要下來卻很困難，除非貓咪知道如何讓尾巴朝下再往下爬。能爬上樹也是受到貓咪強壯後腿的幫助。

11. **較容易觀測健康狀態**。對於室內貓咪，你可以輕易觀察在貓砂盆中有沒有什麼情況值得注意。早期發現你家貓咪貓砂盆使用習慣的任何改變，可以爲貓咪減少疼痛、少受點苦。你也比較容易能夠觀察食物或水分的攝取情況與活動力是否有任何變化。

12. **你會成爲比較討人喜歡的鄰居**。沒有人喜歡有貓咪在他們花園裡尿尿、對後院的餵鳥器虎視眈眈，或是慵懶地躺在他們放在車道上的汽車上。多數情況下，你的鄰居們會比較喜歡知道你的貓咪安靜地在房子裡觀察戶外的動靜。

問題：我們已經餵養一隻戶外貓咪長達數年的時間，現在想將她帶進屋裡。我該如何讓原本養在室外的貓咪改成養在室內？

潘媽的回答

戶外生活調適到室內生活的過渡期可以很輕鬆，只要你設置像她熟悉的戶外生活般有趣的居家環境，並且遵循一些重要步驟讓她適應新環境。

假使貓咪從來沒有在室內生活過怎麼辦？首先將貓咪帶到動物醫院讓獸醫檢查，確認她是健康的，如果她還沒有打疫苗就順便幫她打，然後進行跳蚤控制。你唯一想帶進門的新嬌客是貓咪，並不是跳蚤或蜱。

當你在動物醫院的時候，詢問爲貓咪植入晶片事宜，這樣一來，假使她逃走，你也比較有機會將她找回來。如果是還沒有絕育的貓咪，也可以安排絕育或結紮手術。

如果你開始飼養流浪貓或決定讓你一直在戶外活動的貓咪進屋子裡生活，你不能將她帶進來後直接讓她滿屋子到處跑。她需要一點時間來弄清楚她的處境，而且你可能需要在她開始探索各個房間前，先進行一些訓練。即便你可能認爲，習慣在戶外走跳這麼久，她應該能輕而易舉地適應你這個五十坪大的房子，但這個過渡期不見得能無縫接軌。首先，在廣大的戶外空間，她可以隨意四處尿尿和大便，我不認爲在你家裡也能如此。限制她在一個區域活動，直到你知道她已經適應貓砂盆爲止。同樣的原理也適用於抓磨的需求；在外面她可以恣意去抓每一棵樹木和籬笆，在室內，你會希望她使用特定的貓抓板，而不是你客廳裡的傢俱。

在戶外，貓咪也有她自己的藏匿處、喜歡的休憩處和其他地點。室內環境對她來說完全陌生，而且如果你一口氣把一切都塞給她，對她而言可能難以承受。如果你帶回一隻流浪貓或未曾與你有太多接觸的貓咪，先限制她在一個較小的區域活動，讓你們可以先開始了解彼此。

避難空間。我一直持續談到並寫到許多設置避難空間的方式，特別是因爲這可以用於介紹第二隻貓咪給家裡的貓咪。對從未踏入你家的貓咪來說，設置一間避難房間是必要的，可以建立一個舒適區。

避難空間不過就是一間你可以關上門的房間，例如一間臥房，裡面必須具備貓咪所需的所有東西。

藏匿處。先前生活在戶外的貓咪進入室內的第一件事，就是去找一個藏匿處。這相當重要，因爲一旦她覺得能夠安全藏身，她就可以將這個藏匿處當作基地，然後開始探索了解這個環境。藏匿處可以只是簡單側放的開放式紙袋、側放的箱子、一側剪有開口的倒放箱子和軟質的寵物隧道等。你在房間裡設置越多藏匿處，貓咪躲在床底下的機會就越小。

貓砂盆。如果貓咪從未使用過貓砂盆，那麼你必須將貓砂盆設置得很簡易，讓她可以搞清楚。使用大的開放式貓砂盆，在裡頭填上沒有氣味的軟質貓砂，雖然大，但是貓砂盆不應該太高。貓砂應該類似貓咪在戶外使用的砂質（花圃土壤、沙子、塵土），這不是測試其他種類貓砂或高科技自動清理貓砂盆的好時機，讓整體設置有吸引力又顯而易見。不要使用有蓋貓砂盆，也不要將貓砂盆放在櫥櫃裡，讓一切都很便利。有些時候針對流浪貓，你一開始可能得混合沙子與塵土填入貓砂盆，讓它比較近似貓咪在戶外使用的質地。一旦貓咪了解貓砂盆的作用，你就可以逐步開始增加凝結式貓砂，並減少沙子與塵土的量。

貓抓板。流浪貓或一直生活在戶外的貓咪指甲從未被修整過。這類貓咪習慣在任何她高興的地方抓磨，所以請務必準備一個品質好又堅固的貓抓板。麻繩包覆的貓抓板通常是效果最好的。

貓咪樹或休憩處。能夠攀爬到安全高處平台休憩，對戶外生活的貓咪來說極其重要。這樣的地方提供了安全性，而且讓貓咪能看清周邊環境。提供一棵堅固的貓咪樹或至少安裝一個窗邊休憩處。如果你現在不投資一棵貓咪樹，某天終究也會須要一棵的。貓咪樹可能看似一筆可觀的支出，但對貓咪來說卻是很重要，能夠給貓咪滿滿舒適感與安心感。

貓咪樹有各式各樣的形狀、尺寸與價格。多年前當我帶回兩隻野貓，我在貓咪樹周邊黏上一些絲質枝幹，讓貓咪們有較多遮蔽感，她們在樹上時會覺得稍稍有隱密感，而且我相信這麼做加速了我們建立信任的過程。

選購技巧

選購貓咪樹時，找一個可以爲貓咪帶來舒適、穩定與安全感的貓咪樹。不要選狹窄又光滑的貓咪樹。

建立信任感。不要急著對貓咪表現你有多麼地愛她，讓她決定步調。她需要感覺安心，然後才會開始建立信任連結。運用互動遊戲時間來讓她參與好玩的活動，同時讓她持續待在她的舒適區域。釣竿型設計的玩具可以讓你們保持一段恰當的距離，讓她可以專注在遊戲上而非你身上，這才是你想要的。如果她覺得可以在你身旁放鬆，而不必無時不刻地注意著你，她就會將你視作朋友而非敵人。

爲貓咪進行防護處理。現在你的貓咪待在室內，有一些你先前可能沒有注意到的危險物品。在你家裡巡視一圈，檢視潛在危險，然後進行必要的改變。確認所有的窗紗都完好無缺，將植物放到貓咪碰不到的地方，清潔劑與化學藥劑都收起來，然後將垃圾桶放在洗手台下或確保有密封蓋。

因爲你還不熟悉貓咪的習性，到了要將她帶出避難小屋時，你必須注意她是否意圖或想要偷櫃檯上的食物，或嚼食不該吃的東西。你可能也得進行一些訓練，讓貓咪不要跳到吧台。同時也確保沒有食物被放在上面。

小心貓咪脫逃。打開避難房間門的時候，貓咪可能會在看見機會時，嘗試朝前門暴衝脫逃，你必須準備好處理這樣的風險。在任何人開門前確定貓咪的所在位置。

創造安全的「戶外」體驗。如果你仍然想讓你的貓咪有一些到戶外的機會，考慮建構或購買一個穩固的戶外圍欄讓這一切安全進行。你可以找到各式各樣的圍欄，從小型圍欄到精美複雜的都有。

讓室內環境豐富度最大化。要說服你家貓咪待在室內是件好事，就專注於提升環境豐富度，盡情發揮創意來增加趣味元素。種一些適合貓咪的植物，讓你家貓咪可以咀嚼，就像她在戶外時一樣。戶外環境中有許多機會進行狩獵、冒險與探索，提供一些類似的刺激物（當然不是活的獵物）給正在調適環境的貓咪，不要讓室內貓咪們感到無聊。

問題：尼柯萊特是一隻室內和室外都可以自由活動的貓咪。我不太想在家裡放貓砂盆，但我太太說應該準備一個。為什麼我家可以室內和室外自由來去的貓需要貓砂盆？

潘媽的回答

如果你訓練你的貓咪只到戶外便溺，你可能會讓自己日後得處理一個行爲問題。

有些飼主會讓貓咪到戶外，試圖藉此省略在室內放置貓砂盆的麻煩。他們可能已經訓練貓咪抓門、使用寵物門或喵喵叫，甚至是定時被放出門。這是種短視的想法，請參見以下原因：

惡劣的天氣。你的貓咪在氣溫兩極化、下雨、下雪或其他惡劣天氣時，並不是這麼享受到戶外活動。強迫貓咪在這樣的情況下出去便溺可能會造成壓力甚至是危險。

其他動物的威脅。你的貓咪可能對在戶外便溺沒有什麼問題，直到有一天她和另一隻貓咪或狗狗正面衝突；如果你的貓咪必須要擔心被鄰居家的惡霸動物埋伏到戶外活動可能變成非常有緊迫感的事情。肢體衝突的局面可能會讓她受傷。如果她預期會有麻煩，可能會變得對戶外活動意興闌珊，甚至開始在室內不恰當的地點便溺來避免與外面的動物產生衝突。

疾病或受傷。覺得不舒服或是有某種傷勢的貓咪會覺得到戶外便溺很困難。

年齡問題。過去數年來你的貓咪對於到戶外便溺一直沒什麼問題，但她年紀越來越大，活動力越來越差，到戶外便溺可能會讓她不舒服。又濕又冷的天氣對年邁貓咪來說更是雪上加霜。

花園維護。當貓咪到戶外便溺，你知道她會去哪裡嗎？會在花園裡便溺？樹林間？你家鄰居的後院？花園塡滿貓咪糞便可能令人不太愉快。

觀測不足。當你沒有規律清理貓砂盆，便錯失了解你家貓咪健康的資訊。你可能輕易忽略潛在問題。挖貓砂是注意貓咪便溺習慣改變的機會。

問題：我該如何訓練我的貓咪乖乖跟著牽繩走？

潘媽的回答

我不是很喜歡將貓咪帶到戶外，然而即使你沒打算帶你的貓咪到街區散步，牽繩訓練仍然很有助益。牽繩訓練在介紹新貓咪、夥伴貓咪間產生攻擊性或是將狗狗介紹給你家貓咪時都有所幫助。如果是要處理貓咪對家中同伴寵物出現攻擊性的問題，可以進行牽繩訓練，幫助她將注意力維持在你身上。這個訓練可以讓她與出現攻擊性的對象間保持安全距離。她無法靠近目標對象的情況也可以讓其他貓咪能鬆一口氣。這可能會讓貓咪們之間肢體溝通情況得到整體性的緩解。

不是所有貓咪都適合牽繩訓練。如同任何形式的訓練，牽繩訓練有其學習曲線，若你的貓咪很容易感到緊迫或你認爲她永遠都不會感到自在，那就不要嘗試牽繩訓練。你了解你的貓咪。運用你對她的了解來進行完善的決策，對她才會有所助益而非增加她的緊迫感或讓她陷入危險。

在室內與戶外牽繩散步天差地遠。貓咪具地域性，氣味在她們的生活占了很重要的部分。如果你帶貓咪到戶外，她會被漫天而來的諸多陌生氣味包覆。其中某些氣味可能具威脅性。此外，貓咪在戶外很可能容易被狗狗、噪音、汽車，甚或是被人群走過嚇到。如果你認爲可以將一隻嚇壞了並且準備防禦的貓咪抱在懷裡回到安全的室內，讓我告訴你，這是不可能的！人與貓咪都可能會因此受傷，貓咪可能掙扎跳脫你的懷抱然後失蹤。在你決定走到戶外時，仔細審慎思考這是否是個好選擇，了解你的貓咪，安排在你家後院散步，然後小心注意。至少在你們外出散步前，在你肩上披上一條厚毛巾，假使你的貓咪開始恐慌，就將厚毛巾包覆在她身上。另外一件需要考慮的事，就是如果你家的室內貓咪來到戶外，可能容易感染寄生蟲，例如跳蚤與蜱。確實事先做好準備，在外出前準備好預防跳蚤、蜱，甚至心絲蟲的方法。最後，可能會有意想不到的狀況發生；你的貓咪可能會逃走，請確認她有植入晶片。在她身上也放明顯的名牌，牌子上應該註明「家貓」，這樣經過的人會知道她不是流浪貓。

不樂見的行爲。用牽繩帶妳的貓咪外出對雙方可能都是最好的方式，但請謹記你的貓咪可能認爲她該掌控外出散步的時間表。幾次有趣的散步經驗之後，可能會讓她開始在午餐時間站在門口喵喵叫，如果她覺得你帶她外出的頻率不夠，她也可能會在門口伺機脫逃。在開始展開新的冒險之前，請先審慎考慮。

準備對的裝備。你會需要專爲貓咪設計的胸背帶或貓咪專用散步背心。不要用項圈，因爲你的貓咪可以輕易掙脫。項圈的另一個危險性是假使她從你身邊逃開，有可能會被樹枝勾到而勒住，你最好的選擇是貓咪專屬胸背帶或散步背心。我推薦散步背心，讓貓咪比較舒服、有安全感，平均的施壓也可以安撫貓咪。使用貓咪胸背帶或散步背心時，可以將牽繩位置調整在貓咪身體中間，而不要像項圈一樣放在脖子。貓咪覺得越舒服就會越安全。

你需要確保胸背帶或散步背心的尺寸是正確的。測量你家貓咪前腿後方胸圍尺寸，背心或胸背帶製造商有應該如何正確進行測量的詳細指示。

慢慢來。你不能只是戴上胸背帶或散步背心，繫上牽繩，然後就期待貓咪舒服自在而且知道該怎麼做。訓練過程包括逐步減敏。

起初，先將胸背帶或散步背心放在地板上讓貓咪去嗅嗅並偵察。當她覺得自在，就試著在貓咪吃晚餐或美食點心時爲她穿上（但不要太緊貼合身）。逐步增加她的穿戴時間，一直進行到調整胸背帶或散步背心至舒適合身狀態爲止。下一步就是繫上牽繩，然後鬆鬆地握著讓她在周邊走動。讓她拖著牽繩可能比較容易，但要小心注意別讓她勾到任何東西，不然你就得面對一隻驚慌失措的貓咪。隨身帶著小零食好讓她分神，同時也可以在她顯得平靜時獎勵她。請記住這整個過程都僅限在室內。

吸引你的貓咪走在你身旁的一個方法是將小零食放在她的高度，維持約略前方數英吋的距離，她就會滿懷期待地走向它。在她吃掉小零食後，再拿出另一個小零食，同樣維持數英吋的距離。請謹記，一旦她的飢餓感降低，服從程度也自然會降低。你不會想要用小零食餵飽她，所以可以將小零食分成小碎片，同時也讓訓練時段保持簡短。

當胸背帶或散步背心穿到貓咪身上，她可能會跌坐一旁或僵住不動，這都很正常。如果發生這樣的狀況，就看看能否用小零食吸引她，讓她站起來。如果她不願意移動腳步，就將胸背帶或散步背心解開，然後將它放在地板上。她可能需要多花點時間在起始階段，先讓胸背帶或散步背心在周圍地板上放一段時間。當你準備好再試一次，準備好小零食。如果你的貓咪總是對遊戲時間躍躍欲試，就在一旁放一個互動玩具，或者一根孔雀羽毛來看看能否轉移她的注意力。

肉墊小知識

貓咪的肉墊觸感可能有點粗糙，但實際上非常敏感。貓咪透過肉墊排汗，也依賴肉墊裡的敏感神經末梢來感受動作、質地與溫度。肉墊可能會燙傷或凍傷。

讓訓練有趣且隨時注意你家貓咪的緊迫感。訓練時間應該要簡短、正向且有趣。如果你正訓練控制貓咪間的攻擊性，不要過度仰賴牽繩作爲縮短行爲矯正時間的方式。你仍然需要進行必要的行爲矯正，來幫助貓咪們在多貓環境中發展出良好的關係。牽繩訓練只是多種工具之一。

貓咪不是狗狗。如果你決定到戶外探險，別指望你家貓咪像狗狗一樣走在你身旁。她會停下來，然後聞各式各樣的東西；她可能會暴衝、僵住不動、試著攀上你的腿，或是躲在最近的矮樹下。

待在屋子附近、準備小零食、保持冷靜，然後讓過程簡短而安全。時機在此非常重要，不要在你家鄰居狗狗下午出來放風時，或是校車在街角停下來讓學生下車的時段帶著你家貓咪出門散步。

我也建議你抱起貓咪，然後帶她走出門和回到屋子裡，讓她了解是由你主導她進出房子的時間。

第十五章

你竟然要我吃這個？

如何讓餵食區變開心園地

問題：我該如何讓我的貓咪順利地從乾糧轉到濕食？

潘媽的回答

貓咪是慣性的動物，因此做出任何巨大的變化都要特別小心。在食物上做改變需要特別留意，如果改變來得很突兀或沒處理好，可能對貓咪造成健康後遺症。

循序漸進的改變。即使你要改變的是從最廉價的乾糧換到高級的濕

食，也要慢慢來不要倉促進行。不要以爲貓咪會很自然地愛上高檔食物，也不要以爲只要夠餓她就會乖乖就範。因爲事實上貓咪不會，而她拒絕進食的後果可能會致命。當貓咪不進食或只吃一點東西，就有可能會罹患困擾終身的脂肪肝。

從乾糧換到濕食是巨大轉變，光是從某品牌的乾糧轉換到另外一個就已經夠複雜了，因爲食物的氣味、味道和口感都不一樣，可以想像這對貓咪來說會是多大的改變，她甚至要適應完全不熟悉的濕食口感。因此千萬不要草率地進行這個轉換過程，也請不要用強硬的方式強迫貓咪轉換。

貓咪的餵食時程。如果你通常沒有固定時間餵食，那麼請先固定時間餵食，讓貓咪累積足夠的飢餓感好去嘗試濕食。如果她整天都有機會可以吃到熟悉的食物，那麼她就不會覺得需要特別去嘗試新東西。因此請開始固定每天餵食三至四次乾糧（除非你的獸醫有給其他指令），且每次食物不要放超過二十分鐘。請確保每次把食物放下時，都有吸引貓咪的注意，讓她知道這就是用餐時間。一旦你的貓咪開始培養了固定時間進食的習慣，就可以給她嘗試濕食。

濕食一定要可口美味，你的貓咪可能在你放下餵食器的那一刻就愛上濕食（如果是這樣的話你眞的太幸運了！）但也有可能轉身不理。請適度加熱食物，這樣香氣也會比較明顯，千萬不要從冰箱拿出濕食罐頭就直接餵食。貓咪喜歡常溫食物，甚至熱一點都沒關係。不要把食物放置超過二十分鐘，因爲濕食可能會乾掉而影響口感，而你的貓一定不喜歡吃乾掉變硬的食物。

如果你的貓還是不碰濕食，那麼可以在上面灑一點乾糧，用這樣的方式餵食。你也可以把一些乾糧混進濕食中，讓她需要花點時間才能挖出乾糧來吃，而且過程中會藉此吃進不少濕食。每天逐漸減少混入濕食中的乾糧，依此類推。

在多貓環境下監督進食狀況。如果你不只照顧一隻貓且想從乾糧換到濕食，那麼請給每隻貓咪獨立的碗，以確保每隻貓獲得的量都是一致的。有些情況下，甚至需要把貓咪隔離各自有獨立進食的空間。

問題：為什麼我的貓卡洛琳在吃東西的時候總是很緊張？

潘媽的回答

對你的貓咪來說，進食時間應該是好吃、健康、平靜且安全的，有些貓咪飼主可能只著重前兩項而忘記後兩項。當你的貓咪走向裝滿食物的碗時，應該不用擔心是否可以平靜地吃完這一餐，也不用擔心要抵抗外侮。

前往食物的路上。這裡有一點是許多人沒想過的：「想想貓咪要去吃飯的路上會經過哪些地方？」一旦飼主提供晚餐，貓咪要怎麼去進食呢？是否要經過一堆貓咪，或是面對其他潛在威脅才有辦法吃飯？在多貓家庭中，有可能貓和貓之間的相處並不和諧，貓咪可能會覺得要穿過其他貓所在的空間去吃飯很不自在。如果是這樣的話，請在其他地方設立另一個餵食區。

在多貓環境中若想增加貓咪吃飯時的安全感，請不要讓貓咪共用一個碗。貓咪獨自吃飯會比較自在也比較有安全感，對人類來說，吃飯是社交的場合，但對貓咪來說並不是。請給每隻貓自己的碗，以避免彼此之間的干擾與罷凌。如果還是有些問題，請在家中設立不同的餵食區，讓貓咪不會去聞別隻貓的碗，吃飯時也不用擔心食物被搶走，這對於需要吃特別餐食的貓咪也很有幫助。如果每隻貓都有自己的餵食地點，那麼就可以確保每隻貓所吃到的都是她該吃的。同時也請記得，就算你沒看過貓咪彼此攻擊的畫面，不代表貓咪之間沒有競爭或張力存在。

緊張＋用餐時間＝不快樂的貓咪。請觀察貓咪進食時候的肢體語言，

她看起來是很放鬆，還是很緊張？她會不會總是急著把食物吃完？她會不會一邊吃一邊回頭看有沒有其他貓靠近？她是不是邊吃邊抬頭，怕有敵人從他處攻擊？請將餵食區設立在安全的地方，幫助你的貓進食得更安心。如果在安全地點，你的貓還是呈現緊張的模樣，請將餵食的碗從牆邊拿到走道中央，這樣她就不用一直轉頭看有沒有其他貓來攻擊她。請將貓咪的餵食碗放在正對房間入口的位置，這樣貓咪就會知道有誰進入這個空間。對有些貓咪來說，把餵食區架高會讓她們更有安全感，認爲自己是隱身在吃東西。請注意貓咪的反應，看看她在什麼情況下最有安全感。若是害羞的貓咪，餵食時也可以把門關上，這樣其他貓、狗狗或是家中其他成員就不會進來嚇到她。

吃飯的時候一定要有安全感才能安心地吃頓飯。不要以爲貓咪只要餓到了就會自己從躲藏處出來吃飯，通常最有可能的結果是貓咪因此而感到害怕或是需要爲此去看醫生吃藥。

問題：為什麼有些貓會試圖把食物埋起來？

潘媽的回答

這是很常見的動作，你不用爲此擔心。埋食物的畫面看起來好像貓咪在撥沙蓋便便，你可能會看到她用前腳在碗前的地面上抓。有時候貓咪甚至會用頭去頂碗，目的就是要把食物藏起來。

這表示貓咪想傳遞什麼訊息嗎？許多人認爲貓咪一旦出現這樣的行爲，就表示她們不喜歡碗中的食物。但事實並不是這樣。即使是過去貓咪愛吃或吃過的食物，她們也會出現這樣的行爲。

一切都跟生存有關。在野外，貓咪會把沒吃掉的食物掩蓋起來，這樣可以避免掠食者發現她們的蹤跡，試圖掩蓋有貓科動物出現在附近的證據。貓咪不是食腐動物，也就是說她們掩埋食物並不是爲了之後想吃。她們這麼做是爲了保護自己，並藏匿蹤跡。即使是飼養在室內的貓，一輩子都沒有在戶外求生過，仍舊保留的這樣的生存本能，因此這一切其實是看貓咪這樣的行爲是否很嚴重。

該如何阻止這樣的行爲。這其實是無傷大雅的行爲，但如果你覺得困擾或是你的貓似乎爲此著迷，每次都要把吃剩的食物埋起來，那麼你可以嘗試下列的小訣竅：

- 減少餵食的量，看看貓咪一般都吃多少，不要多給食物。
- 一旦貓咪露出吃完的跡象，就把碗收走並清理灑出來的食物，然後換上乾淨的水。
- 如果你要把食物放著，讓她可以隨時繼續吃，請利用益智餵食器讓貓咪可以進行「狩獵」覓食。
- 當你發現貓咪開始出現埋食物的動作，就用遊戲時間或是其他活動來轉移她的注意。

問題：為什麼我的貓會吃草？

潘媽的回答

我假設你的貓咪應該能到戶外，所以觀察到她在草皮上吃草？然後你可能也看到她吐出草來。你或許會覺得奇怪，爲什麼貓咪要吃那些可能會讓她反胃的東西，但事實上有些理論證明吃草對貓咪其實是個有意義的動作。

可能吃壞肚子了。貓咪可能會藉著吃草這個動作，來排除掉消化系統內不乾淨或無法消化的食物。吃草對養在戶外的貓咪來說尤其重要，因爲她們很有可能會吃下不該吃的東西，例如羽毛或是骨頭。同時貓咪在自我

清理的時候，也可能會吞下不該吞的毛，這也是吐掉毛的一個方式。

毛髮或毛球。如果吃下去的毛球沒有適時地吐出來，就會沿著消化道進入腸子裡。有時候毛髮無法順利地通過腸子排出，這時候貓咪與生俱來的本能就會讓她主動地在食物中添加纖維，靠著吃草讓腸胃繼續蠕動，好排出那些不該吃進去的毛髮。

提供營養。有個說法認爲貓咪吃草是爲了營養。比較常見的情況是，當貓咪吃獵物同時，也一併吞進了獵物的內臟，而通常這些獵物肚子裡可能含有草和穀物。

吃草是有害的嗎？一般來說吃草並無害，但如果你的貓飼養在戶外，你當然不希望草上有灑農藥的時候被貓吃到。因此最安全的方法就是在盆栽裡面種草讓貓咪吃乾淨的草。你可以在當地寵物用品店購買貓咪專屬的草盆栽，或是利用黑麥、大麥和燕麥種子自己種。事實上，提供貓咪一些安全的貓食用小草可有效避免貓咪去吃家中危險的植物，因爲那些植物中可能含有對貓咪有害的物質。

別誤以爲吃草和吃植物是一樣的。所有室內盆栽對貓咪來說都可能有害，大部分都有毒，請不要讓貓咪有機會接觸到室內盆栽。

問題：為什麼我要幫貓咪買個益智餵食器？

潘媽的回答

益智餵食器其實就是個會自動放出食物的玩具。貓咪要想辦法讓玩具吐出食物，只要貓咪得花時間思考這件事，那麼就很有得玩了。你的貓不一定需要益智餵食器，但對許多貓來說，這是個很有效的工具，讓她們的心智持續地接受刺激和挑戰。貓咪是獵人，因此她在進食的過程中，需要有些刺激和挑戰。在野外並沒有不銹鋼碗盛著滿滿的老鼠，也沒有拖盤內裝著可口美味的小鳥或松鼠讓她們吃。對於獵人來說，要吃飯，就要先跟蹤獵物，算好時機撲殺，最後再捕捉一頓美味大餐。對獵人本性的動物來說，這樣的心智與體力付出，是滿足一頓豐盛大餐所必需具備的元素。爲了安全的理由，我們將貓咪飼養在室內，但卻沒有提供足夠豐富的環境，讓貓咪好好運用心智和體力。使用益智餵食器對於貓咪的日常來說，只是其中一環，讓她在充滿挑戰與刺激的環境中生活。

益智餵食器的好處是什麼呢？即使是用最簡單掉出食物的玩具，都可以讓貓咪動動腦，因而避免許多行爲和健康問題。益智餵食器有以下功能：

- 鼓勵貓咪吃慢一點
- 讓貓咪的日常生活中有些獨自遊戲的時間，且從中獲得獎賞
- 降低無聊感
- 讓貓咪從破壞性行爲中轉移注意力
- 提供貓咪體力活動
- 鼓勵貓咪思考，維持心智方面的刺激
- 讓貓咪可以決定何時要吃，但不是隨時都可以吃
- 進行體重控制的好幫手
- 幫助貓咪解決因爲吃得太快而吐的問題

那麼我應該要買怎麼樣的益智餵食器呢？不論是附近寵物用品店或是網路上都有許多選擇，從簡單的設計到複雜的都有。要選怎樣的益智餵食器，與你的貓咪是否能很快地了解這遊戲該怎麼玩有關。有些貓咪會馬上進入解題模式，因此在很短的時間內就能讓餵食器掉出食物。以我的貓咪皮爾爲例，她一直都是益智餵食器的佼佼者，她可以完全投入享受整個挑戰。然而，其他的貓咪，卻需要一點時間，從最基本的餵食器開始——一

個有孔洞的大容器，食物很輕易就可以從洞中掉出來。重點是不要讓你的貓咪感到挫折，讓她自然地喚醒狩獵的本能。

自行設計乾糧益智餵食器。自製益智餵食器對於貓咪來說很有趣，對主人來說也會很有成就感。在你出門購買益智餵食器之前，可以試著在家裡做一個，其中一個方法就是製作水瓶餵食器。拿一個空水瓶剪幾個洞，洞的大小應該要讓乾糧或餅乾能掉出。一開始的時候，可以在水瓶上剪很多洞，這樣貓咪只要觸碰到水瓶，馬上就會有食物掉出來。請在水瓶內裝入一些乾糧或點心，接著把水瓶橫躺放在地板上讓貓咪玩。另一個方法是利用捲筒衛生紙捲心做個厚紙板益智餵食器。沿著捲心剪一些洞，放入乾糧之後將一邊封起來。

只要蓋子可以蓋回去，連優格塑膠容器都可以拿來製作益智餵食器，只要剪一些洞就可以了。請注意，要確保你的貓咪不會咬塑膠或厚紙板才能用這些材質的容器自製益智餵食器。如果貓咪有咬東西的習慣，請用市售的益智餵食器。第一次讓貓咪玩自製益智餵食器的時候，請在旁看著以確保她不會撕咬或咀嚼這些材質。

另外還有一種自製餵食器可在小紙箱上剪洞，這些洞的大小可以大一點，方便貓咪的前爪伸進去撈食物。

其他更複雜的自製益智餵食器。蒐集捲筒衛生紙捲心或是衛生紙盒，用膠帶將它們黏成金字塔狀。如果是用捲筒紙心，則需要對半剪開。將這個三角形狀的餵食器固定在厚紙板上，這樣就有個蜂巢狀的餵食器了，有許多孔洞讓你置放乾糧和餅乾。請善用你的想像力，製作出複雜又有趣的餵食器。你只要記得這一切是要讓貓咪覺得很有成就感，而不是要她爲此感到挫折。

有個市售的乾糧益智餵食器叫 Stimulo，它是由不同長短的管子組成，可以客製化裁切管子長短，打造出不同難易度的益智餵食器給貓咪挑戰。除了乾糧，你也可以在裡面放點心。管子內如果有比較多的點心，會加強貓咪努力獲得點心的動機。

另一個方法就是減少水瓶、優格容器或厚紙板上的洞，只要確保每個洞比乾糧或點心大，但不用多，這樣就可以了。

安全提醒

第一次讓貓咪使用益智餵食器的時候，不管是自製還是市售的，都請確定貓咪不會咀嚼材質，或是前腳不會卡進去出不來。

益智餵食器與濕食。利用裝馬芬的罐子，就可以製作簡單的濕食益智餵食器。只要在每個空格中放入一點濕食，就可以讓貓咪花點時間才能獲得食物。即便只是將濕食放在不同盤子上，將盤子置放在家中不同地方，也可以讓貓咪跟食物玩捉迷藏，讓進食變得更有趣。

有些市售的益智餵食器可以投入濕食。我曾經把濕食放在貓咪玩的狗狗造型玩具中，我用小型的，因此貓咪可以抓著玩具試圖取得裡面的濕食。

益智餵食器哪裡買。請用你熟悉的搜尋引擎打入「貓咪益智餵食器」即可搜尋到許多製造益智餵食器的廠商，也可以查到如何使用的影片。但不是所有益智餵食器都對貓咪有利，因此在挑選時，也請將貓咪的年紀、個性和健康狀況列入考量。許多公司的網站上都有製作影片說明，如此一來你就可以看看這些餵食器怎麼使用，來決定是否適合你的貓咪。

問題：我該如何在不影響貓咪的心情下為她減重？我很擔心她因為減重而有憂鬱症或為此感到壓迫。

潘媽的回答

如果貓咪的體重過重，的確需要安排減重計畫，因爲這會增加貓咪罹患糖尿病、關節炎與心臟疾病的風險。這裡有些重要的小技巧和提醒：

請諮詢獸醫意見。首先你需要去一趟動物醫院，以確定你的貓是眞的過重，且需要在飲食上做出改變。你的獸醫會替貓咪做詳細的檢查，也會驗血來確定。理想的體重應跟著貓咪年紀、體型、活動量與整體健康狀況而定，驗血的步驟可以協助釐清是否有任何疾病考量，例如糖尿病等。你的獸醫也可能會另外做其他的檢驗，檢查貓咪的心臟與其他器官的功能。

請依照合適的餵食方針餵食貓咪。在碗內放入堆積如山的食物只會有兩個結果：增加貓咪體重超標的風險，降低貓咪的存活率。貓咪很容易因爲過度肥胖和活動量減少而變得不健康。

在貓食的袋子或箱子上所建議的餵食量示範是指一般情況，如果你的貓有特別且不同於其他貓咪的需求則需要視情況增減餵食量。如果你餵的是鮮食或生食，獸醫可以幫助你確認合適的量。請注意貓咪的理想體重，並定期爲貓咪量體重，以確保你所餵食的量合適。這點很重要，不管你是餵市售的貓食，還是自己做鮮食或生食皆是如此。

蔬菜不用太多

貓咪是肉食性動物，因此他們的維生素 A 來源應該是肉。貓咪無法像人類或狗狗一樣，將貝塔胡蘿蔔素轉換成維生素 A，因此請不要只餵食蔬菜，或是希望貓咪吃素。

請餵食正確的食物。請確保你餵食物適合貓咪的生命階段。你的獸醫可能會建議你繼續餵現在的食物，但需要調整分量，或會給你一份特別設計的建議食譜。請遵照獸醫的指示，不要偷偷地塞零食給貓咪，因爲這樣對貓咪並沒有任何好處。

少量多餐。與其每天餵食一至兩次，每次都餵一堆食物，不如改成少量多餐的方式。貓咪的胃並不大，少量多餐的方式比較符合貓咪的天性。

飯前動動腦。直接把食物放進碗裡只是餵食的方式之一。貓咪的天性中本來就需要爲了食物而努力，因此與其直接把食物放入碗裡，不如善用益智餵食器，讓貓咪有機會爲了她的晚餐而動動腦，同時益智餵食器也會讓貓咪進食速度變慢。如果你的貓咪總在你放下飯碗的那一刻就狼吞虎嚥，那麼益智餵食器應該可以幫你解決這個問題。

請留意家中最心軟的成員。在每個家裡面都有個心軟的成員（那個人有可能就是你），只要貓咪露出無辜可憐的表情或是喵喵叫，這位成員就忍不住拿食物往碗裡倒。這樣偷給食物對貓咪並沒有任何好處，這時候與其給食物，不如跟貓咪玩一下，增加遊戲時間！

增加活動量。你上一次跟貓咪玩是什麼時候呢？如果你的回答不是「昨天」或「今天」，那麼你就快要錯過幫貓咪減重的黃金時光了！別只是將一堆玩具放在房間的角落，這些玩具在貓咪眼中都是死掉的獵物。請購買一些互動玩具，讓貓咪可以跟你一起玩。動一動玩具，讓貓咪像個狩獵者一樣捕捉獵物。互動遊戲療癒應該一天進行兩次爲佳。

別忘了環境豐富度的重要性。除了益智餵食器和互動遊戲時間，請讓貓咪有機會獨自玩耍，在環境中設置一些鼓勵她多探索的物件，當你不在

家的時候她也會起身走動，例如：

- 有多個枝幹的貓咪樹，讓貓咪可以有機會跳上跳下、這裡抓抓那裡踩踩，多多活動。
- 紙袋或是紙箱內放入玩具，吸引貓咪探索挖寶。你還可以把底部剪開黏起來，做成隧道的形狀。
- 把球、毛茸茸的老鼠和其他小玩具放在房子四周，讓貓咪找尋、玩耍。

訓練。響片訓練是處理行爲問題的有效工具，同時也是跟貓咪建立良好關係且讓她動一動的好方法。你可以利用響片訓練爲貓咪設計一個室內的運動課程。從簡單的動作開始，像是引導貓咪通過隧道，然後再慢慢添加一些新的元素。

慢慢來。貓咪的減重計畫不應該急著進行，因爲這有可能會提高脂肪肝的風險。不管你的貓咪需要減掉幾公斤，請遵循獸醫的建議幫貓咪逐漸減重。

問題：史巴克李特一直都乖乖吃飯，但最近她卻變得很挑嘴。為什麼我的貓忽然開始挑食？

潘媽的回答

如果貓咪的胃口改變，請帶她去給獸醫檢查，同時想一想除了胃口之外，生活中是否有其他改變。

你是否有更換品牌或口味？貓咪突然變得挑嘴的原因之一，就是口味的改變。雖然提供多種口味的選擇會比固定一種食物來源好，但若換得太突然，也會影響貓咪的消化系統。不同品牌跟口味的輪替是個好主意，但請確定你是循序漸進地更換，慢慢幫貓咪替換她不熟悉的食物。請在一般習慣餵食的口味品牌食物中，逐次添加一點新的食物，接下來幾天也是如此進行。一旦貓咪習慣了新食物，就可以將之放進輪替的食物清單中。

溫度多高比較好？直接從冰箱拿出來就食用的餐點是貓咪最不喜歡的。貓咪並不是食腐動物，她們會用鼻子聞聞看獵物的體溫是否安全可進食。如果食物是冰冷的，對貓咪來說就是不新鮮的食物，同時冰冷的食物氣味也相對較少，因此對貓咪來說不是很有吸引力。濕食應該是常溫供給，或甚至再熱一點也沒關係，乾糧則應該是室溫左右的溫度。濕食不應該放置在碗內變乾、變硬。

餵貓咪吃餐桌上的食物。如果貓咪變得挑食，有時候是因爲飼主習慣把餐桌上剩下的食物拿來餵貓。如果貓咪吃過好吃的烤雞、起司條或是菲力牛排後，怎麼有辦法回去吃碗裡無趣的貓食呢？如果你的貓習慣吃這些油膩的食物，她的味蕾也會因此習慣人類吃的重口味食物，那麼在給她貓食的時候，就很可能引起她的不屑。所以飼主們開始在貓碗中加入一些人吃的食物，希望這樣可以吸引貓咪吃飯。這麼做也會破壞營養的平衡。貓咪很聰明，所以她很快地就會只挑好吃的人類食物來吃。

挑食也可能源自餵食區的問題。例如可能碗已經髒了飼主不知道，貓咪卻因此不想吃飯。請確認貓咪的食器和裝水的容器都有每天清洗。

我發現你藏在我碗裡的藥了！如果你的貓咪需要投藥，而從過去經驗中你知道從嘴巴餵食藥丸她會抗拒，甚至還可能抓傷你，那麼你或許會把藥丸混入她的食物中。你的貓可能聞到藥的氣味，這時候她就知道晚餐已經被動過手腳了。除此之外，有些藥丸並不適合咀嚼，必須讓貓咪一口吞下去到腸胃裡再消化吸收，所以才會設計一個外殼。也有可能是因爲藥丸很苦，讓食物變得不再可口。你的貓很聰明，如果她發現食物裡面有藥

丸，未來她可能會拒絕吃飯，不管裡面有沒有藥丸。如果你需要替貓咪投藥，除非獸醫建議你這麼做，否則請不要把藥丸混在食物裡。

混合餵食。若你是放兩個並排的餵食器，一個裝水一個裝飼料，對某些貓來說並不是很有吸引力。有些貓喜歡在另一個地點喝水，與食物完全分開。

在食物中加水。你可能會覺得拌一些水在食物裡面是個不錯的方法，可以增加貓咪的飲水量。但這也會讓乾糧泡得軟爛，貓咪一點都不喜歡。反過來，濕食如果加水進去口感也會變差。

距離太近也不好。我們不會在廁所吃東西，貓咪也是如此。因此不要把貓咪的食物放在貓砂盆附近，這對貓咪來說是本能的反應。餵食區如果太靠近便溺的地方，貓咪會感到很困擾。在大部分的情況下，貓咪可能會拒絕上廁所，也可能變得挑嘴，或在用餐時變得很不安。

緊迫的貓咪＝不快樂的貓咪。緊迫也可能是貓咪挑食的原因。請確保餵食區對貓咪來說是個安全的地點。在多貓環境中，你可能需要設立多個餵食區，避免貓咪吃飯時被其他貓霸凌或是搶食物。餵食區應該要設立在貓咪會感到安心的地點，如果貓咪覺得不安，會被其他貓咪、狗狗或是小朋友打擾用餐，也可能會失去食欲。

問題：我的貓不會從碗裡面乖乖喝水，反而會用前腳玩水，接著在坐下來舔著前腳的水，她就是用這樣的方式反覆個幾次來喝水。我該如何讓她跟其他貓咪一樣乖乖喝水呢？

潘媽的回答

貓咪會先玩水才喝水的原因有幾個，其中一個是因爲這樣比較有趣。水是會流動的，因此用前腳或是觸鬚去玩水對貓咪來說很好玩。一開始可能不是想要玩水，但當貓咪發現把前腳伸進水裡之後水竟然會出現漩渦，那麼就可能變成玩水遊戲。她或許因爲有光的反射或水的流動，而出於好奇心把腳伸進水碗裡面摸摸看，也可能是因爲裝水的碗太小不方便，總是會弄到她的觸鬚，她才用這樣的方式喝水。另外，當水位不是很穩定時，如果貓咪看不到水位的高低，也可能把前腳伸進去確認。也請確認你的貓咪沒有視覺問題；有些貓咪會因爲視覺退化而開始使用前腳來測試水位或食物的位置。接下來請觀察你的貓咪爲什麼這麼做，是不是因爲水碗的大小、形狀或放置地點才這麼做，還是只出於好玩。

打造一個舒適的供水環境。請注意水碗的大小應該要可以讓貓咪安心喝水且觸鬚不會碰到碗的兩側。如果她要跟家中其他寵物共用一個水碗，請增加水碗的數量和供水的地點，讓貓咪可以有獨立的喝水空間。如果你家中有多隻寵物，她有可能會覺得把臉埋進水碗裡面喝水不太安全，這樣看不到是否有其他的動物靠近。如果你覺得是這個原因，那麼請增加水碗的數量和餵水地點，或改成透明的水碗。如果家裡還有養狗狗，可以把供水站架高，讓貓咪喝水時不會受到狗狗的干擾。

不要只是換水而不洗碗。毛髮、灰塵、口水和食物都可能會掉進水碗裡面，污染容器且讓水的味道改變。洗碗的時候，也請將清潔劑的殘留都清洗乾淨，不然可能會刺激到貓咪的舌頭。

請給予固定的水量，不要等到貓咪都喝光了才加水到碗裡。水位高低的劇烈變化可能會讓貓咪困惑，因此才伸腳進去確認。

同時也請不要使用食物和水並排在一起的碗來餵食，雖然這樣感覺很方便，但貓咪並不喜歡這樣的餵食方式。除了會讓食物和水彼此混雜而影響口感，貓咪在喝水時也不想聞到食物的味道。貓咪的天性讓她們認爲食物的味道會引來掠食者，即使你很確定家中廚房不會出現惡狼，但貓咪卻沒有這樣的認知。

伸前掌的問題

如果你家裡有隻愛伸前掌進水裡攪和的貓咪，請記得喝完水或其他飲料的杯子都要收掉。即使你不介意貓咪把前腳伸進她的水碗裡面玩，但你應該不會希望放在桌上的冰茶也被貓咪的前腳伸進去過。

該如何處理玩水高手。如果你已將供水環境打造得舒適方便，但卻發現貓咪還是喜歡把前掌伸進水裡面，那麼有可能這的行爲已經形成習慣了。如果你希望矯正這樣的行爲，請提高貓咪生活中其他領域的刺激與豐富度。例如增加每天互動遊戲時間的次數到一天兩次，或是給她益智餵食器和玩具，讓她無聊時可以追著玩具跑。

如果想要控制貓咪不要到處滴水或是把食物打翻，請使用增加重量的餵食碗，這樣貓咪就沒辦法把碗翻過來。另外也可以在餵食器下方鋪一個墊子，有種特製的寵物墊子會把四邊加高，讓食物或水不會弄髒地板。

如果你不介意貓咪玩水，只是希望她不要移動裝水的碗或是打翻，那麼可以考慮購置寵物供水噴泉。市面上有許多噴泉，流動的水也比較有趣，還有水流的聲音，同時流動水含氧量也會比較高，口感上也更好喝。如果你希望貓咪的進水量增加的話，換成噴泉的供水方式是個不錯的選擇。

第十六章

別帶著愧疚感旅行

不管是否帶愛貓同行都別為此擔心受怕

問題：我該如何為我新養的貓咪挑選合適的外出提籃？

潘媽的回答

在爲貓咪選購外出提籃時，你或許會以爲提籃尺寸越大越好，這樣在旅途中貓咪可以伸展四肢，會比較舒服，但貓咪卻不是這樣認爲。事實上如果提籃太大的話，她可能會因此感到緊迫。

越大不一定越好。貓咪喜歡背靠著東西，這樣會讓她們比較有安全

感。因此在動物醫院或是中途之家看到驚嚇受怕的貓咪，她們通常會背靠著牆壁縮在角落，這對貓咪來說，背靠著牆至少可以確定後方不會被突擊。在提籃中，貓咪也需要有這樣的安全感，因此如果提籃太大，就無法讓貓咪有依靠的感覺，她只會在裡面滑來滑去，且如果提籃太大，要平衡也很困難。你有試過提著超大的提籃，還有隻十二磅的貓咪在裡面左右搖晃嗎？這對貓咪來說不太好，對你的脊椎也不是好事。

兩隻貓共用一個提籃？這不是個好主意。如果你不只養一隻貓，想說買個大提籃就可以一次塞進兩隻的話，那你就錯了。比較好的方式是爲貓咪各選一個大小合適的提籃。有時候你可能只帶一隻貓出門（例如當其中一隻需要看醫生的時候），若把她單獨放在可以容納兩隻貓的提籃內實在是太大了。除此之外，有些貓咪在家相處還算愉快，但把她們放在一起整趟旅程都會很緊張，等你回到家，其中一隻可能會對另一隻出現攻擊的行爲。

趕流行

四周柔軟還附有拉鍊的提袋可能很有型，提起來也比較方便，但這樣的提籃可能會讓貓咪更焦慮不安而不願意待在裡面去看獸醫。塑膠貓籠的好處是可以把上蓋拿掉，讓貓咪在下層讓獸醫檢查。

尺寸太小。如果提籃是幼貓時期購買的，貓咪長大後可能會太小，貓咪被塞進太小的提籃內也會讓她不喜歡出門。

剛好的尺寸。一般來說，提籃應該是貓咪的1.5倍大，且應該讓貓咪可以站起來轉身。如果你買的是幼貓用提籃，那她很快就會長大，因此請購買貓咪長大成貓之後合適的尺寸。在貓咪還小時，你可以在提籃內放入比較厚的浴巾，這樣小貓就不會在裡面滑動了。

問題：我該如何協助貓咪適應貓提籃？每次要帶她去看獸醫都要歷經一番大戰。

潘媽的回答

其實這件事本來是很中性的，提籃並不是一開始就充滿負面聯想。事實上，貓咪很可能在一開始挺喜歡提籃的，因爲她可以躲在裡面。但一切都是她被放進去後，提籃被蓋起來，拉上拉鍊，她就開始不喜歡了。這時貓咪被帶到移動的交通工具上（可能造成貓咪想吐、尿尿、便便，或是不停流口水），接著被帶去看獸醫。獸醫院除了有難聞的氣味和嘈雜的聲音，可能還被獸醫抓來抓去，眼球被照射刺眼的光。她的嘴巴被迫打開，甚至有可能挨了幾針，然後又被塞進狹小陰暗的空間內，一路搖晃回家。這時候提籃再也不是什麼好東西，會變成貓咪避之唯恐不及的物件。

如果你很緊張，貓咪也會跟著緊張。更慘的是，飼主有時候還讓整個情況變得更糟。我們的肢體語言對貓咪來說扮演著相當重要的角色，尤其是當我們要鼓勵貓咪別怕提籃的時候。有些貓咪甚至在提籃還沒拿出來時，就可以精準地預測主人這時候應該是要帶她去看獸醫了。

貓咪可以觀察到許多細微的變化，敏感的器官讓她們很快地感應到主人的行爲跟平常不同。並不是說貓咪會讀心術，而是從你的肢體語言看出來的。如果你去拿提籃的路上就開始緊張僵硬，因爲你已經想到等一下要跟貓咪大戰數回合，那麼你的貓老早就感應到了你的緊張。你僵硬的四肢立刻傳遞出危險的訊號給房間另一頭的貓咪。

幫助貓咪扭轉她對提籃的負面連結。許多問題都是因爲對貓咪來說，提籃只有要去看獸醫的時候才會出現。而我們都知道，獸醫院並不是什麼好玩的地方，因此要努力讓提籃出現時不會這麼可怕，請不要讓貓咪把獸醫當成唯一的連結。如果你家夠大，可以把提籃放在室內角落，常常看到

它就不會那麼可怕。如果你的提籃是塑膠製的，可以把門打開鋪上毛巾，讓它變成貓咪舒適的藏匿處。提籃附近也可以放一些貓咪無法抗拒的點心，每隔一陣子就丟一個，慢慢靠近提籃，最後把點心丟進提籃內，讓貓咪在提籃附近用餐，甚至到裡面吃飯。一旦你的貓咪對於提籃感到適應且自在，就可以把門關回去。接下來你可以趁貓咪在裡面的時候把提籃的門關上，然後馬上打開給她點心。一直反復進行這樣的動作，直到可以把提籃的門關上，並提著提籃在房間內走幾圈，最後把提籃放下，門打開讓貓咪出來。

你也可以利用費洛蒙來幫助貓咪克服提籃的恐懼，可以噴灑 Feliway 或是在提籃放置費洛蒙香囊。你可以在貓咪進去提籃前二十分鐘做這個動作，這樣酒精氣味也會先揮發掉。

改變貓咪對汽車的負面連結。接下來就是要讓貓咪在車內不會覺得不舒服。請將貓咪放入提籃，接著將提籃放入車內。請不要啓動引擎，先讓貓咪習慣在車子裡面的感覺。請給貓咪一點獎賞，等到你覺得她已經完全適應在車內的感覺，下一次練習時再發動車子，屆時如果貓咪已經開始適應引擎發動的聲音，那麼就開車在附近繞繞一會兒就回家。記得這樣的練習應該要是正面、輕鬆且時間不長的，然後慢慢地增加在車內的時間。

問題：我週末出城時，是否可以讓貓咪獨自在家一個週末？

潘媽的回答

不要相信報章雜誌上讀到的，貓咪獨自在家沒事，只要提供她們一堆食物跟水就好了。動物獨自留在家中什麼事情都有可能發生，別說是需要送醫的緊急狀況，還有可能會遇到火災、水災或是停電，即使只是很輕微的生病，你一定也不希望貓咪整個週末都沒人照顧。除此之外，如果貓咪習慣你每天固定某個時候都會回家，那麼她獨自待在家中等你的過程中有可能會很緊迫。

有很多人把貓咪當成不需要費心照顧的寵物，因為貓咪不太會打擾到飼主的生活起居，於是他們就把貓咪丟在家裡，一出門就是一整晚或是一整週。請想想這樣的飼主是不是把貓咪的健康與安全都拋在九霄雲外，也請想一想貓咪有何感受，是否要獨自承受極大的壓力。貓咪跟狗比起來並沒有更好照顧，而她們的健康狀況與安全也應該要被照顧到。若要出遠門，可以請鄰居、朋友或是寵物照顧者一天來你家兩次，確定貓咪沒事，定期補充新鮮的食物和水，如果需要寵物保母，你的獸醫應該也可以推薦，甚至可能就是診所的員工。

問題：我們即將要出發去度假，請問我應該要請寵物保母，還是把貓咪帶去寵物旅館呢？

潘媽的回答

我一般會建議找寵物保母，但事實上應該要視你貓咪的個性、面對改變的適應力以及你的情況而定。下列是一些可以幫助你思考的方向：

寵物旅館。寵物旅館有很好的、很高級的，也有很糟的。如果你選擇帶貓咪去寵物旅館住，請先去看看環境。以貓咪來說，如果被關在籠子裡，四周都是不熟悉的動物、聲音、氣味和景象，很有可能會造成她無法負荷的急性緊迫。如果寵物旅館內有藏匿處、至高點，會讓貓咪比較有安全感。因此在檢視寵物旅館所提供的籠子時，請站在貓咪的角度思考，請從貓咪的視角和嗅覺來判斷！

- 聞起來有沒有怪味道？
- 環境噪音會不會很大？
- 貓籠是面對面排列嗎？如此壓力會很大。

- 空間是否夠大，會不會飼料旁邊緊挨著貓砂盆？
- 寵物旅館會提供什麼程度的互動？
- 他們會跟貓咪玩耍、撫摸跟抱抱嗎？
- 如果貓咪感到緊迫或害怕，他們會如何處理？
- 萬一有緊急狀況發生，是否有獸醫待命？
- 寵物旅館如何監控貓咪夜間的狀況？

有些寵物旅館有很棒的標準程序，有些則令人感到無趣且憂鬱。

舒適的家。雇用寵物保母或是請朋友幫忙照顧貓咪是出遠門時的好方法，這樣貓咪會在舒適熟悉的環境中度過沒有你的時光。從貓咪的角度，即使家人都消失不見，但她還是在一個熟悉的環境中。這光是從安全感來看就很不一樣了，至少能讓貓咪不會馬上進入緊迫的狀態，可以把壓力降到最低。對有些貓咪來說，不管寵物旅館經營得多好，她們還是很害怕那樣的環境。別誤會我的意思，有的寵物旅館眞的蓋得很好，提供的設備也很完善，甚至比人住得還要高級，但對貓咪來說，熟悉感比豪華裝潢還重要得多。因此如果預算許可，建議可以找一位有經驗的寵物保母來家裡照顧貓咪，或請朋友、鄰居幫忙。

你在做這樣的規劃時，應該要先做點功課，請不要隨便找個隔壁鄰居的小孩，每天丟點食物進貓咪的碗裡就好。找個可靠的人，確保貓咪是安全的，也要幫忙清貓砂盆，餵貓咪，注意貓咪的飲食和排便狀況，而且還要跟貓咪互動（如果你的貓咪喜歡的話），透過各種方式降低貓咪的不安與主人不在的焦慮感。用心的寵物保母會花時間跟貓咪玩耍，以貓咪喜歡的方式與她們互動，試圖將貓咪的壓力和不安降到最低，有沒有用心差很多。如果只是匆匆去你家幾分鐘就離開的寵物保母，並不會注意到貓咪整天都沒有尿尿，不會發現貓咪可能因爲不安而扯掉後腳上的一撮毛，甚至走路有點跛；也不會發現貓咪抓傷了眼睛，一直不舒服在流淚。如果是這樣的寵物保母還不如不用，把貓咪送到寵物旅館。因此在雇用寵物保母的時候請慎選，應該要以寵物的福祉爲優先考量。如果是找朋友或鄰居幫忙，也請確保你所委託的人會花時間照顧貓咪，注意貓咪的安全。

問題：我出差一週時，應該要請寵物保母多久來一次？

潘媽的回答

許多人認爲一天一次大概就夠了，但事實上一天至少要兩次。

若你的貓咪習慣定時用餐，那麼寵物保母到你家的頻率應該比照用餐的頻率。如果貓咪原本習慣一天吃好幾餐，不應該突然變成一天一餐。

保母到訪時也應該要注意貓砂盆中的變化。如果貓咪有拉肚子、便祕、血尿或是沒有便溺的跡象，都應該要盡早發現、處理。一天到訪兩次可以確保貓砂盆有清洗，保持衛生。如果你的貓咪一直以來都習慣使用乾淨的貓砂盆，而你出差就變得很髒，那她可能會對於得踩著濕答答的貓砂結塊上廁所很不適應。

一天兩次的到訪可以讓貓咪活動一下，也能幫助降低焦躁不安的情緒。早上保母到的時候可以把窗簾打開，除了餵食和清理貓砂盆，也跟貓咪玩一下。晚上保母可以把燈關掉，關上窗簾，花點時間安撫貓咪或是在睡前玩一下，讓貓咪一夜好眠。貓咪聽到家中尋常的聲音，像是水龍頭、電視、收音機聲響或是人聲，都可以增加安全感。

最後也請不要忘了，如果有任何醫療需求，寵物保母也可以及時發現並處理，因爲有些問題不能等。

當你即將出遠門去旅行或出差的時候，在照顧貓咪的部分若有事先考量如何減輕貓咪的不適，確保貓咪的安全無虞，那麼這個經驗將會是很正面的。這趟出遠門的結果是好是壞，取決於你的事前準備。

問題：我要開車到另一個州去拜訪我的父母親，也會在那邊待上一個月。若要開車帶貓咪去旅行有什麼建議嗎？

潘媽的回答

這裡有些行車安全和減輕壓力的方式：

花點時間讓貓咪習慣外出提籃。請把提籃取出，讓貓咪開始習慣進出提籃的感覺，甚至關上提籃的門貓咪都不會感到不舒服。請逐次訓練貓咪（待在提籃內）搭車，並短暫地在家裡附近繞繞。每一個步驟應該要循序漸進地進行。

請爲貓咪植入晶片。不管你多麼小心，都有可能發生意外，貓咪可能會溜走或是不見。因此最安全的方法就是爲貓咪植入晶片，這過程很快也很方便，獸醫即可爲你執行。除了植晶片，也可以讓貓咪戴上有辨識性的頸圈，上面應該要留你的手機號碼，這會比家用電話更快找到你，即使在旅途中也都能聯繫。

爲貓咪準備旅行物品。裡面應該要有貓咪正在服用的藥物、食物、水、飯碗、可裝貓砂結塊的塑膠袋、剷子、旅行用貓砂盆（可以是拋棄式的）、梳毛用具（對長毛貓很重要）、點心、玩具、寵物墊布以及毛巾。

請爲貓咪準備通風的提籃。即使你的貓很乖也很有教養，但也不要在移動的車輛中把她放出來。在車中自由活動的寵物很有可能會影響駕駛，可能造成傷害或是被甩出車外。請在提籃內放置柔軟的布料或毛巾，也請多帶幾條，弄髒時可以更換。

請將提籃用安全帶扣好。塑膠外出提籃是最安全的，請將安全帶繞過提籃繫好扣上。如果此趟路途遙遠，則需要準備貓砂盆，這時你可以用狗籠或是比較大的鐵籠來裝貓咪，但也請記得要把籠子固定好。

千萬不要把貓咪獨自留在車內。在氣溫高的時候，車內溫度會瞬間升高，即使車子停在有樹陰的地方，窗戶還有開個隙縫，仍可能讓貓咪中暑。在氣溫低的時候，車內溫度也可能會瞬間降低，讓貓咪受凍。

大概在出發前四小時餵食貓咪。請確認貓咪飲食清單，而且出發前有先到貓砂盆便溺，這樣搭車會比較舒服。如果路途遙遠，則需要在旅途中讓貓咪使用貓砂盆。

目的地應有舒適的環境等著貓咪。一旦抵達目的地，請讓貓咪先在小空間內活動，這樣她可以慢慢適應不被嚇到。如果目的地對貓咪很陌生，可能會感到緊迫，因此請將環境打點好，讓她可以休息並感到安心。若有一併帶著她慣用的床墊、紙箱和玩具，這些熟悉的物品可以協助貓咪減輕恐懼。請記得要先把她放在隔離起來的安全空間內，讓她在異地慢慢適應。

問題：我即將要搬新家了，請問搬家前該如何為貓咪作準備？

潘媽的回答

貓咪不喜歡改變，同時也是地域性很強的動物，因此當他們發現自己如然來到一個陌生的環境，會覺得很困惑、迷惘。人搬家都需要時間適應，何況貓咪，你可以想像她有多麼的不開心。但即使搬家一定會讓貓咪有些壓力，但還是可以做一些事情讓這樣的轉換過程不至於太痛苦（對你和貓咪來說都是）。

請預先準備。如果你的貓不喜歡被關在外出提籃內，請花點時間讓她適應這件事。因爲你很有可能是靠汽車或飛機移動，因此提早讓貓咪適應提籃是很重要的。

提早開始打包，讓貓咪也注意到家中出現一些紙箱，開始有搬家的心理準備。你甚至可以讓打包整理變得有趣，例如讓她在空箱子裡面玩耍。

如果你的貓對於陌生的氣味適應得不太好，那麼你就可以在這些紙箱的角落噴灑 Feliway。

如果你的貓平常有到戶外，搬家前一週請讓她待在室內。當貓咪發現家中有些異常或是多出很多箱子，很有可能到戶外去就躲著不回家了。

同時也請準備好貓咪新的身分資訊，你可以掛在她的脖子上（如果有繫項圈的話），同時爲了確保安全，也請附上你的手機號碼而不是家用電話。如果貓咪有植晶片，也要上網更新上面的通訊方式，把新家的地址更新上去。

在打包的過程中，請注意貓咪的一切日常作息要維持跟過去一樣，如果你因爲忙碌而延後餵食，或是因而減少對貓咪的關注，那麼她就會在搬家前就預先感到不安。事實上，搬家前應該要花更多時間跟貓咪互動，增加互動遊戲時間，以降低任何開始凝聚的焦躁不安。

如果你要搬到很遠的地方，需要因此換不同的動物醫院，也請帶著貓咪過去的就醫紀錄，或是傳電子郵件給新的獸醫。搬家前請確認你已經知道新家附近的的動物醫院和寵物急診，以防在搬家過程中或剛搬去的前幾晚突然有什麼異常狀況發生。

搬家當天。請確保貓咪的安全無虞，當你和搬家工人在搬箱子和家具時，不會突然衝去前門，請將她隔離在另一個房間關好。你可以在搬家之前就把那個房間清空，只留下她的提籃和一些空箱子（多給她一些藏匿處）在裡面。或是最後再請搬家工人來這個房間搬東西，他們來搬的時候也請將貓咪關入提籃內。爲確保安全，請告訴搬家工人你的貓咪在哪裡，並在門上貼上警告標語。如果你擔心會有人沒注意而開門，那麼請將貓咪先放在外出提籃內。

如果你覺得搬家過程會嚇到貓咪，而你的新家是在同一個城市，可以事先跟獸醫約好，當天先把貓咪帶去那邊安置一段時間。

在新家爲貓咪打造安全環境。請巡視一遍新家環境，確保所有潛在危險的地方都有被注意到（例如像是可能會讓貓咪卡住的不牢固窗稜等），小心地將這些地方都處理好，確保新家環境對貓咪是安全的。

請將隔離室準備好，讓貓咪可以安全地在一個安靜的地方待一下。這間房間內部可以放置貓咪熟悉的家具、貓砂盆、食物和水碗、貓跳台、貓咪樹和玩具，還有一些藏匿處。對貓咪來說新家是完全陌生的，因此如果可以先將她放在一個有熟悉物件的房間，可以大幅降低貓咪的不安和恐懼，至少她可以先在周遭熟悉的物件中慢慢適應。

探索新環境。貓咪是否感到緊迫或是恐懼，端看飼主是否循序漸進地帶著她適應新環境。當你打開門讓她探索新家的時候，請在未來想擺放貓砂盆的地方多放一個貓砂盆。另一個則是要放在隔離室內，讓貓咪知道，假設她不想在舒適圈外方便，回到隔離室也可以上廁所。

透過互動遊戲讓貓咪對新家留下正面印象，如果她很害怕，那麼你可以先在隔離室內跟她進行互動遊戲，然後慢慢地移動到走廊等空間。請依貓咪的步調慢慢來，不要一次給貓咪太多新的訊息，如果她還沒準備好，那就慢慢來。

利用熟悉的氣味協助貓咪適應。你可以利用 Feliway 或是之前提過的舊襪子方式，讓貓咪找尋家中熟悉的氣味。將乾淨的襪子套在手掌上，輕輕地拿襪子摩擦貓咪左右臉頰，藉此蒐集貓咪臉頰上的費洛蒙，接著再將

襪子抹在新家的物件上，高度大約是貓咪鼻子可以觸及的地方。一旦貓咪聞到熟悉的氣味，就會感覺彷彿曾經用臉頰在上面磨蹭，可以讓貓咪感到舒適、安心。

貓咪是否可以去戶外？如果過去在舊家貓咪是可以到戶外去的，那麼搬新家是個重新訓練她待在室內的好機會。外面有太多地域性的問題可能會讓你的貓與其他貓有衝突，而且她還是新搬來的貓咪。此時她也還沒跟新的環境建立熟悉感或是地域性，如果這時候讓她出去，很有可能就會跑不見或是再也不回來。

第十七章

老來伴

最後的日子好好過

問題：我該如何讓我家的老貓過得舒服一點？我希望她的生活可以更舒適。

潘媽的回答

貓咪大概會在七歲到十歲之間開始出現和年齡相關的生理機能與行爲改變。若貓咪年紀超過十歲，則被稱爲高齡貓。貓咪的年紀與存活年限，其實跟很多因素有關，包括像是飼養在室內或戶外、是否有接受醫療照護、基因、健康狀況與營養條件。一般來說貓咪的平均年壽大概是十二至

二十歲。

生理上，當貓咪變老，就會在行動上出現徵兆，例如移動緩慢，要去平常喜歡的地方也會花比較多時間才能到達。過去輕鬆就可跳上窗台，現在可能會變得比較困難。關節疼痛可能是讓貓咪無法爬進貓砂盆的原因之一。高齡貓也可能出現膀胱控制的問題，讓她來不及到貓砂盆就尿出來了。關節疼痛和僵化，也可能會讓貓咪起身的動作變得疼痛，因此無法去貓砂盆內方便。患有糖尿病或腎臟較弱的貓咪一旦開始老化，也可能會因爲攝水量增加而來不及去貓砂盆就尿了。便祕也是高齡貓的通病之一，這些問題都有可能會讓貓咪排斥使用貓砂盆，因爲她會直覺地把這些疼痛、不便都與貓盆產生連結。

貓科動物進入高齡時，如果有聽覺問題，通常睡覺也會睡得較熟，因此沒有接收到大腦傳遞膀胱已滿的訊息。此時貓咪逐漸退化的感官功能，也可能讓她很容易受到驚嚇。透過貓咪與環境的互動和反應，你應該可以看出這些和感官退化有關的問題。

多老才算老齡貓呢？

所謂老齡與高齡其實不太一樣。高齡貓可能會開始出現一些老化徵兆，而老齡貓則是超過高齡貓年歲的貓咪。

認知問題。你可能聽過狗狗會有所謂認知障礙症候群，但其實貓咪也有這樣的問題。症狀可能是某段時間突然變得很愛叫，或是失去方向感等。

協助老齡貓咪度過餘生。如果你還沒開始的話，請固定每半年帶貓咪去獸醫那邊做健康檢查。隨著貓咪老化，有些疾病或症狀可能會跟著出現，且變化很快，因此貓咪一旦進入高齡，就要改成每半年檢查一次，過去每年一次的健康檢查可能會來不及發現問題。許多動物醫院都有提供高齡犬貓照護方案，可以降低飼主的經濟負擔。

如果你的貓咪行為上出現令人擔心的徵兆，你認為她有可能罹患認知功能障礙的問題，請洽詢獸醫。認知功能障礙只要搭配行為矯正與環境調整同步進行，透過合適的治療方式即可延緩惡化。

如果你希望能協助貓咪的生活過得更舒適，可以在貓跳台前方為她設置樓梯。如果你的貓喜歡在窗台上看窗外，但那邊總是很濕滑，可以在窗台上安裝自動加熱的窗戶跳台，這些在住家附近寵物用品店或網路上都找得到。

如果你的貓咪開始失去方向感，也變得很愛叫，那麼可以換成由你呼喚她，讓她知道你在哪裡。有認知問題的貓咪也可能在夜晚喵喵叫，那是因為屋內突然關燈，四周都靜悄悄的。你可以為她點上夜燈，在貓砂盆、餵食區以及她喜歡攀爬的地方留一盞燈。如果你的貓咪完全喪失方向感，那麼可以將她帶到臥室內，為她準備溫暖舒適的臥墊，讓她跟你睡在一起，旁邊再準備方便的貓砂盆。

感官退化。若貓咪的視覺退化，可藉由貓咪本身的費洛蒙來打造一個居家環境平面圖。輕輕地用一塊柔軟的布或襪子搓揉貓咪的臉頰，接著再把布或襪子抹在居家物件和環境四周。

不要改變室內環境或家具的擺設，如果貓咪視線不佳，會靠鼻子、耳朵、觸鬚、前掌與其他資訊來協助自己辨別方向。她也會需要處在一個熟悉的環境中，才不會絆倒。

若貓咪的視覺或聽覺退化，則對於周遭會變得敏感且易受驚嚇。因此請記得在撫摸她或要把她抱起來前，先發出聲音或指令讓她有心理準備。如果你的貓咪是聽覺受損，那麼請在你要抱起她之前來到她看得見的地方。如果你靠近時貓咪正在睡覺，也請輕柔地撫摸，不要突然把貓咪抱起來，這樣會讓她們十分驚嚇。

貓砂盆。家中若有高齡貓咪，請增加貓砂盆的數量，放置在家中不同角落，讓她隨時想上廁所都很方便，不用因爲尿急而需要走很遠。如果她有退化性關節炎，或是爬進貓砂盆內有點困難，那麼請使用四周較低的貓砂盆。如果你擔心這樣貓砂會灑出來，可以用塑膠置物盒來當貓砂盆，將其中的一邊剪掉，變成一個與地板同高的入口。Sterilite 這個品牌的塑膠置物盒很好切割，而且也有各種尺寸供選擇。如果你的貓咪在使用貓砂盆時不再能精準地尿尿，那麼也請在盒子下方與四周墊一些可吸水的尿墊，這樣可以避免貓尿滴到地板上。

如果你的貓咪有平衡或是行動不便的問題，可能需要降低貓砂的高度，如果裡面的貓砂只有一吋半厚，貓咪比較容易站穩。

往這邊走

即使貓咪在黑暗中也能看得很清楚，但老齡貓可能會開始失去夜視能力，因此請點亮貓咪常走的通道，可用夜燈或調燈來協助照明。

梳理毛髮的習慣改變。貓咪變老後可能不會像過去一樣地清理自己。因此請花時間固定爲貓咪梳毛。梳毛的同時也可以幫貓咪檢查，看看有沒有奇怪的突起或結塊。請記得高齡貓的肌肉會流失，因此觸碰她們時會變得敏感。請改用較柔軟的毛梳，在骨頭附近請放輕力道。不只移除掉落的毛，固定爲貓咪梳毛也可以促進貓咪的血液循環。

維持良好的口腔衛生。如果你過去並沒有固定爲貓咪刷牙，現在開始還不嫌晚。如果你無法幫她刷牙，請詢問獸醫是否可以使用口腔噴劑。老齡貓咪的胃口變差有時與牙周病有關，因此請小心維護口腔清潔，牙周病也可能會影響貓咪的內臟器官。

請定時檢查貓咪的口腔，確保沒有不正常的流血、斷齒、疼痛或牙齦炎。如果你發現貓咪好像只會用一邊來咀嚼，食物總是會掉出來，流口水或是有口臭，或發現貓咪的體重開始往下掉，這些很有可能是嘴巴疼痛或牙周病造成的。

食物和水。貓咪的攝水量和食量也可能開始出現變化。若有任何貓咪飲食問題請諮詢獸醫。如果你發現貓咪似乎越來越瘦，那麼獸醫可以建議你是否要開始使用一些增添味道的產品。有些貓咪在變老後，會喜歡溫度高一些的食物，因爲香氣較重。你的獸醫也可以建議你是否要少量多餐的餵食，對貓咪的消化較有幫助。如果你的貓體重過重，可以詢問獸醫是否要進行減重計畫，老齡貓如果體重過重，對關節會是很大的負擔。

保持活力。運動對任何階段的貓咪來說都相當重要，即便你的貓不是很好動，還是可以讓她進行一些低強度的活動。任何可以讓貓咪生活不再一成不變的活動都好，即使她現在已經不像年輕時那樣反地心引力跳得很高，但她還是可以動一動。你的獸醫也能針對你幫貓咪按摩的方式，或是哪些運動可以增加貓咪的彈性提供建議。

磨爪問題。你的貓在年輕時可能有固定的磨爪位置，但現在好像不是那麼感興趣了。這時可以協助貓咪，幫她剪指甲。你也可以增加一個橫向的貓抓板，因爲貓咪老了可能沒辦法仰起身子磨爪。

安全的室內生活。如果你的貓咪過去都養在室內，現在當然要繼續讓她待在室內。隨著她的感官功能退化以及逃脫能力下降，貓咪老後受傷的風險也變高。她的免疫系統也不再像年輕時那般強壯，因此比較容易受到疾病感染。老貓如果在此時患上寄生蟲，那會很麻煩。除此之外，如果你懷疑貓咪有認知功能障礙問題的話，那麼把貓咪放在戶外只會讓她沒有方向感的問題變得更嚴重。

對溫度不再有耐受力。隨著貓咪年紀越來越大，對溫度可能越來越敏感。如果你的貓咪過去喜歡坐在窗台邊看戶外的景色，那麼對她現在的來說，濕冷的天氣這麼做可能會太冷。請確保貓咪最愛的窗戶有關好，風不會灌進來。同時也可以購買各式加熱窗跳台，讓貓咪保暖。你可以在窗邊放置甜甜圈或金字塔形狀的軟墊，讓貓咪可以窩著保暖。如果你的貓咪現在開始睡的是加熱床墊，別忘了也提供一個沒有加熱的床墊，讓她可以在溫度太高的時候到旁邊去。

好好留意你的貓咪。高齡貓有許多與老化相關的疾病和狀況要注意，例如像是慢性腎衰竭、糖尿病、甲狀腺功能亢進和關節炎。請注意她們的行爲改變，以及飲水量、進食量和使用貓砂盆的習慣。這樣如果有任何疾病，才能早期發現，早期治療。

慢性腎衰竭的徵兆包括：

- 行爲改變
- 攝水量增加
- 貓砂盆使用習慣改變
- 排尿頻率變高

糖尿病的徵兆包括：

- 攝水量變多
- 尿量變多
- 一直處於飢餓狀態
- 體重減輕

甲狀腺功能亢進症的徵兆包括：

- 胃口出現變化

- 行爲改變
- 過動
- 變得容易很渴
- 高血壓
- 體重減輕
- 貓砂盆使用習慣改變
- 嘔吐
- 拉肚子

請定期檢查貓咪的屁股，以防需要清潔。有些高齡貓會疏於清理，在睡夢中也可能漏尿，長毛貓更可能會有乾掉的貓屎結塊卡在毛上。如果你的貓開始會尿床或在睡墊上尿尿，可以在床墊上鋪上尿墊。請多多幫她梳毛、檢查皮膚，看看有沒有哪裡會痛或是因爲尿液常期停留在皮膚上所產生的紅疹。

盡量減輕壓力。貓咪的緊迫感可能會讓她們的健康狀況突然亮紅燈。隨著貓咪年紀增加，對抗突發狀況的能力也會比過去來得差。請留意環境中可能會讓貓咪感到緊迫的因素，例如像是某天會有許多親友到訪，此時可將貓咪放置在另一個安靜的房間內。在多貓環境中，請留意高齡貓是否會變成其他貓咪攻擊的對象，或是吃飯、睡午覺時會不會被趕到其他地方。貓咪如果有認知問題或行爲上的改變，也可能會改變她與家中其他寵物的關係。

要有耐心。最重要的是要以耐心陪伴貓咪，請體諒她們尿不準或是把食物灑在地上的行爲，或在爬高時因爲算不準而打翻桌上的相框。貓咪也可能變得更黏你。這些黃金歲月可說相當珍貴，也是可以跟貓咪親密相處的時刻，你會發現過去年輕時不太主動親近你的貓咪，現在竟然會想要窩

在你腿上討摸摸。請好好珍惜這幾年吧！

問題：貓咪也會逐漸衰老嗎？

潘媽的回答

如果你覺得家中的老齡貓好像有些衰老的徵兆，那麼你可能要留意更多面向。貓咪也可能會罹患認知行爲障礙症候群，有點像是人類的失憶症或老人癡呆症。除了隨著年紀而出現的一些行爲改變，罹患認知行爲障礙的貓咪可能會出線下列的病徵：

- 變得愛叫
- 貓砂盆使用頻率改變
- 沒有方向感
- 來回踱步
- 躁動
- 與家中成員的關係出現變化
- 與過往個性相異，開始出現排斥生理觸碰的反應
- 便祕
- 尿失禁
- 易怒
- 嗜睡
- 睡眠習慣改變
- 長時間放空、發呆
- 對食物失去興趣
- 出現新的症候群

如果你懷疑你的貓咪可能有認知功能障礙，請你的獸醫協助確診，排除下列疾病的可能：

- 甲狀腺功能亢進
- 腎臟疾病
- 腦瘤
- 心血管疾病
- 視覺或聽覺退化
- 關節退化相關疾病

其他和年齡相關的情況可能會跟認知障礙症候群的症狀很像，因此需要詳細的檢查才能確診。目前來說認知障礙症候群並沒有解藥，但透過早期發現早期治療，以及其他療法介入，還是有機會可以將整個病程延緩。

如何協助罹患認知障礙症候群的貓咪。罹患認知障礙症候群的貓咪需要處在熟悉的環境中，飼主也要時時監控壓力程度，才能將傷害減到最低。記得，要留意的不只是那些會讓貓咪備感壓力的事情，有些很細微的事情也都要注意。

你可能需要增加貓砂盆的數量，讓居住環境更爲便利。在貓咪喜歡去的窗台邊爲她添加坡道或階梯，如果她晚上會喵喵叫，或是出現沒有方向感的情況，可能需要把她的活動範圍縮小。如果家中有比較危險的區域，例如像是閣樓的平台，請將出入口封死，以免貓咪不愼闖入而從露台上摔下來。如果家中有樓梯，可能也需要阻擋起來阻止貓咪跑上去。

有些貓咪會在晚上家裡變暗且變安靜時，忽然失去方向感。讓貓咪跟你一起睡可以減輕這樣的問題，或是可以爲貓咪點上夜燈、在房間內播放收音機。另外如果貓咪開始懶得自我清理，也請協助她清理毛髮，固定梳毛也可以刺激皮脂分泌，同時增加你和貓咪的相處時間。

你聽得見嗎？

會喵喵叫的貓咪不只是沒有方向感，也可能是聽力退化而不知道自己原來叫得那麼大聲。

在餵食方面也請提供適合其品種和年齡的餐食，內含豐富的抗自由基成分和 omega-3 必須脂肪酸。如果貓咪的食欲不太好，請和獸醫討論是否需要隨著貓咪年紀增加而更換餐食。

不管貓咪幾歲，固定帶她去拜訪獸醫是很重要的，尤其是到了貓咪晚年，得透過獸醫的檢查才能監控貓咪器官功能的情況，確保貓咪的生活品質都有好好維繫，如果貓咪一切無恙也應該要每半年去看一次獸醫。很多人都認爲貓咪不太需要像狗狗一樣常看獸醫，但貓咪其實很容易隱瞞病痛，因此固定帶貓咪上動物醫院很重要。

罹患認知障礙症候群的貓咪比正常貓咪還要難面對生活中出現的變化。因此請盡量不要在這個時候搬家、重新裝潢或是改變生活方式，這些都會對貓咪有極大的影響。

動動腦。心智方面的刺激也很重要，不管你是爲了預防貓咪得到認知障礙症候群或是正在處理貓咪的認知問題。請記得要持續地和貓咪進行互動遊戲時間，也要讓環境更爲豐富有趣。白天跟貓咪玩可以讓她動一動、跑一跑，刺激大腦和四肢。在環境中增添趣味可以讓貓咪的心智更爲健康、活躍，可以提供益智餵食器，鼓勵她爲了吃東西而動一動。每天都要有一些肢體上的互動，像是拍拍她、摸摸她或是幫她梳毛。如果你的貓咪不是很喜歡摸摸抱抱，那麼可以多跟她說說話，讓她參與你的生活。貓咪一旦開始老化，很有可能會跟家中成員疏離。因此要常常主動地跟貓咪互動，讓她變成全家生活的一部分。

問題：我們十二歲老貓的手足最近因為癌症而過世，她們從出生就玩在一起，請問貓咪也像人類一樣會悲傷嗎？

潘媽的回答

許多人並不覺得動物會像人一樣，在失去親人或夥伴的時候哀慟。即使貓咪跟另一隻貓是歡喜冤家，沒事都在打架，但活下來的那一隻還是會為此傷心。貓咪會對另一隻貓不見蹤影感到困惑，不管她們之前的關係是否緊密。若這兩隻貓曾經為了家中的地盤爭得你死我活，活下來的貓咪會開始想是否要冒險去另一隻貓的領域。

家中的變化。活下來的貓咪不只會歷經哀慟期，也會因為家中人類的反應的覺得困惑。當人們因為失去寵物而傷心，家中的氣氛改變，貓咪也會跟著感受到那樣的悲痛，轉而變成緊迫。當貓咪看到飼主哭泣或是難過，就知道一切都變了。而當我們在傷心時，可能會忘記維持過往固定的習慣，所以可能比較晚才給貓咪吃飯，或忘記跟貓咪玩遊戲，跟活下來的貓咪互動變得緊張。你也可能因此把貓咪抱得更緊，但對貓咪來說，她所接受到的訊息卻是不安和困惑，而不是你的愛。以下是一些家中有變故時要留意的地方供你參考：

留意貓咪的日常。請注意貓咪的飲食和排便習慣是否有改變。有些悲傷的貓咪會停止進食，或是改變大小便習慣，如果你有發現這樣的情況，請與獸醫聯絡。貓咪如果超過兩天沒有進食就會有風險，可能會造成腎臟的損傷。請注意不要讓貓咪跟著憂鬱，如果你不確定貓咪對於失去手足是否過度悲傷或無法處理悲傷情緒，請隨時和獸醫保持聯絡。

在貓咪失去手足或陪伴的時候，也可能會改變睡眠習慣，或變得很想跟主人親近，也可能會在家裡走來走去，尋找過世的夥伴。請留意這些行

爲改變，注意貓咪的飲食、自我清理、貓砂盆使用習慣，以確保這些行爲不會日益嚴重，或是有什麼危險。所有生物，包括人類、貓科動物或犬科動物都會以自己的方式來面對死亡與失去夥伴。能夠幫助貓咪度過難關的，就是你對她日常生活的了解，如果貓咪在行爲上有什麼異樣，你應該會馬上知道並適時介入處理。

維持正常的作息。即使你的貓咪不是很想跟你互動，也請繼續努力維持一般的正常作息。請在跟過往同樣的時間跟貓咪進行互動遊戲，即使貓咪顯得不是很感興趣，也要繼續照表操課。此時更要確認貓咪有攝取足夠營養，因此不要給貓咪不健康的點心或改變食物內容。用心準備可口的餐食，不要只是開個罐頭就放在碗裡任它變硬，請提供室溫溫度的濕食，或甚至熱一點讓食物變得更香。如果你平常都是讓貓咪自由吃飯，那麼請注意碗裡留有多少飼料，以確保貓咪有進食。請指定家中固定一人補充碗裡的食物，這樣比較能控管貓咪的進食量。

注意自己的行爲。當我們陷入悲傷，會很正常地在哭泣時想要擁抱家人或貓咪。這是人類抒發情緒的方式，也是我們獲取溫暖的方式。當你抱貓咪時，請注意不要抱得太緊，這樣會讓她很緊張。貓咪對你的情緒相當敏感，如果抱太緊或太依賴她，貓咪都會因此感到焦慮。即使你現在一點都不想玩遊戲，也請適當地維持這樣的活動，可以避免貓咪陷入憂鬱或是更加緊迫的情況。

爲寵物追思。這個方式可以幫助人類更快度過寵物離世的悲慟。好好地跟離開的貓咪告別，對你會是很好的抒發，如果家中有小孩，對孩子也是很好的生命教育。在這段時間他們可能會被忽略，或是搞不清楚發生什麼事情，因此要妥善處理。不管用任何方式——爲過世的貓咪打造花園的一個角落、製作一本專屬相簿，或是捐錢給動物慈善機構——只要能爲你帶來寬慰都好。而活下來的貓咪，也請記得她是很敏感的，你的肢體語言會影響她是否也能跟著釋懷。

不要太快再養新的貓。爲了要讓活下來的貓咪不要這麼孤單，也爲了讓家中成員不要太難過，很多人會在這個時候再養貓，或是添加「補償性」的寵物，這可能會讓情況變得更糟。還在悲傷中的貓咪可能還沒準備好要接受另一隻陌生貓咪進入她的生活中。此刻充滿地域性的她可能會出現攻擊性。而且即使家中一片和樂，什麼事也沒發生，要介紹新的貓咪得花時間讓一切經驗都是正面的。而還在悲傷中的貓咪不會給新來的貓咪好臉色看。

請不要急著塡補貓咪走後的空虛感。你能爲活下來的貓咪做的事情，就是盡量讓一切遵循以往正常的模式運行。她需要知道她的世界沒有就此完蛋，過去的日常作息也還在持續進行中。

在過了一段時間後，再評估她是否需要另一隻貓咪的陪伴。你可以慢慢來，進行正面的引導與介紹，不要急，花點時間觀察貓咪的反應，以確保她已經沒那麼悲傷了，再開始進行下一步。此時很重要的是，你和家人也已經度過了貓咪過世的哀慟期，如此一來，當新的貓咪加入，才會獲得大家滿滿的愛和接受，不會拿她跟過世的貓咪比較。

在多貓的環境中，請給大家足夠的時間適應。在多貓家庭中，貓和貓之間的關係是獨一無二的，且寵物之間有彼此共享地盤和相處模式。即使過去曾經爲了爭地盤而鬧得不開心，但一旦有成員過世，還是會打亂其他寵物的作息。寵物們需要時間重新分配地盤，而歷經這樣不確定的階段，彼此的關係也可能重新洗牌。這段期間請特別留意家中寵物間的互動，確保沒有寵物被霸凌或是排擠，也請給予她們空間，讓她們慢慢恢復正常。

小心且溫柔地轉移注意力。此時你當然不會讓環境中出現巨大改變，

但還是可以買些新的互動玩具來轉移寵物們的注意力，可以是新玩具，或是在陽光充足的窗戶旁設立一個新的貓跳台。

別急。我們每個人、每個生物所面對悲傷的方式都不同，所需要的時間長短也不一樣。你可能會發現你的貓幾天後就恢復正常了，也可能要花上好幾週或好幾個月。如果你的貓咪因此好像無法再恢復以往的活動，請與獸醫討論或許你會需要獸醫推薦寵物行爲矯正師，或是其他專家來處理這件事。

附錄

行為矯正資源相關：

www.catbehaviorassociates.com

這是潘媽的網站，上面有文章、播客（podcast）、影片和潘媽的書籍與課程資訊等。

http://vet.tufts.edu/ behavior-clinic

Tufts 動物行爲診所（Tufts Animal Behavior Clinic）的網站，可預約動物行爲門診，同時也接受動物醫院之間傳真諮詢。

www.clickertraining.com

凱倫．普拉爾（Karen Pryor）的個人網站，提供響片訓練相關的文章和影片，同時也分享響片訓練活動資訊。

www.dacvb.org

美國學院獸醫動物行爲專家（American College of Veterinary Behaviorists）的網站，提供已認證之動物行爲專家的資訊。

www.animalbehaviorsociety.org

動物行爲協會（Animal Behavior Society）的網站，提供已認證之動物行爲專家的資訊。

www.iaabc.org

動物行爲顧問國際協會（International Association of Animal Behavior

Consultants）的網站，提供已認證之動物行爲專家的資訊。

健康與安全相關

www.catvets.com

美國貓科動物醫生協會（American Association of Feline Practitioners）的網站，有個區塊提供飼主們寵物健康和行爲相關資訊，同時也列出貓咪友善診所和機構。

www.catalystcouncil.org

獸醫師、院士、非營利組織，寵物相關產業和動物福利組織聯盟的網站。

www.aspca.org/ pet- care/ animal- poison- control

動物中毒控制單位（ASPCA）的網站，提供居家環境可能會讓寵物中毒的資訊，並告訴你如何保護寵物避免接觸。

ASPCA 專線：（888）426- 4435，費用爲美金 65 元。

產品廠商網站

www. nina- ottosson.com

Nina Ottosson 製造貓咪和狗狗的益智餵食器與玩具，可促進寵物的心智活動和豐富度。許多產品均有在線上販售。

www.aikiou.com

Stimulo 貓咪互動餵食器的製造商，產品亦可透過線上通路或寵物用品店取得。

www.go-cat.com

Da Bird 的製造商，此產品是專爲貓咪設計，模擬飛翔小鳥的互動玩具。產品可經由許多線上通路和當地寵物用品店取得。

www.nekoflies.com

Nekochan 是一家製作 Nekoflies 互動性玩具的廠商，產品設計以模擬各式昆蟲爲主。你可以購買綁在釣魚棒上面的各種昆蟲。同時該廠商也生產可伸縮的棒子，很適合旅行時攜帶使用。廠商生產的棒子握起來很舒適，末端所垂釣的昆蟲對貓咪來說很有吸引力。這些玩具可透過線上訂購。

www.catdancer.com

最基本但十分有效的貓咪互動性玩具供應商。產品可經由許多線上通路和當地寵物用品店取得。

www.preciouscat.com

Dr. Elsey's Cat Attract 貓砂的製造商。此貓砂含有天然草本成份，可讓貓咪連結到廁所。此款貓砂的粉塵量很低，爲全天然成份，也很容易結塊。當我客戶的貓咪出現貓砂盆相關行爲問題時，我就會推薦使用這一款的貓砂來矯正行爲。產品可經由許多線上通路和當地寵物用品店取得。

www.topcatproducts.com

貓抓柱製造商，產品質感很好，夠高也很穩，貓抓柱上覆蓋的是劍麻，很受貓咪們歡迎。除了直立式的貓抓柱，他們也提供水平貓抓板。

www.pioneerpet.com

此公司爲 SmartCat 和 Sticky Paws 產品的製造商。SmartCat 頂級貓抓板相當堅固、耐抓，且覆蓋的材質爲劍麻。Sticky Paws 則是雙面上膠的產

品，可用來訓練貓咪不要抓家具。另外還有其他 Sticky Paws 產品可用來避免貓咪挖盆栽。這兩樣產品都可以在線上購得，或是透過你喜愛的寵物用品店取得。

www.petfountain.com

此公司爲 Drinkwell 噴泉的製造商。該產品有陶瓷、不銹鋼和塑膠等材質可供挑選。噴泉可增加貓咪飲用水的含氧量，藉此鼓勵貓咪多喝水。產品可經由線上通路和當地寵物用品店取得。

www.metpet.com

此公司爲 WalkingJacket 的供應商，提供製造精良且舒適的外套，想帶貓咪到戶外走走時很實用。

www.greenies.com

此公司爲 Pill Pockets 的製造商，該產品柔軟又可口，中間的口袋設計可置入藥丸。針對貓咪和狗狗有不同口味能選擇。

www.catswall.com

此公司爲 CatWheel 運動產品和 Modular 貓咪攀爬牆的製造商。這個相當有創意的攀爬牆產品可增加室內垂直空間，提供貓咪一些可躲藏的地方。而 CatWheel 則是增加貓咪的運動量，但有些貓咪需要一些訓練才會主動使用這個產品來運動。

www.throughadogsear.com

此公司爲心理治療音樂專輯 Through a Dog’s Ear 和 Through a Cat’s Ear 系列的研發團隊。該公司有許多 CD 供選擇，可用來安撫、激勵貓咪，或降低噪音帶來的恐懼感。可透過該網站或其他線上通路訂購。

www.thundershirt.com

此公司為貓咪和狗狗的 Thundershirt 製造商，可提供持續且輕柔的安撫作用，類似強褓中嬰兒需要的安撫衣。此產品可用來舒緩貓咪因為暴風雨、旅行、拜訪動物醫院等所帶來的焦躁不安。

www.ceva.com

此公司為 Feliway 和 Feliway Multicat 產品的製造商。這兩個產品都含有類似貓咪費洛蒙的成份，可用於貓咪行為矯正或減輕壓力。該公司同時也提供狗狗適用的 Adaptil 擴散劑和 Adaptil 項圈。

www.kongcompany.com

此公司為許多行為治療玩具和其他玩具的製造商。我會使用該公司所出產的特製玩具來塞入濕食。產品堅固耐用，因此咀嚼力很強的貓咪也不用擔心。

www.mistermax.com

此公司為 Anti- Icky- Poo 的製造商，該產品可有效去除寵物排泄物造成的污漬和氣味。許多動物醫院和線上通路均有販售。

www. bio- proresearch.com

此公司為 Urine- Off 的製造商，產品可去除寵物造成的污漬和氣味。產品可透過該網站和線上通路訂購。

www.legacycanine.com

泰瑞·萊恩（Terry Ryan）所販售的 CD 有很棒的聲音特效，可幫助貓咪適應暴風雨、吸塵器、小寶寶、煙火等噪音。

為什麼你給的溺愛貓不要？

美國最受歡迎貓咪行為專家，從飼育到溝通，讓你秒懂你的貓！

Cat Wise:
America's favorite cat expert Answers Your Cat Behavior

作者　潘・強森班奈特（Pam Johnson-Bennett）
譯者　吳孟穎
書封設計　白日設計
選書人　林潔欣
編輯協力　周岑霓
資深編輯　盧羿珊
行銷經理　許文薰
總編輯　林淑雯

出版者　方舟文化／遠足文化事業股份有限公司
發行　遠足文化事業股份有限公司（讀書共和國出版集團）
地址　23141 新北市新店區民權路 108-2 號 9 樓
電話　+886-2-2218-1417
傳真　+866-2-8667-1851
劃撥賬號　19504465
戶名　遠足文化事業有限公司
客服專線　0800-221-029
E-MAIL　service@bookrep.com.tw
網站　http://www.bookrep.com.tw
排版　菩薩蠻電腦科技有限公司
印製　呈靖彩藝有限公司
法律顧問　華洋法律事務所｜蘇文生律師

定價——480 元
三版一刷——2024 年 12 月
ISBN——978-626-7596-06-7　書號——0ALF6022
缺頁或裝訂錯誤請寄回本社更換。
歡迎團體訂購，另有優惠，請洽業務部（02）22181417#1124、1125、1126

初版書名：與喵星人恩恩愛愛的150題Q&A解惑大全

自然食
NATURAL 10

國家圖書館出版品預行編目（CIP）資料

為什麼你給的溺愛貓不要?：美國最受歡迎貓咪行為專家 從飼育到溝通,讓你秒懂你的貓!/潘.強森班奈特(Pam Johnson-Bennett)著；吳孟穎譯. -- 三版. -- 新北市：方舟文化出版：遠足文化事業股份有限公司發行, 2024.12

面；　公分. --（生活方舟；OALF6022）

譯自 :Cat Wise : America's favorite cat expert answers your cat behavior questions

ISBN 978-626-7596-06-7(平裝)

1.CST: 貓 2.CST: 疾病防制 3.CST: 寵物飼養 4.CST: 動物行為

437.36　　113015055